市政工程丛书

Municipal Engineering Series

市政工程
施工安全管控指南

安关峰 主编

中国建筑工业出版社

图书在版编目（CIP）数据

市政工程施工安全管控指南 / 安关峰主编 .— 北京：中国建筑工业出版社，2019.6
（市政工程丛书）
ISBN 978-7-112-23711-1

Ⅰ.①市… Ⅱ.①安… Ⅲ.①市政工程—工程施工—安全管理—指南 Ⅳ.① TU990.05-62

中国版本图书馆 CIP 数据核字（2019）第 087295 号

责任编辑：李玲洁 田启铭
书籍设计：付金红
责任校对：张惠雯

市政工程丛书
市政工程施工安全管控指南
安关峰 主编
*
中国建筑工业出版社出版、发行（北京海淀三里河路 9 号）
各地新华书店、建筑书店经销
北京雅盈中佳图文设计公司制版
北京富诚彩色印刷有限公司印刷
*
开本：787 × 1092 毫米 1/16 印张：18¾ 字数：409 千字
2019 年 7 月第一版 2019 年 7 月第一次印刷
定价：149.00 元
ISBN 978-7-112-23711-1
（33999）

编委会

主　　编：安关峰

编　　委：徐　森　李孝敏　江俊灵　陈海珊　陈俊潮　林俊翔
敖晓专　王志敏　彭勇波　钟砥宁　何志辉　钟　亮
骆毓鑫　王　辉　蒋永新　黄胜明　陈　昂　过　勇
胡继生　李熙浩　刘卫国

主编单位：广州市市政工程协会
广州市市政集团有限公司

参编单位：广州城建职业学院
广东省基础工程集团有限公司
广东水电二局股份有限公司
广州市恒盛建设工程有限公司
广州市公路工程公司
广州市第一市政工程有限公司
广州市第二市政工程有限公司
广州建筑股份有限公司

前　言

安全生产是关系人民群众生命财产安全的大事，是经济社会协调健康发展的标志，是党和政府对人民利益高度负责的要求。党中央、国务院历来高度重视安全生产工作，党的十八大以来做出一系列重大决策部署，推动全国安全生产工作取得积极进展。同时也要看到，当前我国正处在工业化、城镇化持续推进过程中，生产经营规模不断扩大，传统和新型生产经营方式并存，各类事故隐患和安全风险交织叠加，安全生产基础薄弱、监管体制机制和法律制度不完善、企业主体责任落实不力等问题依然突出，生产安全事故易发多发，尤其是重特大安全事故频发势头尚未得到有效遏制，一些事故发生呈现由高危行业领域向其他行业领域蔓延趋势，直接危及生产安全和公共安全。

2016 年 12 月 9 日，中共中央、国务院以中发〔2016〕32 号文件正式印发《中共中央国务院关于推进安全生产领域改革发展的意见》（以下简称《意见》），并于 12 月 18 日向社会公开发布。《意见》是新中国成立后，第一次以中共中央、国务院名义印发的安全生产方面的文件。《意见》的出台实施，充分体现了以习近平同志为核心的党中央对安全生产工作的高度重视，标志着安全生产领域的改革发展进入新阶段。《意见》坚持问题导向，着眼制度建设，突出改革创新，明确了提升全社会安全生产整体水平的目标任务，从健全落实责任、改革监管体制、推进安全法治、建立防控体系、强化基础保障五个方面细化了安全生产领域改革发展的主要方向、时间表、路线图，是当前和今后一个时期指导我国安全生产工作的行动纲领。

市政工程是指市政设施建设工程。在我国，市政设施是指在城市区、镇（乡）规划建设范围内设置、基于政府责任和义务为居民提供有偿或无偿公共产品和服务的各种建（构）筑物、设备等。城市生活配套的各种公共基础设施建设都属于市政工程范畴，比如常见的城市道路、桥梁、隧道、城市轨道交通、给水排水工程、垃圾处理处置工程等；与生活紧密相关的雨水、污水、上水、中水、电力、电信、热力、燃气等各种管线工程以及综合管廊工程；

还有城市广场、城市绿化、城市照明等工程。显然，市政工程具有专业种类多、专业性强，对从业人员要求高的特点。

随着我国城镇化进程加快，市政工程行业投资巨大，大量企业和从业人员在此行业发展，但不可否认的是，由于缺乏专业培训和从业教育，每年市政工程建设过程中会发生大大小小系列安全事故，给人民群众造成了生命和财产损失、给社会造成了不良影响，为加强市政行业相关人员综合掌握国家安全政策、法律、管理、技术、救护等知识，广州市市政工程协会与广州市市政集团有限公司会同业内 7 家具有特级资质和一级资质的大型市政工程施工企业，专门组成编制委员会，结合市政工程行业特点，编制了《市政工程施工安全管控指南》(以下简称《指南》)，以期推动市政工程施工安全管控。

《指南》共分为 9 章，主要内容包括：第 1 章市政工程施工安全管理相关政策法律法规、第 2 章安全生产责任管理、第 3 章市政工程现场施工安全管控、第 4 章市政工程现场施工技术管控、第 5 章特殊环境施工安全管控、第 6 章市政工程施工安全检查、第 7 章市政工程文明施工管控、第 8 章市政工程环境保护与绿色施工以及第 9 章应急处置与救援。

本书内容丰富、图文并茂，可供从事市政工程建设、管理、监理、监督、设计、施工、维护的管理和专业技术人员的使用，同时可作为大专院校工程专业的教学科研参考书。

本《指南》在使用过程中，敬请各单位总结和积累资料，随时将发现的问题和意见寄交广州市市政工程协会，供今后修订时参考。通信地址：广州市环市东路 338 号银政大厦 8 楼，邮编：510060，E-mail：13318898238@126.com。

编委会

2019 年 3 月

目 录

001 第 1 章 市政工程施工安全管理相关政策法律法规
001 1.1 《中共中央国务院关于推进安全生产领域改革发展的意见》(中发〔2016〕32 号)中的有关要求
008 1.2 《宪法》《刑法》《劳动法》与《建筑法》有关规定
011 1.3 《安全生产法》(2014 年修订版)有关规定
012 1.4 《建设工程安全生产管理条例》(2003 年国务院令第 393 号)有关规定
015 1.5 《建筑施工企业安全生产许可证管理规定》(建设部令第 128 号)有关规定
016 1.6 《生产安全事故报告和调查处理条例》(国务院令第 493 号)有关规定
017 1.7 《危险性较大的分部分项工程安全管理规定》(住建部令 2018 年第 37 号令)

021 第 2 章 安全生产责任管理
021 2.1 党委政府安全生产责任
023 2.2 建设单位安全生产责任
024 2.3 勘察单位安全生产责任
025 2.4 设计单位安全生产责任
026 2.5 施工单位安全生产责任
034 2.6 监理单位安全生产责任
035 2.7 安全监督部门安全生产责任
036 2.8 第三方监测、检测单位安全生产责任
036 2.9 工程材料、设备供应商安全生产责任

037 第 3 章 市政工程现场施工安全管控
037 3.1 施工人员安全教育与安全交底
039 3.2 特种作业人员安全管理

042 3.3 施工现场用电安全管理
046 3.4 施工机械设备管理
071 3.5 消防安全管理
075 3.6 安全标识标牌

088 第 4 章 市政工程现场施工技术管控
088 4.1 危险源辨识与风险评价管理
094 4.2 危险性较大分部分项工程安全管理
102 4.3 施工组织设计与危大工程施工方案编制审查

106 第 5 章 特殊环境施工安全管控
106 5.1 高温天气施工安全管控
109 5.2 低温天气施工安全管控
117 5.3 暴雨洪灾施工安全管控
121 5.4 台风天气施工安全管控
127 5.5 有限空间作业安全管控

136 第 6 章 市政工程施工安全检查
136 6.1 市政工程安全检查相关要求
137 6.2 现场安全检查
222 6.3 隐患整改要求
222 6.4 安全管理资料验收

224 第 7 章 市政工程文明施工管控
224 7.1 市政工程施工围蔽
228 7.2 现场办公与住宿
235 7.3 施工场地与通道
242 7.4 现场材料管理

247 第 8 章 市政工程环境保护与绿色施工
247 8.1 施工现场的环境保护
252 8.2 场地水土保持
253 8.3 节材与材料资源利用
254 8.4 节水与水资源利用
255 8.5 节能与能源利用
255 8.6 节地与施工用地保护
256 8.7 施工现场的环境卫生
256 8.8 施工现场的治安保卫

259 第 9 章 应急处置与救援
259 9.1 应急预案
267 9.2 应急处置
271 9.3 应急演练
278 9.4 应急救援物资和设备
282 9.5 现场急救知识

291 参考文献

第 1 章　市政工程施工安全管理相关政策法律法规

1.1 《中共中央国务院关于推进安全生产领域改革发展的意见》（中发〔2016〕32 号）中的有关要求

2016 年 12 月 9 日，中共中央、国务院以中发〔2016〕32 号文件正式印发《中共中央国务院关于推进安全生产领域改革发展的意见》（以下简称《意见》），并于 12 月 18 日向社会公开发布。《意见》是中华人民共和国成立后，第一次以中共中央、国务院名义印发的安全生产方面的文件。《意见》的出台实施，充分体现了以习近平同志为核心的党中央对安全生产工作的高度重视，标志着安全生产领域的改革发展进入新阶段。《意见》坚持问题导向，着眼制度建设，突出改革创新，明确了提升全社会安全生产整体水平的目标任务，从健全落实责任、改革监管体制、推进安全法治、建立防控体系、强化基础保障等五个方面细化了安全生产领域改革发展的主要方向、时间表、路线图，是当前和今后一个时期指导我国安全生产工作的行动纲领。《意见》与市政工程施工安全有关的精神和要求如下：

1.1.1　总体要求

（一）指导思想。全面贯彻党的十八大和十八届三中、四中、五中、六中全会精神，以邓小平理论、“三个代表”重要思想、科学发展观为指导，深入贯彻习近平总书记系列重要讲话精神和治国理政新理念、新思想、新战略，进一步增强“四个意识”，紧紧围绕统筹推进“五位一体”总体布局和协调推进“四个全面”战略布局，牢固树立新发展理念，坚持安全发展，坚守发展决不能以牺牲安全为代价这条不可逾越的红线，以防范遏制重特大生产安全事故为重点，坚持安全第一、预防为主、综合治理的方针，加强领导、改革创新，协调联动、齐抓共管，着力强化企业安全生产主体责任，着力堵塞监督管理漏洞，着力解决不遵守法律法规的问题，依靠严密的责任体系、严格的法治措施、有效的体制机制、有力的基础保障和完善的系统治理，切实增强安全防范治理能力，大力提升我国安全生产整体水平，确保人民群众安康幸福、共享改革发展和社会文明进步成果。

（二）基本原则

——坚持安全发展。贯彻以人民为中心的发展思想，始终把人的生命安全放在首位，正确处理安全与发展的关系，大力实施安全发展战略，为经济社会发展提供强有力的安全保障。

——坚持改革创新。不断推进安全生产理论创新、制度创新、体制机制创新、科技创新和文化创新，增强企业内生动力，激发全社会创新活力，破解安全生产难题，推动安全生产与经济社会协调发展。

——坚持依法监管。大力弘扬社会主义法治精神，运用法治思维和法治方式，深化安全生产监管执法体制改革，完善安全生产法律法规和标准体系，严格规范公正文明执法，增强监管执法效能，提高安全生产法治化水平。

——坚持源头防范。严格安全生产市场准入，经济社会发展要以安全为前提，把安全生产贯穿城乡规划布局、设计、建设、管理和企业生产经营活动全过程。构建风险分级管控和隐患排查治理双重预防工作机制，严防风险演变、隐患升级导致生产安全事故发生。

——坚持系统治理。严密层级治理和行业治理、政府治理、社会治理相结合的安全生产治理体系，组织动员各方面力量实施社会共治。综合运用法律、行政、经济、市场等手段，落实人防、技防、物防措施，提升全社会安全生产治理能力。

（三）目标任务。到 2020 年，安全生产监管体制机制基本成熟，法律制度基本完善，全国生产安全事故总量明显减少，职业病危害防治取得积极进展，重特大生产安全事故频发势头得到有效遏制，安全生产整体水平与全面建成小康社会目标相适应。到2030 年，实现安全生产治理体系和治理能力现代化，全民安全文明素质全面提升，安全生产保障能力显著增强，为实现中华民族伟大复兴的中国梦奠定稳固可靠的安全生产基础。

1.1.2 健全落实安全生产责任制

（四）明确地方党委和政府领导责任。坚持党政同责、一岗双责、齐抓共管、失职追责，完善安全生产责任体系。地方各级党委和政府要始终把安全生产摆在重要位置，加强组织领导。党政主要负责人是本地区安全生产第一责任人，班子其他成员对分管范围内的安全生产工作负领导责任。地方各级安全生产委员会主任由政府主要负责人担任，成员由同级党委和政府及相关部门负责人组成。

地方各级党委要认真贯彻执行党的安全生产方针，在统揽本地区经济社会发展全局中同步推进安全生产工作，定期研究决定安全生产重大问题。加强安全生产监管机构领导班子、干部队伍建设。严格安全生产履职绩效考核和失职责任追究。强化安全生产宣传教育和舆论引导。发挥人大对安全生产工作的监督促进作用、政协对安全生产工作的民主监督作用。推动组织、宣传、政法、机构编制等单位支持保障安全生产工作。动员社会各界积极参与、支持、监督安全生产工作。

地方各级政府要把安全生产纳入经济社会发展总体规划，制定实施安全生产专项规划，健全安全投入保障制度。及时研究部署安全生产工作，严格落实属地监管责任。充分发挥安全生产委员会作用，实施安全生产责任目标管理。建立安全生产巡查制度，督促各部门和下级政府履职尽责。加强安全生产监管执法能力建设，推进安全科技创新，提升信息化管理水平。严格安全准入标准，指导管控安全风险，督促整治重大隐患，强化源头治理。加强应急管理，完善安全生产应急救援体系。依法依规开展事故调查处理，督促落实问题整改。

（五）明确部门监管责任。按照管行业必须管安全、管业务必须管安全、管生产经营必须管安全和谁主管谁负责的原则，厘清安全生产综合监管与行业监管的关系，明确各有关部门安全生产和职业健康工作职责，并落实到部门工作职责规定中。安全生产监督管理部门负责安全生产法规标准和政策规划制定修订、执法监督、事故调查处理、应急救援管理、统计分析、宣传教育培训等综合性工作，承担职责范围内行业领域安全生产和职业健康监管执法职责。负有安全生产监督管理职责的有关部门依法依规履行相关行业领域安全生产和职业健康监管职责，强化监管执法，严厉查处违法违规行为。其他行业领域主管部门负有安全生产管理责任，要将安全生产工作作为行业领域管理的重要内容，从行业规划、产业政策、法规标准、行政许可等方面加强行业安全生产工作，指导督促企事业单位加强安全管理。党委和政府其他有关部门要在职责范围内为安全生产工作提供支持保障，共同推进安全发展。

（六）严格落实企业主体责任。企业对本单位安全生产和职业健康工作负全面责任，要严格履行安全生产法定责任，建立健全自我约束、持续改进的内生机制。企业实行全员安全生产责任制度，法定代表人和实际控制人同为安全生产第一责任人，主要技术负责人负有安全生产技术决策和指挥权，强化部门安全生产职责，落实一岗双责。完善落实混合所有制企业以及跨地区、多层级和境外中资企业投资主体的安全生产责任。建立企业全过程安全生产和职业健康管理制度，做到安全责任、管理、投入、培训和应急救援“五到位”。国有企业要发挥安全生产工作示范带头作用，自觉接受属地监管。

（七）健全责任考核机制。建立与全面建成小康社会相适应和体现安全发展水平的考核评价体系。完善考核制度，统筹整合、科学设定安全生产考核指标，加大安全生产在社会治安综合治理、精神文明建设等考核中的权重。各级政府要对同级安全生产委员会成员单位和下级政府实施严格的安全生产工作责任考核，实行过程考核与结果考核相结合。各地区各单位要建立安全生产绩效与履职评定、职务晋升、奖励惩处挂钩制度，严格落实安全生产“一票否决”制度。

（八）严格责任追究制度。实行党政领导干部任期安全生产责任制，日常工作依责尽职、发生事故依责追究。依法依规制定各有关部门安全生产权力和责任清单，尽职照单免责、失职照单问责。建立企业生产经营全过程安全责任追溯制度。严肃查处安全生产领域项目审批、行政许可、监管执法中的失职渎职和权钱交易等腐败行为。严格事故直报制度，对瞒报、谎报、漏报、迟报事故的单位和个人依法依规追责。对被追究刑事责任的生产经营者依法实施相应的职业禁入，对事故发生负有重大责任的社会服务机构和人员依法严肃追究法律责任，并依法实施相应的行业禁入。

1.1.3 改革安全监管监察体制

（九）完善监督管理体制。加强各级安全生产委员会组织领导，充分发挥其统筹协调作用，切实解决突出矛盾和问题。各级安全生产监督管理部门承担本级安全生产委员会日常工作，负责指导协调、监督检查、巡查考核本级政府有关部门和下级政府安全生产工作，履行综合监管职责。负有安全生产监督管理职责的部门，依照有关法律法规和部门职责，健全安全生产监管体制，严格落实监管职责。相关部门按照各自职责建立完善安全生产工作机制，形成齐抓共管格局。坚持管安全生产必须管职业健康，建立安全生产和职业健康一体化监管执法体制。

1.1.4 大力推进依法治理

（十三）健全法律法规体系。建立健全安全生产法律法规立改废释工作协调机制。加强涉及安全生产相关法规一致性审查，增强安全生产法制建设的系统性、可操作性。制定安全生产中长期立法规划，加快制定修订安全生产法配套法规。加强安全生产和职业健康法律法规衔接融合。研究修改刑法有关条款，将生产经营过程中极易导致重大安全事故的违法行为列入刑法调整范围。制定完善高危行业领域安全规程。设区的市根据《中华人民共和国立法法》的立法精神，加强安全生产地方性法规建设，解决区域性安全生产突出问题。

（十四）完善标准体系。加快安全生产标准制定修订和整合，建立以强制性国家标准为主体的安全生产标准体系。鼓励依法成立的社会团体和企业制定更加严格规范的安全生产标准，结合国情积极借鉴实施国际先进标准。国务院安全生产监督管理部门负责生产经营单位职业危害预防治理国家标准制定发布工作；统筹提出安全生产强制性国家标准立项计划，有关部门按照职责分工组织起草、审查、实施和监督执行，国务院标准化行政主管部门负责及时立项、编号、对外通报、批准并发布。

（十六）规范监管执法行为。完善安全生产监管执法制度，明确每个生产经营单位安全生产监督和管理主体，制定实施执法计划，完善执法程序规定，依法严格查处各类违法违规行为。建立行政执法和刑事司法衔接制度，负有安全生产监督管理职责的部门要加强与公安、检察院、法院等协调配合，完善安全生产违法线索通报、案件移送与协查机制。对违法行为当事人拒不执行安全生产行政执法决定的，负有安全生产监督管理职责的部门应依法申请司法机关强制执行。完善司法机关参与事故调查机制，严肃查处违法犯罪行为。研究建立安全生产民事和行政公益诉讼制度。

（十七）完善执法监督机制。各级人大常委会要定期检查安全生产法律法规实施情况，开展专题询问。各级政协要围绕安全生产突出问题开展民主监督和协商调研。建立执法行为审议制度和重大行政执法决策机制，评估执法效果，防止滥用职权。健全领导干部非法干预安全生产监管执法的记录、通报和责任追究制度。完善安全生产执法纠错和执法信息公开制度，加强社会监督和舆论监督，保证执法严明、有错必纠。

（十八）健全监管执法保障体系。制定安全生产监管监察能力建设规划，明确监管执法装备及现场执法和应急救援用车配备标准，加强监管执法技术支撑体系建设，保障监管执法需要。建立完善负有安全生产监督管理职责的部门监管执法经费保障机制，将监管执法经费纳入同级财政全额保障范围。加强监管执法制度化、标准化、信息化建设，确保规范高效监管执法。建立安全生产监管执法人员依法履行法定职责制度，激励保证监管执法人员忠于职守、履职尽责。严格监管执法人员资格管理，制定安全生产监管执法人员录用标准，提高专业监管执法人员比例。建立健全安全生产监管执法人员凡进必考、入职培训、持证上岗和定期轮训制度。统一安全生产执法标志标识和制式服装。

（十九）完善事故调查处理机制。坚持问责与整改并重，充分发挥事故查处对加强和改进安全生产工作的促进作用。完善生产安全事故调查组组长负责制。健全典型事故提级调查、跨地区协同调查和工作督导机制。建立事故调查分析技术支撑体系，所有事故调查报告要设立技术和管理问题专篇，详细分析原因并全文发布，做好解读，回应公众关切。对事故调查发现有漏洞、缺陷的有关法律法规和标准制度，及时启动制定修订工作。建立事故暴露问题整改督办制度，事故结案后一年内，负责事故调查的地方政府和国务院有关部门要组织开展评估，及时向社会公开，对履职不力、整改措施不落实的，依法依规严肃追究有关单位和人员责任。

1.1.5 建立安全预防控制体系

（二十）加强安全风险管控。地方各级政府要建立完善安全风险评估与论证机制，科学合理确定企业选址和基础设施建设、居民生活区空间布局。高危项目审批必须把安全生产作为前置条件，城乡规划布局、设计、建设、管理等各项工作必须以安全为前提，实行重大安全风险“一票否决”。加强新材料、新工艺、新业态安全风险评估和管控。紧密结合供给侧结构性改革，推动高危产业转型升级。位置相邻、行业相近、业态相似的地区和行业要建立完善重大安全风险联防联控机制。构建国家、省、市、县四级重大危险源信息管理体系，对重点行业、重点区域、重点企业实行风险预警控制，有效防范重特大生产安全事故。

（二十一）强化企业预防措施。企业要定期开展风险评估和危害辨识。针对高危工艺、设备、物品、场所和岗位，建立分级管控制度，制定落实安全操作规程。树立隐患就是事故的观念，建立健全隐患排查治理制度、重大隐患治理情况向负有安全生产监督管理职责的部门和企业职代会“双报告”制度，实行自查自改自报闭环管理。严格执行安全生产和职业健康“三同时”制度。大力推进企业安全生产标准化建设，实现安全管理、操作行为、设备设施和作业环境的标准化。开展经常性的应急演练和人员避险自救培训，着力提升现场应急处置能力。

（二十二）建立隐患治理监督机制。制定生产安全事故隐患分级和排查治理标准。负有安全生产监督管理职责的部门要建立与企业隐患排查治理系统联网的信息平台，完善线上线下配套监管制度。强化隐患排查治理监督执法，对重大隐患整改不到位的企业依法采取停产停业、停止施工、停止供电和查封扣押等强制措施，按规定给予上限经济处罚，对构成犯罪的要移交司法机关依法追究刑事责任。严格重大隐患挂牌督办制度，对整改和督办不力的纳入政府核查问责范围，实行约谈告诫、公开曝光，情节严重的依法依规追究相关人员责任。

（二十三）强化城市运行安全保障。定期排查区域内安全风险点、危险源，落实管控措施，构建系统性、现代化的城市安全保障体系，推进安全发展示范城市建设。提高基础设施安全配置标准，重点加强对城市高层建筑、大型综合体、隧道桥梁、管线管廊、轨道交通、燃气、电力设施及电梯、游乐设施等的检测维护。完善大型群众性活动安全管理制度，加强人员密集场所安全监管。加强公安、民政、国土资源、住房城乡建设、交通运输、水利、农业、安全监管、气象、地震等相关部门的协调联动，严防自然灾害引发事故。

（二十五）建立完善职业病防治体系。将职业病防治纳入各级政府民生工程及安全生产工作考核体系，制定职业病防治中长期规划，实施职业健康促进计划。加快职业病危害严重企业技术改造、转型升级和淘汰退出，加强高危粉尘、高毒物品等职业病危害源头治理。健全职业健康监管支撑保障体系，加强职业健康技术服务机构、职业病诊断鉴定机构和职业健康体检机构建设，强化职业病危害基础研究、预防控制、诊断鉴定、综合治疗能力。完善相关规定，扩大职业病患者救治范围，将职业病失能人员纳入社会保障范围，对符合条件的职业病患者落实医疗与生活救助措施。加强企业职业健康监管执法，督促落实职业病危害告知、日常监测、定期报告、防护保障和职业健康体检等制度措施，落实职业病防治主体责任。

1.1.6 加强安全基础保障能力建设

（二十六）完善安全投入长效机制。加强中央和地方财政安全生产预防及应急相关资金使用管理，加大安全生产与职业健康投入，强化审计监督。加强安全生产经济政策研究，完善安全生产专用设备企业所得税优惠目录。落实企业安全生产费用提取管理使用制度，建立企业增加安全投入的激励约束机制。健全投融资服务体系，引导企业集聚发展灾害防治、预测预警、检测监控、个体防护、应急处置、安全文化等技术、装备和服务产业。

（二十七）建立安全科技支撑体系。优化整合国家科技计划，统筹支持安全生产和职业健康领域科研项目，加强研发基地和博士后科研工作站建设。开展事故预防理论研究和关键技术装备研发，加快成果转化和推广应用。推动工业机器人、智能装备在危险工序和环节广泛应用。提升现代信息技术与安全生产融合度，统一标准规范，加快安全生产信息化建设，构建安全生产与职业健康信息化全国“一张网”。加强安全生产理论和政策研究，运用大数据技术开展安全生产规律性、关联性特征分析，提高安全生产决策科学化水平。

（二十八）健全社会化服务体系。将安全生产专业技术服务纳入现代服务业发展规划，培育多元化服务主体。建立政府购买安全生产服务制度。支持发展安全生产专业化行业组织，强化自治自律。完善注册安全工程师制度。改革完善安全生产和职业健康技术服务机构资质管理办法。支持相关机构开展安全生产和职业健康一体化评价等技术服务，严格实施评价公开制度，进一步激活和规范专业技术服务市场。鼓励中小微企业订单式、协作式购买运用安全生产管理和技术服务。建立安全生产和职业健康技术服务机构公示制度和由第三方实施的信用评定制度，严肃查处租借资质、违法挂靠、弄虚作假、垄断收费等各类违法违规行为。

（二十九）发挥市场机制推动作用。取消安全生产风险抵押金制度，建立健全安全生产责任保险制度，在矿山、危险化学品、烟花爆竹、交通运输、建筑施工、民用爆炸物品、金属冶炼、渔业生产等高危行业领域强制实施，切实发挥保险机构参与风险评估管控和事故预防功能。完善工伤保险制度，加快制定工伤预防费用的提取比例、使用和管理具体办法。积极推进安全生产诚信体系建设，完善企业安全生产不良记录“黑名单”制度，建立失信惩戒和守信激励机制。

（三十）健全安全宣传教育体系。将安全生产监督管理纳入各级党政领导干部培训内容。把安全知识普及纳入国民教育，建立完善中小学安全教育和高危行业职业安全教育体系。把安全生产纳入农民工技能培训内容。严格落实企业安全教育培训制度，切实做到先培训、后上岗。推进安全文化建设，加强警示教育，强化全民安全意识和法治意识。发挥工会、共青团、妇联等群团组织作用，依法维护职工群众的知情权、参与权与监督权。加强安全生产公益宣传和舆论监督。建立安全生产“12350”专线与社会公共管理平台统一接报、分类处置的举报投诉机制。鼓励开展安全生产志愿服务和慈善事业。加强安全生产国际交流合作，学习借鉴国外安全生产与职业健康先进经验。

各地区各部门要加强组织领导，严格实行领导干部安全生产工作责任制，根据本意见提出的任务和要求，结合实际认真研究制定实施办法，抓紧出台推进安全生产领域改革发展的具体政策措施，明确责任分工和时间进度要求，确保各项改革举措和工作要求落实到位。贯彻落实情况要及时向党中央、国务院报告，同时抄送国务院安全生产委员会办公室。中央全面深化改革领导小组办公室将适时牵头组织开展专项监督检查。

1.2 《宪法》《刑法》《劳动法》与《建筑法》有关规定

1.2.1 《宪法》(2018 年修正) 有关规定

2018 年 3 月 11 日第十三届全国人民代表大会第一次会议通过的《中华人民共和国宪法修正案》修正第四十二条规定：中华人民共和国公民有劳动的权利和义务。国家通过各种途径，创造劳动就业条件，加强劳动保护，改善劳动条件，并在发展生产的基础上，提高劳动报酬和福利待遇。

1.2.2 《刑法》(2017 年修正) 有关规定

1. 重大责任事故罪、强令违章冒险作业罪

第一百三十四条　在生产、作业中违反有关安全管理的规定，因而发生重大伤亡事故或者造成其他严重后果的，处三年以下有期徒刑或者拘役；情节特别恶劣的，处三年以上七年以下有期徒刑。

强令他人违章冒险作业，因而发生重大伤亡事故或者造成其他严重后果的，处五年以下有期徒刑或者拘役；情节特别恶劣的，处五年以上有期徒刑。

2. 重大劳动安全事故罪

第一百三十五条　安全生产设施或者安全生产条件不符合国家规定，因而发生重大伤亡事故或者造成其他严重后果的，对直接负责的主管人员和其他直接责任人员，处三年以下有期徒刑或者拘役；情节特别恶劣的，处三年以上七年以下有期徒刑。

3. 工程重大安全事故罪

第一百三十七条　建设单位、设计单位、施工单位、工程监理单位违反国家规定，降低工程质量标准，造成重大安全事故的，对直接责任人员，处五年以下有期徒刑或者拘役，并处罚金；后果特别严重的，处五年以上十年以下有期徒刑，并处罚金。

4. 谎报安全事故罪

第一百三十九条　违反消防管理法规，经消防监督机构通知采取改正措施而拒绝执行，造成严重后果的，对直接责任人员，处三年以下有期徒刑或者拘役；后果特别严重的，处三年以上七年以下有期徒刑。

第一百三十九条之一　在安全事故发生后，负有报告职责的人员不报或者谎报事故情况，贻误事故抢救，情节严重的，处三年以下有期徒刑或者拘役；情节特别严重的，处三年以上七年以下有期徒刑。

1.2.3 《劳动法》(2009 年修正版）有关规定

1. 总则中第三条规定

劳动者享有获得劳动安全卫生的权利，劳动者应当执行劳动安全卫生规程。

2. 第六章劳动安全卫生方面规定

（1）用人单位必须建立、健全劳动安全卫生制度，严格执行国家劳动安全卫生规程和标准，对劳动者进行劳动安全卫生教育，防止劳动过程中的事故，减少职业危害。

（2）劳动安全卫生设施必须符合国家规定的标准。

新建、改建、扩建工程的劳动安全卫生设施必须与主体工程同时设计、同时施工、同时投入生产和使用。

（3）用人单位必须为劳动者提供符合国家规定的劳动安全卫生条件和必要的劳动防护用品，对从事有职业危害作业的劳动者应当定期进行健康检查。

（4）从事特种作业的劳动者必须经过专门培训并取得特种作业资格。

（5）劳动者在劳动过程中必须严格遵守安全操作规程。

劳动者对用人单位管理人员违章指挥、强令冒险作业，有权拒绝执行；对危害生命安全和身体健康的行为，有权提出批评、检举和控告。

（6）国家建立伤亡事故和职业病统计报告和处理制度。县级以上各级人民政府劳动行政部门、有关部门和用人单位应当依法对劳动者在劳动过程中发生的伤亡事故和劳动者的职业病状况，进行统计、报告和处理。

3. 第十二章法律责任方面规定

用人单位的劳动安全设施和劳动卫生条件不符合国家规定或者未向劳动者提供必要的劳动防护用品和劳动保护设施的，由劳动行政部门或者有关部门责令改正，可以处以罚款；情节严重的，提请县级以上人民政府决定责令停产整顿；对事故隐患不采取措施，致使发生重大事故，造成劳动者生命和财产损失的，对责任人员比照刑法的有关规定追究刑事责任。用人单位强令劳动者违章冒险作业，发生重大伤亡事故，造成严重后果的，对责任人员依法追究刑事责任。

用人单位非法招用未满十六周岁的未成年人的，由劳动行政部门责令改正，处以罚款；情节严重的，由工商行政管理部门吊销营业执照。

用人单位违反本法对女职工和未成年工的保护规定，侵害其合法权益的，由劳动行政部门责令改正，处以罚款；对女职工或者未成年工造成损害的，应当承担赔偿责任。

1.2.4 《建筑法》(2019 年修订版）有关规定

《中华人民共和国建筑法》是建设行政主管部门及其建筑施工企业依法加强安全管理、搞好安全工作的重要法律依据。《建筑法》规定了建设行政主管部门及其建筑施工企业应贯彻“安全第一、预防为主”的方针；建设单位、设计单位、施工企业应落实安全生产责任制，加强建筑施工的安全管理，建立健全安全生产管理制度等。施工企业应建立安全管理制度，即安全生产责任制度、群防群治制度、安全生产教育培训制度、意外伤害保险制度、伤亡事故报告制度。《建筑法》总计 8 章 85 条，其中，第三十六条至第五十四条对施工单位安全生产管理做出了如下具体规定：

第三十六条　建筑工程安全生产管理必须坚持安全第一、预防为主的方针，建立健全安全生产的责任制度和群防群治制度。

第三十七条　建筑工程设计应当符合按照国家规定制定的建筑安全规程和技术规范，保证工程的安全性能。

第三十八条　建筑施工企业在编制施工组织设计时，应当根据建筑工程的特点制定相应的安全技术措施；对专业性较强的工程项目，应当编制专项安全施工组织设计，并采取安全技术措施。

第三十九条　建筑施工企业应当在施工现场采取维护安全、防范危险、预防火灾等措施；有条件的，应当对施工现场实行封闭管理。

施工现场对毗邻的建筑物、构筑物和特殊作业环境可能造成损害的，建筑施工企业应当采取安全防护措施。

第四十条　建设单位应当向建筑施工企业提供与施工现场相关的地下管线资料，建筑施工企业应当采取措施加以保护。

第四十二条　有下列情形之一的，建设单位应当按照国家有关规定办理申请批准手续：

（一）需要临时占用规划批准范围以外场地的；

（二）可能损坏道路、管线、电力、邮电通讯等公共设施的；

（三）需要临时停水、停电、中断道路交通的；

（四）需要进行爆破作业的；

（五）法律、法规规定需要办理报批手续的其他情形。

第四十四条　建筑施工企业必须依法加强对建筑安全生产的管理，执行安全生产责任制度，采取有效措施，防止伤亡和其他安全生产事故的发生。

建筑施工企业的法定代表人对本企业的安全生产负责。

第四十五条　施工现场安全由建筑施工企业负责。实行施工总承包的，由总承包单位负责。分包单位向总承包单位负责，服从总承包单位对施工现场的安全生产管理。

第四十六条　建筑施工企业应当建立健全劳动安全生产教育培训制度，加强对职工安全生产的教育培训；未经安全生产教育培训的人员，不得上岗作业。

第四十七条　建筑施工企业和作业人员在施工过程中，应当遵守有关安全生产的法律、法规和建筑行业安全规章、规程，不得违章指挥或者违章作业。作业人员有权对影响人身健康的作业程序和作业条件提出改进意见，有权获得安全生产所需的防护用品。作业人员对危及生命安全和人身健康的行为有权提出批评、检举和控告。

第五十一条　施工中发生事故时，建筑施工企业应当采取紧急措施减少人员伤亡和事故损失，并按照国家有关规定及时向有关部门报告。

第五十四条　建设单位不得以任何理由，要求建筑设计单位或者建筑施工企业在工程设计或者施工作业中，违反法律、行政法规和建筑工程质量、安全标准，降低工程质量。

建筑设计单位和建筑施工企业对建设单位违反前款规定提出的降低工程质量的要求，应当予以拒绝。

1.3 《安全生产法》（2014 年修订版）有关规定

1.3.1　总则的规定

第二条　在中华人民共和国领域内从事生产经营活动的单位（以下统称生产经营单位）的安全生产，适用本法；有关法律、行政法规对消防安全和道路交通安全、铁路交通安全、水上交通安全、民用航空安全以及核与辐射安全、特种设备安全另有规定的，适用其规定。

1.3.2　生产经营单位的安全生产保障

第四条　生产经营单位必须遵守本法和其他有关安全生产的法律、法规，加强安全生产管理，建立、健全安全生产责任制和安全生产规章制度，改善安全生产条件，推进安全生产标准化建设，提高安全生产水平，确保安全生产。

第十七条　生产经营单位应当具备本法和有关法律、行政法规和国家标准或者行业标准规定的安全生产条件；不具备安全生产条件的，不得从事生产经营活动。

第十九条　生产经营单位的安全生产责任制应当明确各岗位的责任人员、责任范围和考核标准等内容。

生产经营单位应当建立相应的机制，加强对安全生产责任制落实情况的监督考核，保证安全生产责任制的落实。

第二十一条　矿山、金属冶炼、建筑施工、道路运输单位和危险物品的生产、经营、储存单位，应当设置安全生产管理机构或者配备专职安全生产管理人员。

前款规定以外的其他生产经营单位，从业人员超过一百人的，应当设置安全生产管理机构或者配备专职安全生产管理人员；从业人员在一百人以下的，应当配备专职或者兼职的安全生产管理人员。

第二十六条　生产经营单位采用新工艺、新技术、新材料或者使用新设备，必须了解、掌握其安全技术特性，采取有效的安全防护措施，并对从业人员进行专门的安全生产教育和培训。

第二十八条　生产经营单位新建、改建、扩建工程项目（以下统称建设项目）的安全设施，必须与主体工程同时设计、同时施工、同时投入生产和使用。安全设施投资应当纳入建设项目概算。

第四十三条　生产经营单位的安全生产管理人员应当根据本单位的生产经营特点，对安全生产状况进行经常性检查；对检查中发现的安全问题，应当立即处理；不能处理的，应当及时报告本单位有关负责人，有关负责人应当及时处理。检查及处理情况应当如实记录在案。生产经营单位的安全生产管理人员在检查中发现重大事故隐患，依照前款规定向本单位有关负责人报告，有关负责人不及时处理的，安全生产管理人员可以向主管的负有安全生产监督管理职责的部门报告，接到报告的部门应当依法及时处理。

1.4 《建设工程安全生产管理条例》（2003 年国务院令第 393 号）有关规定

1.4.1 建设单位的安全责任

第六条　建设单位应当向施工单位提供施工现场及毗邻区域内供水、排水、供电、供气、供热、通信、广播电视等地下管线资料，气象和水文观测资料，相邻建筑物和构筑物、地下工程的有关资料，并保证资料的真实、准确、完整。

建设单位因建设工程需要，向有关部门或者单位查询前款规定的资料时，有关部门或者单位应当及时提供。

第七条　建设单位不得对勘察、设计、施工、工程监理等单位提出不符合建设工程安全生产法律、法规和强制性标准规定的要求，不得压缩合同约定的工期。

第八条　建设单位在编制工程概算时，应当确定建设工程安全作业环境及安全施工措施所需费用。

第九条　建设单位不得明示或者暗示施工单位购买、租赁、使用不符合安全施工要求的安全防护用具、机械设备、施工机具及配件、消防设施和器材。

1.4.2　勘察、设计、工程监理及其他有关单位的安全责任

第十二条　勘察单位应当按照法律、法规和工程建设强制性标准进行勘察，提供的勘察文件应当真实、准确，满足建设工程安全生产的需要。

勘察单位在勘察作业时，应当严格执行操作规程，采取措施保证各类管线、设施和周边建筑物、构筑物的安全。

第十三条　设计单位应当按照法律、法规和工程建设强制性标准进行设计，防止因设计不合理导致生产安全事故的发生。

设计单位应当考虑施工安全操作和防护的需要，对涉及施工安全的重点部位和环节在设计文件中注明，并对防范生产安全事故提出指导意见。

采用新结构、新材料、新工艺的建设工程和特殊结构的建设工程，设计单位应当在设计中提出保障施工作业人员安全和预防生产安全事故的措施建议。

设计单位和注册建筑师等注册执业人员应当对其设计负责。

第十四条　工程监理单位应当审查施工组织设计中的安全技术措施或者专项施工方案是否符合工程建设强制性标准。

工程监理单位在实施监理过程中，发现存在安全事故隐患的，应当要求施工单位整改；情况严重的，应当要求施工单位暂时停止施工，并及时报告建设单位。施工单位拒不整改或者不停止施工的，工程监理单位应当及时向有关主管部门报告。

工程监理单位和监理工程师应当按照法律、法规和工程建设强制性标准实施监理，并对建设工程安全生产承担监理责任。

第十五条　为建设工程提供机械设备和配件的单位，应当按照安全施工的要求配备齐全有效的保险、限位等安全设施和装置。

第十六条　出租的机械设备和施工机具及配件，应当具有生产（制造）许可证、产品合格证。

出租单位应当对出租的机械设备和施工机具及配件的安全性能进行检测，在签订租赁协议时，应当出具检测合格证明。

禁止出租检测不合格的机械设备和施工机具及配件。

1.4.3　施工单位的安全责任

第二十条　施工单位从事建设工程的新建、扩建、改建和拆除等活动，应当具备国

家规定的注册资本、专业技术人员、技术装备和安全生产等条件，依法取得相应等级的资质证书，并在其资质等级许可的范围内承揽工程。

第二十一条　施工单位主要负责人依法对本单位的安全生产工作全面负责。施工单位应当建立健全安全生产责任制度和安全生产教育培训制度，制定安全生产规章制度和操作规程，保证本单位安全生产条件所需资金的投入，对所承担的建设工程进行定期和专项安全检查，并做好安全检查记录。

施工单位的项目负责人应当由取得相应执业资格的人员担任，对建设工程项目的安全施工负责，落实安全生产责任制度、安全生产规章制度和操作规程，确保安全生产费用的有效使用，并根据工程的特点组织制定安全施工措施，消除安全事故隐患，及时、如实报告生产安全事故。

第二十二条　施工单位对列入建设工程概算的安全作业环境及安全施工措施所需费用，应当用于施工安全防护用具及设施的采购和更新、安全施工措施的落实、安全生产条件的改善，不得挪作他用。

第二十三条　施工单位应当设立安全生产管理机构，配备专职安全生产管理人员。

专职安全生产管理人员负责对安全生产进行现场监督检查。发现安全事故隐患，应当及时向项目负责人和安全生产管理机构报告；对违章指挥、违章操作的，应当立即制止。

专职安全生产管理人员的配备办法由国务院建设行政主管部门会同国务院其他有关部门制定。

第二十四条　建设工程实行施工总承包的，由总承包单位对施工现场的安全生产负总责。

总承包单位应当自行完成建设工程主体结构的施工。

总承包单位依法将建设工程分包给其他单位的，分包合同中应当明确各自的安全生产方面的权利、义务。总承包单位和分包单位对分包工程的安全生产承担连带责任。

分包单位应当服从总承包单位的安全生产管理，分包单位不服从管理导致生产安全事故的，由分包单位承担主要责任。

第三十条　施工单位对因建设工程施工可能造成损害的毗邻建筑物、构筑物和地下管线等，应当采取专项防护措施。

施工单位应当遵守有关环境保护法律、法规的规定，在施工现场采取措施，防止或者减少粉尘、废气、废水、固体废物、噪声、振动和施工照明对人和环境的危害和污染。

在城市市区内的建设工程，施工单位应当对施工现场实行封闭围挡。

第三十一条　施工单位应当在施工现场建立消防安全责任制度，确定消防安全责任人，制定用火、用电、使用易燃易爆材料等各项消防安全管理制度和操作规程，设置消防通道、消防水源，配备消防设施和灭火器材，并在施工现场入口处设置明显标志。

1.5 《建筑施工企业安全生产许可证管理规定》（建设部令第 128 号）有关规定

1.5.1 第一章 总则中的规定

第二条 国家对建筑施工企业实行安全生产许可制度。

建筑施工企业未取得安全生产许可证的，不得从事建筑施工活动。

本规定所称建筑施工企业，是指从事土木工程、建筑工程、线路管道和设备安装工程及装修工程的新建、扩建、改建和拆除等有关活动的企业。

1.5.2 第二章 安全生产条件中的规定

第四条 建筑施工企业取得安全生产许可证，应当具备下列安全生产条件：

（一）建立、健全安全生产责任制，制定完备的安全生产规章制度和操作规程；

（二）保证本单位安全生产条件所需资金的投入；

（三）设置安全生产管理机构，按照国家有关规定配备专职安全生产管理人员；

（四）主要负责人、项目负责人、专职安全生产管理人员经建设主管部门或者其他有关部门考核合格；

（五）特种作业人员经有关业务主管部门考核合格，取得特种作业操作资格证书；

（六）管理人员和作业人员每年至少进行一次安全生产教育培训并考核合格；

（七）依法参加工伤保险，依法为施工现场从事危险作业的人员办理意外伤害保险，为从业人员交纳保险费；

（八）施工现场的办公、生活区及作业场所和安全防护用具、机械设备、施工机具及配件符合有关安全生产法律、法规、标准和规程的要求；

（九）有职业危害防治措施，并为作业人员配备符合国家标准或者行业标准的安全防护用具和安全防护服装；

（十）有对危险性较大的分部分项工程及施工现场易发生重大事故的部位、环节的预防、监控措施和应急预案；

（十一）有生产安全事故应急救援预案、应急救援组织或者应急救援人员，配备必要的应急救援器材、设备；

（十二）法律、法规规定的其他条件。

1.5.3 第五章罚则中的规定

第二十二条 取得安全生产许可证的建筑施工企业，发生重大安全事故的，暂扣安全生产许可证并限期整改。

第二十三条　建筑施工企业不再具备安全生产条件的，暂扣安全生产许可证并限期整改；情节严重的，吊销安全生产许可证。

第二十四条　违反本规定，建筑施工企业未取得安全生产许可证擅自从事建筑施工活动的，责令其在建项目停止施工，没收违法所得，并处 10 万元以上 50 万元以下的罚款；造成重大安全事故或者其他严重后果，构成犯罪的，依法追究刑事责任。

1.6 《生产安全事故报告和调查处理条例》(国务院令第 493 号)有关规定

1.6.1　第一章总则中关于事故等级划分的规定

第三条　根据生产安全事故（以下简称事故）造成的人员伤亡或者直接经济损失，事故一般分为以下等级：

（一）特别重大事故，是指造成 30 人以上死亡，或者 100 人以上重伤（包括急性工业中毒，下同），或者 1 亿元以上直接经济损失的事故；

（二）重大事故，是指造成 10 人以上 30 人以下死亡，或者 50 人以上 100 人以下重伤，或者 5000 万元以上 1 亿元以下直接经济损失的事故；

（三）较大事故，是指造成 3 人以上 10 人以下死亡，或者 10 人以上 50 人以下重伤，或者 1000 万元以上 5000 万元以下直接经济损失的事故；

（四）一般事故，是指造成 3 人以下死亡，或者 10 人以下重伤，或者 1000 万元以下直接经济损失的事故。

国务院安全生产监督管理部门可以会同国务院有关部门，制定事故等级划分的补充性规定。

本条第一款所称的“以上”包括本数，所称的“以下”不包括本数。

1.6.2　第二章生产安全事故报告的有关规定

第九条　事故发生后，事故现场有关人员应当立即向本单位负责人报告；单位负责人接到报告后，应当于 1 小时内向事故发生地县级以上人民政府安全生产监督管理部门和负有安全生产监督管理职责的有关部门报告。

情况紧急时，事故现场有关人员可以直接向事故发生地县级以上人民政府安全生产监督管理部门和负有安全生产监督管理职责的有关部门报告。

第十二条　报告事故应当包括下列内容：

（一）事故发生单位概况；

（二）事故发生的时间、地点以及事故现场情况；

（三）事故的简要经过；

（四）事故已经造成或者可能造成的伤亡人数（包括下落不明的人数）和初步估计的直接经济损失；

（五）已经采取的措施；

（六）其他应当报告的情况。

第十三条　事故报告后出现新情况的，应当及时补报。

自事故发生之日起 30 日内，事故造成的伤亡人数发生变化的，应当及时补报。道路交通事故、火灾事故自发生之日起 7 日内，事故造成的伤亡人数发生变化的，应当及时补报。

第十四条　事故发生单位负责人接到事故报告后，应当立即启动事故相应应急预案，或者采取有效措施，组织抢救，防止事故扩大，减少人员伤亡和财产损失。

第十六条　事故发生后，有关单位和人员应当妥善保护事故现场以及相关证据，任何单位和个人不得破坏事故现场、毁灭相关证据。

因抢救人员、防止事故扩大以及疏通交通等原因，需要移动事故现场物件的，应当做出标志，绘制现场简图并做出书面记录，妥善保存现场重要痕迹、物证。

1.6.3　第四章事故处理中的有关规定

第三十三条　事故发生单位应当认真吸取事故教训，落实防范和整改措施，防止事故再次发生。防范和整改措施的落实情况应当接受工会和职工的监督。

安全生产监督管理部门和负有安全生产监督管理职责的有关部门应当对事故发生单位落实防范和整改措施的情况进行监督检查。

1.7 《危险性较大的分部分项工程安全管理规定》（住建部令 2018 年第 37 号令）

1.7.1　第二章前期保障中的有关规定

第五条　建设单位应当依法提供真实、准确、完整的工程地质、水文地质和工程周边环境等资料。

第六条　勘察单位应当根据工程实际及工程周边环境资料，在勘察文件中说明地质条件可能造成的工程风险。

设计单位应当在设计文件中注明涉及危大工程的重点部位和环节，提出保障工程周边环境安全和工程施工安全的意见，必要时进行专项设计。

第七条　建设单位应当组织勘察、设计等单位在施工招标文件中列出危大工程清单，要求施工单位在投标时补充完善危大工程清单并明确相应的安全管理措施。

第九条　建设单位在申请办理安全监督手续时，应当提交危大工程清单及其安全管理措施等资料。

1.7.2　第三章专项施工方案中的有关规定

第十条　施工单位应当在危大工程施工前组织工程技术人员编制专项施工方案。

实行施工总承包的，专项施工方案应当由施工总承包单位组织编制。危大工程实行分包的，专项施工方案可以由相关专业分包单位组织编制。

第十二条　对于超过一定规模的危大工程，施工单位应当组织召开专家论证会对专项施工方案进行论证。实行施工总承包的，由施工总承包单位组织召开专家论证会。专家论证前专项施工方案应当通过施工单位审核和总监理工程师审查。

专家应当从地方人民政府住房城乡建设主管部门建立的专家库中选取，符合专业要求且人数不得少于 5 名。与本工程有利害关系的人员不得以专家身份参加专家论证会。

1.7.3　第四章现场安全管理的有关规定

第十四条　施工单位应当在施工现场显著位置公告危大工程名称、施工时间和具体责任人员，并在危险区域设置安全警示标志。

第十五条　专项施工方案实施前，编制人员或者项目技术负责人应当向施工现场管理人员进行方案交底。

施工现场管理人员应当向作业人员进行安全技术交底，并由双方和项目专职安全生产管理人员共同签字确认。

第十六条　施工单位应当严格按照专项施工方案组织施工，不得擅自修改专项施工方案。

因规划调整、设计变更等原因确需调整的，修改后的专项施工方案应当按照本规定重新审核和论证。涉及资金或者工期调整的，建设单位应当按照约定予以调整。

第十七条　施工单位应当对危大工程施工作业人员进行登记，项目负责人应当在施工现场履职。

项目专职安全生产管理人员应当对专项施工方案实施情况进行现场监督，对未按照专项施工方案施工的，应当要求立即整改，并及时报告项目负责人，项目负责人应当及时组织限期整改。

施工单位应当按照规定对危大工程进行施工监测和安全巡视，发现危及人身安全的紧急情况，应当立即组织作业人员撤离危险区域。

第十八条 监理单位应当结合危大工程专项施工方案编制监理实施细则，并对危大工程施工实施专项巡视检查。

第十九条 监理单位发现施工单位未按照专项施工方案施工的，应当要求其进行整改；情节严重的，应当要求其暂停施工，并及时报告建设单位。施工单位拒不整改或者不停止施工的，监理单位应当及时报告建设单位和工程所在地住房城乡建设主管部门。

第二十一条 对于按照规定需要验收的危大工程，施工单位、监理单位应当组织相关人员进行验收。验收合格的，经施工单位项目技术负责人及总监理工程师签字确认后，方可进入下一道工序。

危大工程验收合格后，施工单位应当在施工现场明显位置设置验收标识牌，公示验收时间及责任人员。

第二十二条 危大工程发生险情或者事故时，施工单位应当立即采取应急处置措施，并报告工程所在地住房城乡建设主管部门。建设、勘察、设计、监理等单位应当配合施工单位开展应急抢险工作。

第 2 章　安全生产责任管理

2.1　党委政府安全生产责任

中共中央办公厅、国务院办公厅印发了《地方党政领导干部安全生产责任制规定》，自 2018 年 4 月 8 日起施行。规定要求：

第五条　**地方各级党委主要负责人**安全生产职责主要包括：

（一）认真贯彻执行党中央以及上级党委关于安全生产的决策部署和指示精神，安全生产方针政策、法律法规；

（二）把安全生产纳入党委议事日程和向全会报告工作的内容，及时组织研究解决安全生产重大问题；

（三）把安全生产纳入党委常委会及其成员职责清单，督促落实安全生产“一岗双责”制度；

（四）加强安全生产监管部门领导班子建设、干部队伍建设和机构建设，支持人大、政协监督安全生产工作，统筹协调各方面重视支持安全生产工作；

（五）推动将安全生产纳入经济社会发展全局，纳入国民经济和社会发展考核评价体系，作为衡量经济发展、社会治安综合治理、精神文明建设成效的重要指标和领导干部政绩考核的重要内容；

（六）大力弘扬生命至上、安全第一的思想，强化安全生产宣传教育和舆论引导，将安全生产方针政策和法律法规纳入党委理论学习中心组学习内容和干部培训内容。

第六条　县级以上地方**各级政府主要负责人**安全生产职责主要包括：

（一）认真贯彻落实党中央、国务院以及上级党委和政府、本级党委关于安全生产的决策部署和指示精神，安全生产方针政策、法律法规；

（二）把安全生产纳入政府重点工作和政府工作报告的重要内容，组织制定安全生产规划并纳入国民经济和社会发展规划，及时组织研究解决安全生产突出问题；

（三）组织制定政府领导干部年度安全生产重点工作责任清单并定期检查考核，在政府有关工作部门“三定”规定中明确安全生产职责；

（四）组织设立安全生产专项资金并列入本级财政预算、与财政收入保持同步增长，加强安全生产基础建设和监管能力建设，保障监管执法必需的人员、经费和车辆等装备；

（五）严格安全准入标准，推动构建安全风险分级管控和隐患排查治理预防工作机制，按照分级属地管理原则明确本地区各类生产经营单位的安全生产监管部门，依法领导和组织生产安全事故应急救援、调查处理及信息公开工作；

（六）领导本地区安全生产委员会工作，统筹协调安全生产工作，推动构建安全生产责任体系，组织开展安全生产巡查、考核等工作，推动加强高素质专业化安全监管执法队伍建设。

第七条　地方各级**党委常委会其他成员**按照职责分工，协调纪检监察机关和组织、宣传、政法、机构编制等单位支持保障安全生产工作，动员社会各界力量积极参与、支持、监督安全生产工作，抓好分管行业（领域）、部门（单位）的安全生产工作。

第八条　县级以上地方各级政府原则上由担任本级党委常委的政府领导干部分管安全生产工作，其安全生产职责主要包括：

（一）组织制定贯彻落实党中央、国务院以及上级及本级党委和政府关于安全生产决策部署，安全生产方针政策、法律法规的具体措施；

（二）协助党委主要负责人落实党委对安全生产的领导职责，督促落实本级党委关于安全生产的决策部署；

（三）协助政府主要负责人统筹推进本地区安全生产工作，负责领导安全生产委员会日常工作，组织实施安全生产监督检查、巡查、考核等工作，协调解决重点难点问题；

（四）组织实施安全风险分级管控和隐患排查治理预防工作机制建设，指导安全生产专项整治和联合执法行动，组织查处各类违法违规行为；

（五）加强安全生产应急救援体系建设，依法组织或者参与生产安全事故抢险救援和调查处理，组织开展生产安全事故责任追究和整改措施落实情况评估；

（六）统筹推进安全生产社会化服务体系建设、信息化建设、诚信体系建设和教育培训、科技支撑等工作。

第九条　县级以上地方各级政府**其他领导干部**安全生产职责主要包括：

（一）组织分管行业（领域）、部门（单位）贯彻执行党中央、国务院以及上级及本级党委和政府关于安全生产的决策部署，安全生产方针政策、法律法规；

（二）组织分管行业（领域）、部门（单位）健全和落实安全生产责任制，将安全生产工作与业务工作同时安排部署、同时组织实施、同时监督检查；

（三）指导分管行业（领域）、部门（单位）把安全生产工作纳入相关发展规划和年度工作计划，从行业规划、科技创新、产业政策、法规标准、行政许可、资产管理等方面加强和支持安全生产工作；

（四）统筹推进分管行业（领域）、部门（单位）安全生产工作，每年定期组织分析安全生产形势，及时研究解决安全生产问题，支持有关部门依法履行安全生产工作职责；

（五）组织开展分管行业（领域）、部门（单位）安全生产专项整治、目标管理、应急管理、查处违法违规生产经营行为等工作，推动构建安全风险分级管控和隐患排查治理预防工作机制。

2.2 建设单位安全生产责任

《中华人民共和国建筑法》（2019 年 4 月 23 日修正）对建设单位安全生产责任进行了如下规定：

第七条 建筑工程开工前，建设单位应当按照国家有关规定向工程所在地县级以上人民政府建设行政主管部门申请领取施工许可证；但是，国务院建设行政主管部门确定的限额以下的小型工程除外。

按照国务院规定的权限和程序批准开工报告的建筑工程，不再领取施工许可证。

第八条 申请领取施工许可证，应当具备下列条件：

（一）已经办理该建筑工程用地批准手续；

（二）依法应当办理建设工程规划许可证的，已经取得建设工程规划许可证；

（三）需要拆迁的，其拆迁进度符合施工要求；

（四）已经确定建设施工企业；

（五）有满足施工需要的资金安排、施工图纸及技术资料；

（六）有保证工程质量和安全的具体措施。

建设行政主管部门应当自收到申请之日起七日内，对符合条件的申请颁发施工许可证。

第四十条 建设单位应当向建筑施工企业提供与施工现场相关的地下管线资料，建筑施工企业应当采取措施加以保护。

第四十二条 有下列情形之一的，建设单位应当按照国家有关规定办理申请批准手续：

（一）需要临时占用规划批准范围以外场地的；

（二）可能损坏道路、管线、电力、邮电通讯等公共设施的；

（三）需要临时停水、停电、中断道路交通的；

（四）需要进行爆破作业的；

（五）法律、法规规定需要办理报批手续的其他情形。

第五十四条 建设单位不得以任何理由，要求建筑设计单位或者建筑施工企业在工程设计或者施工作业中，违反法律、行政法规和建筑工程质量、安全标准，降低工程质量。

《建筑工程安全生产管理条例》（2004 年 2 月 1 日起施行）对建设单位安全生产责任进行了如下规定：

第六条 建设单位应当向施工单位提供施工现场及毗邻区域内供水、排水、供电、供气、供热、通信、广播电视等地下管线资料，气象和水文观测资料，相邻建筑物和构筑物、地下工程的有关资料，并保证资料的真实、准确、完整。

建设单位因建设工程需要，向有关部门或者单位查询前款规定的资料时，有关部门或者单位应当及时提供。

第七条 建设单位不得对勘察、设计、施工、工程监理等单位提出不符合建设工程安全生产法律、法规和强制性标准规定的要求，不得压缩合同约定的工期。

第八条　建设单位在编制工程概算时，应当确定建设工程安全作业环境及安全施工措施所需费用。

第九条　建设单位不得明示或者暗示施工单位购买、租赁、使用不符合安全施工要求的安全防护用具、机械设备、施工机具及配件、消防设施和器材。

第十条　建设单位在申请领取施工许可证时，应当提供建设工程有关安全施工措施的资料。

依法批准开工报告的建设工程，建设单位应当自开工报告批准之日起 15 日内，将保证安全施工的措施报送建设工程所在地的县级以上地方人民政府建设行政主管部门或者其他有关部门备案。

第十一条　建设单位应当将拆除工程发包给具有相应资质等级的施工单位。

建设单位应当在拆除工程施工 15 日前，将下列资料报送建设工程所在地的县级以上地方人民政府建设行政主管部门或者其他有关部门备案：

（一）施工单位资质等级证明；

（二）拟拆除建筑物、构筑物及可能危及毗邻建筑的说明；

（三）拆除施工组织方案；

（四）堆放、清除废弃物的措施。

实施爆破作业的，应当遵守国家有关民用爆炸物品管理的规定。

2.3　勘察单位安全生产责任

《中华人民共和国建筑法》（2011 年 4 月 22 日修正）对勘察单位安全生产责任进行了如下规定：

第十二条　从事建筑活动的建筑施工企业、**勘察单位**、设计单位和工程监理单位，应当具备下列条件：

（一）有符合国家规定的注册资本；

（二）有与其从事的建筑活动相适应的具有法定执业资格的专业技术人员；

（三）有从事相关建筑活动所应有的技术装备；

（四）法律、行政法规规定的其他条件。

第十三条　从事建筑活动的建筑施工企业、**勘察单位**、设计单位和工程监理单位，按照其拥有的注册资本、专业技术人员、技术装备和已完成的建筑工程业绩等资质条件，划分为不同的资质等级，经资质审查合格，取得相应等级的资质证书后，方可在其资质等级许可的范围内从事建筑活动。

《建筑工程安全生产管理条例》（2004 年 2 月 1 日起施行）对勘察单位安全生产责任进行了如下规定：

第十二条　勘察单位应当按照法律、法规和工程建设强制性标准进行勘察，提供的勘察文件应当真实、准确，满足建设工程安全生产的需要。

勘察单位在勘察作业时，应当严格执行操作规程，采取措施保证各类管线、设施和周边建筑物、构筑物的安全。

为了保证勘察作业人员的安全，要求勘察人员必须严格执行操作规程。同时，还应当采取措施保证各类管线、设施和周边建筑物、构筑物的安全。

（2）勘察单位按规定在勘察文件中说明地质条件可能造成的工程风险。

2.4　设计单位安全生产责任

《中华人民共和国建筑法》（2019 年 4 月 23 日修正）对设计单位安全生产责任进行了如下规定：

第十二条　从事建筑活动的建筑施工企业、勘察单位、**设计单位**和工程监理单位，应当具备下列条件：

（一）有符合国家规定的注册资本；

（二）有与其从事的建筑活动相适应的具有法定执业资格的专业技术人员；

（三）有从事相关建筑活动所应有的技术装备；

（四）法律、行政法规规定的其他条件。

第十三条　从事建筑活动的建筑施工企业、勘察单位、**设计单位**和工程监理单位，按照其拥有的注册资本、专业技术人员、技术装备和已完成的建筑工程业绩等资质条件，划分为不同的资质等级，经资质审查合格，取得相应等级的资质证书后，方可在其资质等级许可的范围内从事建筑活动。

《建筑工程安全生产管理条例》（2004 年 2 月 1 日起施行）对建设单位安全生产责任进行了如下规定：

第十三条　**设计单位**应当按照法律、法规和工程建设强制性标准进行设计，防止因设计不合理导致生产安全事故的发生。

设计单位应当考虑施工安全操作和防护的需要，对涉及施工安全的重点部位和环节在设计文件中注明，并对防范生产安全事故提出指导意见。

采用新结构、新材料、新工艺的建设工程和特殊结构的建设工程，设计单位应当在设计中提出保障施工作业人员安全和预防生产安全事故的措施建议。

设计单位和注册建筑师等注册执业人员应当对其设计负责。

2.5　施工单位安全生产责任

2.5.1　安全生产责任

《建筑工程安全生产管理条例》（2004 年 2 月 1 日起施行）对施工单位安全生产责任进行了详细规定：

第二十条　施工单位从事建设工程的新建、扩建、改建和拆除等活动，应当具备国家规定的注册资本、专业技术人员、技术装备和安全生产等条件，依法取得相应等级的资质证书，并在其资质等级许可的范围内承揽工程。

第二十一条　施工单位主要负责人依法对本单位的安全生产工作全面负责。施工单位应当建立健全安全生产责任制度和安全生产教育培训制度，制定安全生产规章制度和操作规程，保证本单位安全生产条件所需资金的投入，对所承担的建设工程进行定期和专项安全检查，并做好安全检查记录。

施工单位的项目负责人应当由取得相应执业资格的人员担任，对建设工程项目的安全施工负责，落实安全生产责任制度、安全生产规章制度和操作规程，确保安全生产费用的有效使用，并根据工程的特点组织制定安全施工措施，消除安全事故隐患，及时、如实报告生产安全事故。

第二十二条　施工单位对列入建设工程概算的安全作业环境及安全施工措施所需费用，应当用于施工安全防护用具及设施的采购和更新、安全施工措施的落实、安全生产条件的改善，不得挪作他用。

第二十三条　施工单位应当设立安全生产管理机构，配备专职安全生产管理人员。

专职安全生产管理人员负责对安全生产进行现场监督检查。发现安全事故隐患，应当及时向项目负责人和安全生产管理机构报告；对违章指挥、违章操作的，应当立即制止。

专职安全生产管理人员的配备办法由国务院建设行政主管部门会同国务院其他有关部门制定。

第二十四条　建设工程实行施工总承包的，由总承包单位对施工现场的安全生产负总责。

总承包单位应当自行完成建设工程主体结构的施工。

总承包单位依法将建设工程分包给其他单位的，分包合同中应当明确各自的安全生产方面的权利、义务。总承包单位和分包单位对分包工程的安全生产承担连带责任。

分包单位应当服从总承包单位的安全生产管理，分包单位不服从管理导致生产安全事故的，由分包单位承担主要责任。

第二十五条　垂直运输机械作业人员、安装拆卸工、爆破作业人员、起重信号工、登高架设作业人员等特种作业人员，必须按照国家有关规定经过专门的安全作业培训，并取得特种作业操作资格证书后，方可上岗作业。

第二十六条　施工单位应当在施工组织设计中编制安全技术措施和施工现场临时用电方案，对下列达到一定规模的危险性较大的分部分项工程编制专项施工方案，并附具安全验算结果，经施工单位技术负责人、总监理工程师签字后实施，由专职安全生产管理人员进行现场监督：

（一）基坑支护与降水工程；

（二）土方开挖工程；

（三）模板工程；

（四）起重吊装工程；

（五）脚手架工程；

（六）拆除、爆破工程；

（七）国务院建设行政主管部门或者其他有关部门规定的其他危险性较大的工程。

对前款所列工程中涉及深基坑、地下暗挖工程、高大模板工程的专项施工方案，施工单位还应当组织专家进行论证、审查。

本条第一款规定的达到一定规模的危险性较大工程的标准，由国务院建设行政主管部门会同国务院其他有关部门制定。

第二十七条　建设工程施工前，施工单位负责项目管理的技术人员应当对有关安全施工的技术要求向施工作业班组、作业人员作出详细说明，并由双方签字确认。

第二十八条　施工单位应当在施工现场入口处、施工起重机械、临时用电设施、脚手架、出入通道口、楼梯口、电梯井口、孔洞口、桥梁口、隧道口、基坑边沿、爆破物及有害危险气体和液体存放处等危险部位，设置明显的安全警示标志。安全警示标志必须符合国家标准。

施工单位应当根据不同施工阶段和周围环境及季节、气候的变化，在施工现场采取相应的安全施工措施。施工现场暂时停止施工的，施工单位应当做好现场防护，所需费用由责任方承担，或者按照合同约定执行。

第二十九条　施工单位应当将施工现场的办公、生活区与作业区分开设置，并保持安全距离；办公、生活区的选址应当符合安全性要求。职工的膳食、饮水、休息场所等应当符合卫生标准。施工单位不得在尚未竣工的建筑物内设置员工集体宿舍。

施工现场临时搭建的建筑物应当符合安全使用要求。施工现场使用的装配式活动房屋应当具有产品合格证。

第三十条　施工单位对因建设工程施工可能造成损害的毗邻建筑物、构筑物和地下管线等，应当采取专项防护措施。

施工单位应当遵守有关环境保护法律、法规的规定，在施工现场采取措施，防止或者减少粉尘、废气、废水、固体废物、噪声、振动和施工照明对人和环境的危害和污染。

在城市市区内的建设工程，施工单位应当对施工现场实行封闭围挡。

第三十一条　施工单位应当在施工现场建立消防安全责任制度，确定消防安全责任人，制定用火、用电、使用易燃易爆材料等各项消防安全管理制度和操作规程，设置消防通道、消防水源，配备消防设施和灭火器材，并在施工现场入口处设置明显标志。

第三十二条 施工单位应当向作业人员提供安全防护用具和安全防护服装，并书面告知危险岗位的操作规程和违章操作的危害。

作业人员有权对施工现场的作业条件、作业程序和作业方式中存在的安全问题提出批评、检举和控告，有权拒绝违章指挥和强令冒险作业。

在施工中发生危及人身安全的紧急情况时，作业人员有权立即停止作业或者在采取必要的应急措施后撤离危险区域。

第三十三条 作业人员应当遵守安全施工的强制性标准、规章制度和操作规程，正确使用安全防护用具、机械设备等。

第三十四条 施工单位采购、租赁的安全防护用具、机械设备、施工机具及配件，应当具有生产（制造）许可证、产品合格证，并在进入施工现场前进行查验。

施工现场的安全防护用具、机械设备、施工机具及配件必须由专人管理，定期进行检查、维修和保养，建立相应的资料档案，并按照国家有关规定及时报废。

第三十五条 施工单位在使用施工起重机械和整体提升脚手架、模板等自升式架设设施前，应当组织有关单位进行验收，也可以委托具有相应资质的检验检测机构进行验收；使用承租的机械设备和施工机具及配件的，由施工总承包单位、分包单位、出租单位和安装单位共同进行验收。验收合格的方可使用。

《特种设备安全监察条例》规定的施工起重机械，在验收前应当经有相应资质的检验检测机构监督检验合格。

施工单位应当自施工起重机械和整体提升脚手架、模板等自升式架设设施验收合格之日起 30 日内，向建设行政主管部门或者其他有关部门登记。登记标志应当置于或者附着于该设备的显著位置。

第三十六条 施工单位的主要负责人、项目负责人、专职安全生产管理人员应当经建设行政主管部门或者其他有关部门考核合格后方可任职。

施工单位应当对管理人员和作业人员每年至少进行一次安全生产教育培训，其教育培训情况记入个人工作档案。安全生产教育培训考核不合格的人员，不得上岗。

第三十七条 作业人员进入新的岗位或者新的施工现场前，应当接受安全生产教育培训。未经教育培训或者教育培训考核不合格的人员，不得上岗作业。

施工单位在采用新技术、新工艺、新设备、新材料时，应当对作业人员进行相应的安全生产教育培训。

第三十八条 施工单位应当为施工现场从事危险作业的人员办理意外伤害保险。

意外伤害保险费由施工单位支付。实行施工总承包的，由总承包单位支付意外伤害保险费。意外伤害保险期限自建设工程开工之日起至竣工验收合格止。

2.5.2 安全生产责任制

（1）建筑施工企业应建立健全安全生产管理体系，明确各类岗位人员的安全生产责任。企业安全生产管理目标和各岗位安全生产责任制度应装订成册，其中项目部管理人员的安全生产责任制度应挂墙。

（2）建筑施工企业和企业内部职能部门、施工企业和项目部、总包和分包单位、项目部和班组之间均应签订安全生产目标责任书。安全生产目标责任书中必须有明确的安全生产指标、有针对性的安全保证措施、双方责任及奖惩办法。

（3）建筑施工企业、项目部、班组应根据安全生产目标责任书，实行安全生产目标管理，建立安全生产责任考核制度。按照安全生产责任分工，对责任目标和责任人实行考核和奖惩，考核必须有书面记录。企业对项目部考核每半年不少于一次，项目部对班组考核每月不少于一次。

（4）建筑工程项目专职安全生产管理人员应实行企业委派制度。专职安全生产管理人员配备标准应满足《建筑施工企业安全生产管理机构设置及专职安全生产管理人员配备办法》（建质〔2008〕91 号）的以下要求：

1）总承包单位配备项目专职安全生产管理人员应当满足下列要求：

① 建筑工程、装修工程按照建筑面积配备：

（A）1 万 m^2 以下的工程不少于 1 人；

（B）1 万 ~5 万 m^2 的工程不少于 2 人；

（C）5 万 m^2 及以上的工程不少于 3 人，且按专业配备专职安全生产管理人员。

② 土木工程、线路管道、设备安装工程按照工程合同价配备：

（A）5000 万元以下的工程不少于 1 人；

（B）5000 万 ~1 亿元的工程不少于 2 人；

（C）1 亿元及以上的工程不少于 3 人，且按专业配备专职安全生产管理人员。

2）分包单位配备项目专职安全生产管理人员应当满足下列要求：

① 专业承包单位应当配置至少 1 人，并根据所承担的分部分项工程的工程量和施工危险程度增加。

② 劳务分包单位施工人员在 50 人以下的，应当配备 1 名专职安全生产管理人员；50~200 人的，应当配备 2 名专职安全生产管理人员；200 人及以上的，应当配备 3 名及以上专职安全生产管理人员，并根据所承担的分部分项工程施工危险实际情况增加，不得少于工程施工人员总人数的 5‰。

（5）施工现场应配备建筑施工安全生产法律、法规、安全技术标准和规范等，工程项目部各工种安全技术操作规程应齐全，主要工种的施工操作岗位，必须张挂相应的安全技术操作规程。

（6）建筑施工企业对列入建筑施工预算的文明施工与环境保护、临时设施及安全施工等措施项目的费用，应当用于施工安全防护用具和设施的采购和更新、安全施工措施的落实、安全生产条件的改善及文明施工，建立费用使用台账，不得挪作他用。

2.5.3 实名制和工资分账管理

《国务院办公厅关于促进建筑业持续健康发展的意见》(国办发〔2017〕19号)文件精神要求改革建筑劳务用工制度，开展建筑工人实名制管理，做好全国建筑工人管理服务信息平台建设工作。住房和城乡建设部，人力资源和社会保障部制定了《建筑工人实名制管理办法(试行)》(建市〔2019〕18号)及《全国建筑工人管理服务信息平台数据标准(征求意见稿)》。

《建筑工人实名制管理办法(试行)》:

第二条 本办法所称建筑工人实名制是指对建筑企业所招用建筑工人的从业、培训、技能和权益保障等以真实身份信息认证方式进行综合管理的制度。

第三条 本办法适用于房屋建筑和市政基础设施工程。

第四条 住房和城乡建设部、人力资源社会保障部负责制定全国建筑工人实名制管理规定，对各地实施建筑工人实名制管理工作进行指导和监督；负责组织实施全国建筑工人管理服务信息平台的规划、建设和管理，制定全国建筑工人管理服务信息平台数据标准。

第五条 省(自治区、直辖市)级以下住房和城乡建设部门、人力资源社会保障部门负责本行政区域建筑工人实名制管理工作，制定建筑工人实名制管理制度，督促建筑企业在施工现场全面落实建筑工人实名制管理工作的各项要求；负责建立完善本行政区域建筑工人实名制管理平台，确保各项数据的完整、及时、准确，实现与全国建筑工人管理服务信息平台联通、共享。

第六条 建设单位应与建筑企业约定实施建筑工人实名制管理的相关内容，督促建筑企业落实建筑工人实名制管理的各项措施，为建筑企业实行建筑工人实名制管理创造条件，按照工程进度将建筑工人工资按时足额付至建筑企业在银行开设的工资专用账户。

第七条 建筑企业应承担施工现场建筑工人实名制管理职责，制定本企业建筑工人实名制管理制度，配备专(兼)职建筑工人实名制管理人员，通过信息化手段将相关数据实时、准确、完整上传至相关部门的建筑工人实名制管理平台。

总承包企业(包括施工总承包、工程总承包以及依法与建设单位直接签订合同的专业承包企业，下同)对所承接工程项目的建筑工人实名制管理负总责，分包企业对其招用的建筑工人实名制管理负直接责任，配合总承包企业做好相关工作。

第八条 全面实行建筑业农民工实名制管理制度，坚持建筑企业与农民工先签订劳动合同后进场施工。建筑企业应与招用的建筑工人依法签订劳动合同，对其进行基本安全培训，并在相关建筑工人实名制管理平台上登记，方可允许其进入施工现场从事与建筑作业相关的活动。

第九条 项目负责人、技术负责人、质量负责人、安全负责人、劳务负责人等项目管理人员应承担所承接项目的建筑工人实名制管理相应责任。进入施工现场的建设单位、承包单位、监理单位的项目管理人员及建筑工人均纳入建筑工人实名制管理范畴。

第十条　建筑工人应配合有关部门和所在建筑企业的实名制管理工作，进场作业前须依法签订劳动合同并接受基本安全培训。

第十一条　建筑工人实名制信息由基本信息、从业信息、诚信信息等内容组成。

基本信息应包括建筑工人和项目管理人员的身份证信息、文化程度、工种（专业）、技能（职称或岗位证书）等级和基本安全培训等信息。

从业信息应包括工作岗位、劳动合同签订、考勤、工资支付和从业记录等信息。

诚信信息应包括诚信评价、举报投诉、良好及不良行为记录等信息。

第十二条　总承包企业应以真实身份信息为基础，采集进入施工现场的建筑工人和项目管理人员的基本信息，并及时核实、实时更新；真实完整记录建筑工人工作岗位、劳动合同签订情况、考勤、工资支付等从业信息，建立建筑工人实名制管理台账；按项目所在地建筑工人实名制管理要求，将采集的建筑工人信息及时上传相关部门。

已录入全国建筑工人管理服务信息平台的建筑工人，1 年以上（含 1 年）无数据更新的，再次从事建筑作业时，建筑企业应对其重新进行基本安全培训，记录相关信息，否则不得进入施工现场上岗作业。

第十三条　建筑企业应配备实现建筑工人实名制管理所必须的硬件设施设备，施工现场原则上实施封闭式管理，设立进出场门禁系统，采用人脸、指纹、虹膜等生物识别技术进行电子打卡；不具备封闭式管理条件的工程项目，应采用移动定位、电子围栏等技术实施考勤管理。相关电子考勤和图像、影像等电子档案保存期限不少于 2 年。

实施建筑工人实名制管理所需费用可列入安全文明施工费和管理费。

第十四条　建筑企业应依法按劳动合同约定，通过农民工工资专用账户按月足额将工资直接发放给建筑工人，并按规定在施工现场显著位置设置“建筑工人维权告示牌”，公开相关信息。

2.5.4　分包单位安全管理《建筑施工企业安全生产管理规范》GB 50656—2011

11.0.1 分包（供）安全生产管理应包括分包（供）单位选择、施工过程管理、评价等工作内容。

11.0.2 建筑施工企业应依据安全生产管理责任和目标，明确对分包（供）单位和人员的选择和清退标准、合同条款约定和履约过程控制的管理要求。

11.0.3 企业对分包单位的安全管理应符合下列要求：

1. 选择合法的分包（供）单位。

2. 与分包（供）单位签订安全协议。

3. 对分包（供）单位施工过程的安全生产实施检查和考核。

4. 及时清退不符合安全生产要求的分包（供）单位。

5. 分包过程竣工后对分包（供）单位安全生产能力进行评价。

11.0.4 建筑施工企业应对分包（供）单位检查和考核的内容应包括：

1. 分包（供）单位配置及履职情况。

2. 分包（供）单位违约、违章记录。

3. 分包（供）单位安全生产绩效。

11.0.5 建筑施工企业应建立合格分包（供）方名录，并定期审核，更新。

2.5.5 施工现场安全员职责

（1）负责对安全生产进行现场监督检查，发现事故隐患应及时向项目负责人和安全生产管理机构报告，同时还应当采取有效措施，防止事故隐患继续扩大。

（2）参与组织施工现场应急预案的演练，熟悉应急救援的组织、程序、措施及协调工作。

（3）参加编制年度安全措施计划和安全操作规程、制度，施工现场应急救援预案制定工作。

（4）指导生产班组安全员开展安全工作。

（5）会同有关部门做好安全生产宣传教育和培训，总结和推广安全生产的先进经验。

（6）参加伤亡事故的调查和处理，做好工伤事故的统计、分析和报告，协助有关部门人员提出防止事故的措施，并督促实施。

（7）督促有关部门人员按规定分发和合理使用个人防护用品、保健食品和清凉饮料。

（8）会同有关部门人员做好防尘、防毒、防暑降温和女工保护工作。

（9）监督安全作业环境及安全施工措施费用的合理使用。

（10）制止违章指挥、违章作业。

2.5.6 员工安全行为准则

1. 员工安全行为标准通则

（1）上岗前，应按照操作要求和本工种规定穿戴好劳动防护用品。所用劳保用品损坏、失效时应及时更换。

（2）进入现场要注意现场标识、提示信号等各种安全警示，要服从现场安全规定和指挥，不得跨越运转设备，不得擅自进入明令禁止入内的危险区域，不得指使他人违反安全操作规程和作业标准进行操作，不得动用他人设备。

（3）工作前应确认工作环境与现场是否整洁有序，有无油污、积水、积雪和积冰。确认工作环境有充足的采光，栏杆完整，井盖齐全。

（4）上岗前应充分了解作业内容，检查现场作业中有无造成触电、着火、爆炸、坠落、中毒、中暑、烫伤、烧伤等不安全因素，是否采取有效的防范措施，确认后方可上岗作业。

（5）非本岗位人员不准乱动电气设备、机械设备、氧气瓶、乙炔瓶等各类阀门开关。

（6）严禁在禁烟区内吸烟。班前、班中不准饮酒、班中不准串岗、打斗。不准将与工作无关的人员或物品带入作业现场。

（7）不得在现场和办公场所焚烧杂物。

（8）员工应熟悉火灾应急预案，发生火灾时应尽可能切断电源，拨打火警电话 119。扑救初起火灾，要选用正确的消防器材并站在上风侧。日常准备毛巾等必备的防火逃生工具，火势无法控制时要及时撤离。

（9）员工在进行带压清扫堵塞的管道时，管道出口法兰处禁止站人。

（10）切割或拆除管道、钢结构架等重物时，应站在可靠固定的一侧。可能坠落或切割可能弹动的一侧应用绳子或链式起重机牵引、缓慢落地。

（11）用人力垂直或倾斜地拉动物体应有防止突然坠落、断落、脱落的措施。

（12）使用大锤时，禁止戴手套和对面打锤。

（13）堆放物品时应由低往高堆放，形成梯形，底脚卡牢，下大上小；平面物品要压缝堆放，取出物品时应自上而下，禁止从中间抽取。

（14）拆除工作前应有安全预案，并做到自上而下逐步确认，预防倒塌，时刻注意自己和他人的安全。

（15）工作场所内不准坐、靠栏杆休息，上下楼梯必须手扶栏杆。严禁翻越平台、窗台、门梁、护栏等。

（16）徒手搬运重物（尤其楼梯处）要注意搬运的适当姿势和施力，持稳后再慢慢垂直起身，防止造成身体的扭伤或拉伤，或重物掉落造成压伤或挫伤，注意周围环境状况，保持警觉。

（17）在过道、室内、洗手间等湿滑地面行走要注意慢行，防止滑倒摔伤。

（18）打热水时，必须先将热水瓶口对准热水龙头口再打开龙头，水满时及时关闭龙头。提水上楼，要提稳走实并使热水瓶与身体保持一定安全距离，以防热水瓶爆裂造成烫伤。定期检查热水瓶支胆托和提把的安全可靠程度，不合格就及时更换。

（19）接待活动中要给来访者以适当的安全提示、提供必要的防护用品，并安排熟悉现场的人员专人陪同和监护。

2. 员工安全行为“十不准”

（1）不准违章操作、违章指挥。

（2）不准班前、班中饮酒。

（3）不准脱岗、睡岗。

（4）不准开超速车。

（5）不准随意进入要害部位。

（6）不准擅自开动各种开关、阀门和设备。

（7）不准穿戴不规范防护用品上岗。

（8）不准在起吊物下行走或逗留。

（9）不准在场内打闹嬉戏。

（10）不准在场内燃放烟花爆竹。

2.6 监理单位安全生产责任

《**中华人民共和国建筑法**》（2019 年 4 月 23 日修正）对监理单位安全生产责任进行了如下规定：

第十二条　从事建筑活动的建筑施工企业、勘察单位、设计单位和**工程监理单位**，应当具备下列条件：

（一）有符合国家规定的注册资本；

（二）有与其从事的建筑活动相适应的具有法定执业资格的专业技术人员；

（三）有从事相关建筑活动所应有的技术装备；

（四）法律、行政法规规定的其他条件。

第十三条　从事建筑活动的建筑施工企业、勘察单位、设计单位和**工程监理单位**，按照其拥有的注册资本、专业技术人员、技术装备和已完成的建筑工程业绩等资质条件，划分为不同的资质等级，经资质审查合格，取得相应等级的资质证书后，方可在其资质等级许可的范围内从事建筑活动。

第三十二条　建筑工程监理应当依照法律、行政法规及有关的技术标准、设计文件和建筑规模承包合同，对承包单位在施工质量、建设工期和建设资金使用等方面，代表建设单位实施监督。

工程监理人员认为工程施工不符合工程设计要求、施工技术标准和合同约定的，有权要求建筑施工企业改正。

工程监理人员发现工程设计不符合建筑工程质量标准或者合同约定的质量要求的，应当报告建设单位要求设计单位改正。

第三十四条　工程监理单位应当在其资质等级许可的监理范围内，承担工程监理业务。工程监理单位应当根据建设单位的委托，客观、公正地执行监理任务。

工程监理单位与被监理工程的承包单位以及建筑材料，建筑构配件和设备供应单位不得有隶属关系或者其他利害关系。

工程监理单位不得转让工程监理业务。

《**建筑工程安全生产管理条例**》（2004 年 2 月 1 日起施行）对监理单位安全生产责

任进行了如下规定:

第十四条　工程监理单位应当审查施工组织设计中的安全技术措施或者专项施工方案是否符合工程建设强制性标准。

工程监理单位在实施监理过程中，发现存在安全事故隐患的，应当要求施工单位整改；情况严重的，应当要求施工单位暂时停止施工，并及时报告建设单位。施工单位拒不整改或者不停止施工的，工程监理单位应当及时向有关主管部门报告。

工程监理单位和监理工程师应当按照法律、法规和工程建设强制性标准实施监理，并对建设工程安全生产承担监理责任。

2.7　安全监督部门安全生产责任

《建筑工程安全生产管理条例》（2004 年 2 月 1 日起施行）对安全监督部门安全生产责任进行了如下规定:

第三十九条　国务院负责安全生产监督管理的部门依照《中华人民共和国安全生产法》的规定，对全国建设工程安全生产工作实施综合监督管理。

县级以上地方人民政府负责安全生产监督管理的部门依照《中华人民共和国安全生产法》的规定，对本行政区域内建设工程安全生产工作实施综合监督管理。

第四十条　国务院建设行政主管部门对全国的建设工程安全生产实施监督管理。国务院铁路、交通、水利等有关部门按照国务院规定的职责分工，负责有关专业建设工程安全生产的监督管理。

县级以上地方人民政府建设行政主管部门对本行政区域内的建设工程安全生产实施监督管理。县级以上地方人民政府交通、水利等有关部门在各自的职责范围内，负责本行政区域内的专业建设工程安全生产的监督管理。

第四十二条　建设行政主管部门在审核发放施工许可证时，应当对建设工程是否有安全施工措施进行审查，对没有安全施工措施的，不得颁发施工许可证。

建设行政主管部门或者其他有关部门对建设工程是否有安全施工措施进行审查时，不得收取费用。

第四十三条　县级以上人民政府负有建设工程安全生产监督管理职责的部门在各自的职责范围内履行安全监督检查职责时，有权采取下列措施:

（一）要求被检查单位提供有关建设工程安全生产的文件和资料;

（二）进入被检查单位施工现场进行检查;

（三）纠正施工中违反安全生产要求的行为;

（四）对检查中发现的安全事故隐患，责令立即排除；重大安全事故隐患排除前或者排除过程中无法保证安全的，责令从危险区域内撤出作业人员或者暂时停止施工。

第四十四条　建设行政主管部门或者其他有关部门可以将施工现场的监督检查委托给建设工程安全监督机构具体实施。

2.8　第三方监测、检测单位安全生产责任

《中华人民共和国安全生产法》(2014 年 12 月 1 日施行):

第六十九条 承担安全评价、认证、检测、检验的机构应当具备国家规定的资质条件，并对其做出的安全评价、认证、检测、检验的结果负责。

《建筑工程安全生产管理条例》(2004 年 2 月 1 日起施行):

第十九条　检验检测机构对检测合格的施工起重机械和整体提升脚手架、模板等自升式架设设施，应当出具安全合格证明文件，并对检测结果负责。

《工程质量安全手册》(住建部 2018 年 9 月):

监测单位应当建立完善危险性较大的分部分项工程管理责任制，落实安全管理责任，严格按照相关规定实施危险性较大的分部分项工程清单管理、专项施工方案编制及论证、现场安全管理等制度。

2.9　工程材料、设备供应商安全生产责任

《建筑工程安全生产管理条例》(2004 年 2 月 1 日起施行):

第十五条　为建设工程提供机械设备和配件的单位，应当按照安全施工的要求配备齐全有效的保险、限位等安全设施和装置。

第十六条　出租的机械设备和施工机具及配件，应当具有生产(制造)许可证、产品合格证。

出租单位应当对出租的机械设备和施工机具及配件的安全性能进行检测，在签订租赁协议时，应当出具检测合格证明。

禁止出租检测不合格的机械设备和施工机具及配件。

第十七条　在施工现场安装、拆卸施工起重机械和整体提升脚手架、模板等自升式架设设施，必须由具有相应资质的单位承担。

安装、拆卸施工起重机械和整体提升脚手架、模板等自升式架设设施，应当编制拆装方案、制定安全施工措施，并由专业技术人员现场监督。

施工起重机械和整体提升脚手架、模板等自升式架设设施安装完毕后，安装单位应当自检，出具自检合格证明，并向施工单位进行安全使用说明，办理验收手续并签字。

第十八条　施工起重机械和整体提升脚手架、模板等自升式架设设施的使用达到国家规定的检验检测期限的，必须经具有专业资质的检验检测机构检测。经检测不合格的，不得继续使用。

第 3 章　市政工程现场施工安全管控

3.1　施工人员安全教育与安全交底

（1）施工单位应根据《中华人民共和国安全生产法》、《生产经营单位安全培训规定》《国务院安委会关于进一步加强安全培训工作的决定》等有关法律法规要求，必须定期或不定期参加安全生产教育培训。

（2）施工单位应坚持“安全第一、预防为主、综合治理”安全生产方针，安全培训教育工作执行“分层、分类、分专业、分内容”的工作机制，建立多样化安全教育培训体系，将教育培训工作落到实处。

（3）施工单位应该根据生产需求，教育培训分为新进场人员三级安全教育、管理人员安全教育培训、作业人员安全教育培训、特种作业人员（工种）安全教育培训、日常安全教育、专项安全教育、班前安全教育等制度，并做好培训记录，分类归档留底。

新工人入场三级安全教育培训。由公司、项目部、班组三级组织安全生产培训教育，经考核合格后，方能上岗，并在施工过程中，进行每季度的行为跟踪考核，三级安全教育培训范围和内容：

① **公司级安全教育。**安全生产的意义和基础知识；国家安全生产方针、政策、法律、法规；国家、行业安全技术标准、规范、规程；地方有关安全生产的规定和安全技术标准、规范、规程；企业安全生产规章制度等；企业历史上发生的重大安全事故和应汲取的教训。

② **项目级安全教育。**施工现场安全管理规章制度及有关规定；各工种的安全技术操作规程；安全生产、文明施工基本要求和劳动纪律；工程项目部基本情况，包括现场环境、施工特点，危险作业部位及安全注意事项；安全防护设施的位置、性能和作用。

③ **班组级安全教育。**本班组从事作业的基本情况，包括现场环境、施工特点，危险作业部位及安全注意事项；本班组使用的机具设备及安全装置的安全使用要求；个人防护用品的安全使用规则和维护知识；班组的安全要求及班组安全活动等。

管理人员安全教育培训。项目经理每半年至少对管理人员至少进行 1 次安全教育培训，管理人员安全教育培训内容：

① 安全生产的意义和基础知识；国家安全生产方针、政策、法律、法规；国家、行业安全技术标准、规范、规程；地方有关安全生产的规定和安全技术标准、规范、规程；

企业安全生产规章制度等；企业历史上发生的重大安全事故和应汲取的教训。

② 施工现场安全管理规章制度及有关规定；各工种的安全技术操作规程；安全生产、文明施工基本要求和劳动纪律；工程项目部基本情况，包括现场环境、施工特点，危险作业部位及安全注意事项；安全防护设施的位置、性能和作用。

作业人员安全教育培训。施工单位应组织每半年对作业人员至少进行 1 次安全教育培训，并在教育培训结束后进行安全教育培训考核。作业人员安全教育培训内容：

① 本作业班组从事作业的基本情况，包括现场环境、施工特点，危险作业部位及安全注意事项。

② 本班组使用的机具设备及安全装置的安全使用要求。

③ 个人防护用品的安全使用规则和维护知识；班组的安全要求及班组安全活动等。

特种作业人员（工种）安全教育培训。施工单位应每半年对特种作业人员（工种）进行至少 1 次安全教育培训，培训的内容有：

① 本作业岗位作业的基本情况，包括现场环境、施工特点，危险作业部位及安全注意事项。

② 本岗位机械设备及安全装置的安全使用要求。

③ 个人防护用品的安全使用规则和维护知识。

④ 本岗位的安全要求及班组安全活动等。

日常教育培训。施工单位根据日常工作动态，负责定期组织安全教育培训，其中包括：

① 依据年度安全教育培训计划组织培训。

② 不定期安全教育培训（根据工序、安全生产环境动态）。

③ 上级单位、突发事件相关要求针对性地开展安全教育培训。

专项安全教育。施工单位根据工艺流程，负责定期组织专项安全教育培训，其中包括：

① 组织对关键工序、重点环节进行针对性地安全教育培训。

② 采用新技术、新工艺、新设备、新材料施工时，应按规定进行安全教育培训。

班前教育培训。班前由施工单位专职安全员组织对作业班组进行安全教育培训，明确当天岗位安全注意事项。留存照片、记录。

（4）为了施工人员熟悉工程，了解设计意图，掌握安全的施工方法和技术措施，杜绝违章行为，防范安全隐患和安全事故，施工单位必须进行作业人员全员安全技术交底。

（5）施工单位应分级分层做好安全技术交底，施工方案编制人或总工程师应当对管理人员进行施工方案交底，各级管理人员应对作业人员进行安全技术交底。

（6）安全技术交底的主要内容是：危险源存在部位及危险性、采取的安全技术措施、施工注意事项及工艺标准、安全操作规程、执行的规章制度、安全生产劳动纪律等。

（7）安全技术交底的要求是：“交底人、审核人、被交底人”必须履行交接签字手续，并将交底书编号登记存档。

（8）施工单位负责人应对安全技术交底情况进行检查监督。

（9）施工单位应及时做好安全教育培训及安全交底记录存档管理工作，应建立独立的安全教育培训及安全交底记录台账，详细记录培训过程等有关要素。

（10）施工单位负责人应对安全教育培训进行定期考核。

1）在接受安全培训过程中，积极向上，表现上佳，在日常工作中，能遵规守纪，给予工作表现突出人员奖励。

2）对积极参与教学课程，教案准备充分，主动参与培训，在授课过程中表现优秀的人员，给予奖励。

3）因安全教育培训不到位，课时不达标，未按照项目规章制度，导致发生安全责任事故的相关责任人，按照有关法律法规，进行责任人追究处理。

3.2 特种作业人员安全管理

（1）施工单位应根据《中华人民共和国安全生产法》《中华人民共和国特种设备安全法》《特种设备安全监察条例》《特种作业人员安全技术培训考核管理规定》等有关法律法规要求，规范管理进场特种作业人员管理。

（2）施工单位应根据国家《特种作业人员安全技术培训考核管理规定》的有关规定，加强从事特种作业人员的管理和教育及特种作业人员的培训和复审工作，提高安全生产技术知识和安全技术素质及实际操作技能，减少和避免工伤事故的发生及职业危害，保障员工的安全和健康，并制定有关特种作业人员管理规定。

（3）特种作业人员为《特种作业人员安全技术培训考核管理规定》规定的作业人员，施工单位应根据施工方案要求，严格配置相关特种作业人员进行施工作业。

（4）施工单位进场特种作业人员必须经政府主管部门培训，并经考核合格取得有效证件后，方可持证上岗。严禁无证或持无效证件人员进行特种作业。

（5）施工单位必须对特种作业人员进行岗位安全知识教育和反“三违”（违章指挥、违章操作、违反劳动纪律）、反习惯性违章教育。

（6）施工单位必须对特种作业人员进行定期、不定期监督检查，发现“三违”现象、习惯性违章行为以及无证上岗者立即进行教育或经济处罚，坚决制止违章行为。

（7）特种作业操作证必须确保其有效性。施工单位应建立特种作业人员台账，全面掌握特种作业人员持证上岗、流动变化情况，定期动态记录管理，即时更新台账。

（8）施工单位必须对进场特种作业人员操作证进行认真审核、查询。审核方法如表 3.2-1 所示。

（9）根据《特种作业人员安全技术培训考核管理规定》有关特种作业认定，涉及工种，必须持证上岗。特种操作人员岗位说明如表 3.2-2 所示。

特种作业人员操作证审核方法步骤 **表3.2-1**

审核第一步：查看证件	
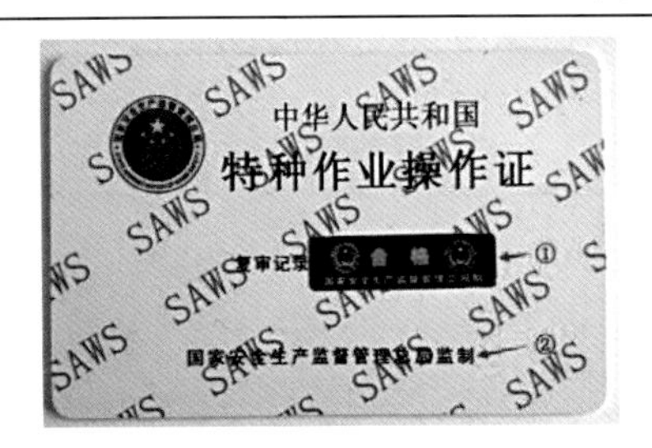 特种作业操作证（正面式样）	特种作业操作证（背面式样）
① 按规定参加复审合格后，贴复审标签。 ② 监制单位（统一式样、标准、编号）	① 证书编号为“T”＋身份证号 ② 考核发证机关印章
《中华人民共和国特种作业操作证》式样	
审核第二步：登入系统查询	
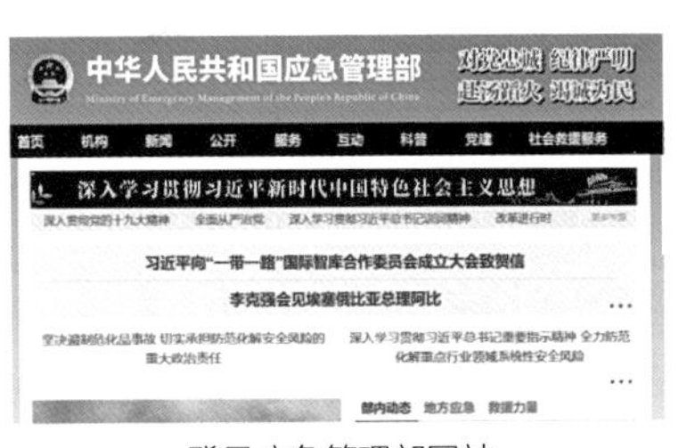 登录应急管理部网站	进入服务大厅
输入 www.chinasafety.gov.cn，登录中华人民共和国应急管理部网站，从导航栏点“服务”，进入服务大厅。（注：政府部门的官网网址后缀一般都是“.gov.cn”）	从下方点击进入“特种作业操作证及安全生产知识和管理能力考核合格信息查询”系统，通过不同的窗口，可以分别查询特种作业操作证、安全生产知识和管理能力考核合格信息和电工进网作业许可证 3 类证书信息
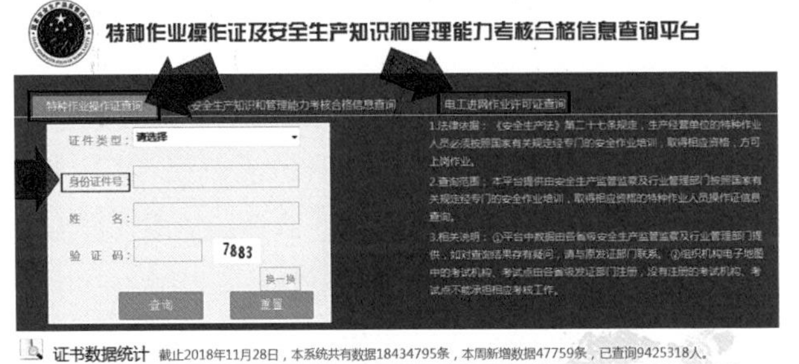 进入证书查询系统官方查询系统域名为 http: //cx.saws.org.cn/	
① 特种作业操作证查询位置。 ② 电工进网作业许可证查询位置。 ③选择身份证件类型、输入身份证件号码、姓名，点“查询”进行相应证书查询	

续表

审核第三步：证件信息查询

全国安全生产资格证书查询

特种作业人员

姓名	冯**	初次发证日期	2012-04-06
● 性别	男	应复审日期	2015-04-06
作业类别	电工作业	有效期开始时间	2012-04-06
操作项目	低压电工作业	有效期结束时间	2018-04-06 ← ③
发证机关	① 贵州省安全生产监督管理局	实际复审时间	
姓名	冯**	初次发证日期	2012-04-06
★ 性别	男	应复审日期	2015-04-06
作业类别	电工作业	有效期开始时间	2012-04-06
操作项目	低压电工作业	有效期结束时间	2018-04-06 ← ④
发证机关	② 四川省安全生产监督管理局	实际复审时间	2015-03-06 ← ⑤

以上信息仅供参考，如有疑问请与发证机关联系！　打印本页

特种作业操作证信息查询结果

●代表初次领证信息、★代表复审证书信息

① 原考核发证机关。

② 复审机关（原考核发证机关或从业所在地考核发证机关）。

③ 证书的初次发证日期、应复审日期、有效期开始时间、有效期结束时间（注：对于初领的证书，实际复审日期应该为空，按期复审之后，查询的结果会多出一条证书信息，在第 2 条证书信息中显示实际的复审日期）。

④ 复审之后证书的初次发证日期、应复审日期、有效期开始时间、有效期结束时间信息保持不变。

⑤ 按规定进行 3 年复审，参加实际复审的日期（注：等同于证件上的复审标签）。

⑥ 特种作业操作证有效期为 6 年，每 3 年复审 1 次，满 6 年需要重新考核换证。特种作业人员在特种作业操作证有效期内，连续从事本工种 10 年以上，严格遵守有关安全生产法律法规的，经原考核发证机关或者从业所在地考核发证机关同意，特种作业操作证的复审时间可以延长至每 6 年 1 次

特种作业操作证查询信息说明

特种操作人员岗位说明　　　　表3.2–2

序号	作业岗位	岗位说明
1	电工作业	岗位说明：指对电气设备进行运行、维护、安装、检修、改造、施工、调试等作业（不含电力系统进网作业）
		工种说明：含高压电工、低压电工、防爆电气工
2	金属焊接、切割作业	岗位说明：指运用焊接或者热切割方法对材料进行加工的作业（不含《特种设备安全监察条例》规定的有关作业）
		工种说明：含焊接工，切割工

续表

序号	作业岗位	岗位说明
3	起重机械（含电梯）作业	岗位说明：生产区域含起重机械（含电梯）司机、指挥、安装与维修
		工种说明：含桥门式起重机司机、塔式起重机司机、流动式起重机司机、门座式起重机司机、电梯司机、卷扬机司机、施工升降机司机 、铁路专用起重司机、起重指挥、起重司索 电梯日常保养电梯安装维修、桥门式起重机安装维修、塔式起重机安装维修、施工升降机安装维修、机械式停车设备安装维修
4	场内机动车辆驾驶	岗位说明：生产作业区域和施工现场行驶的各类机动车辆的驾驶人员
		工种说明：含铲车司机、叉车司机、抓斗车司机、装载车司机、挖掘车司机、压路车司机、推土机司机、平地机司机、翻斗车司机、电机车司机、内燃机车司机、自卸汽车司机
5	高处作业	岗位说明:含 2m 以上登高架设、拆除、维修，高层建（构）物表面清洗、木、竹质架设、钢管架设、外墙清洗、外墙装修
		工种说明：含高处作业的清洗工、架子工、安装工
6	压力容器作业	岗位说明：指生产区操作使用盛装气体或者液体，承载一定压力的密闭设备的人员
		工种说明：含压力容器罐装工、检验工、运输押运工、大型空气压缩机操作工
7	制冷作业	岗位说明：指对各类生产经营企业和事业等单位的大中型制冷与空调设备运行操作的作业
		工种说明：含制冷设备安装工、操作工、维修工
8	爆破作业	岗位说明：含地面工程爆破、井下爆破工
		工种说明：含爆破工作的工程技术人员、爆破员、安全员、保管员和押运员
9	危险物品作业	岗位说明：指从事危险化工工艺过程操作及化工自动化控制仪表安装、维修、维护的作业
		工种说明：含危险化学口、民用爆炸品、放射性物品的操作工，运输押运工、储存保管员

3.3 施工现场用电安全管理

（1）施工单位应根据《中华人民共和国安全生产法》、《建设工程安全生产管理条例》等法律法规及《建设工程施工现场供用电安全规范》GB 50194—2014、《施工现场临时用电安全技术规范》JGJ 46—2005 等现行国家标准、规范要求，规范施工现场用电设施的设计、安装、使用、维修和拆除等工作。

（2）施工单位应明确现场施工用电岗位职责、管理责任人，每项用电设备操作规程中，应明确用电管理相关规定。

（3）施工单位应定期对所有电气设备进行安全专项检查，对查出的问题及事故隐患，要按“三定”原则（定措施、定人员、定期限）进行解决。现场作业队电工是施工用电管理直接责任人，由责任电工建立配电箱巡查台账、电工检修台账，并规范存档。

（4）作业人员使用电气设备及电动工具应遵守下列规定：

1）临时用电按照三相五线制，实行两级漏电保护的规定，合理布置临时用电系统，现场所用配电箱应符合规定，并经检查验收后使用。配电箱必须设置围栏，并配以安全警示标志。

2）临时用电施工组织设计，按规定进行报批。

3）建立施工现场临时用电定期检查制度，并将检查、检验记录存档备查。

4）临时用电线路必须按规范架设整齐，架空线必须采用绝缘导线，不得采用胶软线，不得成束架空敷设，也不得沿地面明敷设。

5）配电系统必须实行分级配电，各类配电箱、开关箱外观应完整、牢固、防雨，箱体应外涂安全色，统一编号，箱内无杂物，停止使用的配电箱应切断电源，箱门上锁。

6）独立的配电系统必须按标准采用三相五线制的接零保护系统，各种电气设备和施工机械的金属外壳、金属支架和底座必须按规定采取可靠的接零或接地保护，在采用接零和接地保护方式的同时，必须设两级漏电保护装置，实行分级保护，形成完整的保护系统。漏电保护装置的选择应符合规定。各种高大设施必须按规定装设避雷装置。

7）手持电动工具的使用应符合国家的有关规定。工具的电源线应完好。电源线不得任意接长和调换，工具的外绝缘应完好无损，维修和保管应专人负责。

8）凡在一般场所采用 220V 电源照明的，必须按规定在电源一侧加单项漏电保护器，特殊场所必须按国家标准规定使用安全电压照明器。

9）电焊机应单独设开关，电焊机外壳应有接零或接地保护，一次线长度应小于 5m，二次线长度应小于 30m，两侧接线应牢固，并安装可靠的防护罩。焊把线应双线到位，不得借用金属管道、金属脚手架及结构钢筋作回路地线，焊把线应无损，绝缘良好，电焊机设置地点应防漏、防雨、防砸。

（5）凡在施工中用发电机提供施工电源时，应符合下列规定：

1）发电机在使用前应制定严格的发电机操作规定，以及必需的倒闸操作程序。

2）发电机的额定功率应满足施工用电的需要，严禁超负荷运行。

3）发电机的周围禁止存放易燃物品，发电机与油料应用砖墙隔开，并应配备消防器材。

4）现场同时存在外电路供电情况时，双路电源之间应有完善的闭锁措施。

（6）施工用电外电防护应符合下列规定：

1）外电线路的下方不得施工、搭设作业棚、建造生活设施或堆放材料物品。

2）当外电线路与在建工程及防护设施之间的安全距离不符合标准要求时，应采取隔离防护措施。

3）防护设施和外电线路架设应坚固、稳定。

4）在外电线路电杆附近开挖作业时，应会同有关部门采取加固措施。

（7）施工用电接零保护与防雷应符合下列规定：

1）施工现场专用的电源中性点直接接地的低压配电（220/380V）系统应采用TN-S接零保护系统。

2）施工现场不得同时采用两种配电保护系统。

3）保护零线应单独敷设，线路上严禁装设开关或熔断器，严禁通过工作电流，严禁断线。

4）保护零线的材质、规格和颜色标记应符合标准要求。

5）保护零线应有工作接地线，总配电箱电源侧零线或总漏电保护器电源零线处引出，电器设备的保护金属外壳必须与保护零线连接，保护零线应在总配电箱处、配电系统的中间处和末端处做重复接地。

6）接地装置的接地线应采用2根及以上导体，在不同点与接地体做电气连接，接地体应采用角钢、钢管或光面圆钢，工作接地电阻不得大于4Ω，重复接地电阻不得大于10Ω。

7）施工现场的施工设施应采取防雷措施，防雷装置的冲击接地电阻值不得大于30Ω。

8）做防雷接地机械上的电气设备，所连接的保护零线必须同时做重复接地。

（8）施工用电配电线路应符合下列规定：

1）线路及接头的机械强度和绝缘强度应符合标准要求。

2）电缆线路应采用埋地或架空敷设，严禁沿地面明设。

3）架空线应沿电杆或墙设置，并应绝缘固定牢固，严禁架设在树木、脚手架及其他设施上。

4）架空线路与邻近线路、建（构）筑物或设施的距离应符合标准要求。

5）线路应设短路保护和过载保护，导线截面应符合线路负荷电流。

6）电缆线中必须包含全部工作芯线和用作保护零线的芯线，并应按规定接用。

7）通往水上的岸电应采用绝缘物架设，电缆线应有留有余量，作业过程中不得挤压或拉拽电缆线。

8）室内明敷主干线距离地面高度不得小于2.5m。

9）架空缆线上不得吊挂物品。

（9）施工用电配电箱与开关箱应符合下列规定：

1）配电系统应采用三级配电、二级漏电保护系统，用电设备必须设置各自专用开关箱。

2）配电箱、开关箱及用电设备之间的距离应符合标准要求。

3）配电箱结构、箱内电器设置及使用应符合标准要求。

4）箱体安装位置、高度及周边通道应符合标准要求。

5）配电箱的电器安装板上必须分设工作零线端子板和保护零线端子板，并应通过各自的端子板连接。

6）总配电箱、开关箱应安装漏电保护器，漏电保护器参数应匹配，并应灵敏可靠。

7）配电箱与开关箱应有门、锁、遮雨棚，并应设置系统接线图、电箱编号及分路标记。

（10）施工用电配电室与配电装置应符合下列规定：

1）配电室的建筑物和构筑物的耐火等级不低于 3 级，配电室内配置可用于扑灭电气火灾的器材。

2）配电室和配电装置的布设应符合标准要求。

3）发电机组电源必须与外电线路电源连锁，严禁并列运行。

4）发电机组并列运行时，必须装设通气装置，并应灵敏可靠。

5）配电装置中的仪表、电器元件设置应符合标准要求。

6）配电室应铺设绝缘垫并保持整洁，不得堆放杂物及易燃易爆物品。

7）配电室应采取防止小动物侵入的措施。

8）配电室应设置警示标志、供电平面图和系统图。

（11）施工用电使用与维护应符合下列规定：

1）临时用电工程应定期检查、维修，应做检查、维修工作记录。

2）电工应取得特种作业资格证。

3）安装、巡检、维修或拆除临时用电设备和线路，必须由电工完成，并应有人监护。

4）暂停用设备的开关箱应分断电源隔离开关，并应关上门锁。

5）在检查、维修时应正确穿绝缘鞋、戴手套，必须使用电工绝缘工具。

（12）施工用电消防安全应符合下列规定：

1）电气设备应按标准要求设置过载、短路保护装置。

2）电气线路或设备与可燃易燃材料距离应符合标准要求。

3）施工现场应配置适用于电气火灾的灭火器材。

（13）施工用电现场照明应符合下列规定：

1）照明用电与动力用电分设。

2）照明线路与安全电压线路的架设应符合标准要求。

3）隧道、人防工程等特殊场所使用的安全低压照明器应符合标准要求。

4）照明应采用专用回路，专用回路应设置漏电保护装置。

5）照明变压器应采用双绕组安全隔离变压器。

6）照明灯具的金属外壳应与保护零线相连接。

7）灯具与地面、易燃物间的距离应符合标准的要求。

8）施工现场应在标准要求的部位配备应急照明。

（14）施工用电安全管理注意事项：

1）设备上外部裸露的带电部分要有防护装置，加装防护罩。

2）开关箱负荷侧的首端处必须安装漏电保护装置。

3）设备上安装的开关设施、保险装置、保护装置、控制装置及信号装置，须随时检查，保证其灵敏可靠程度。

4）设备的相间绝缘电阻、对地绝缘电阻必须保证合格无误。

5）电气设备及电动工具的金属外壳必须接地或接零。

6）在有爆炸危险的场所及危险品库房内，应采用防爆型电气设备，开关必须装在室外。危险区域必须设置安全标志牌，非有关人员不得随意移动、拆卸。在光线不足或夜间工作的场所，应有足够的照明。

7）在特别潮湿及具有腐蚀性气体或蒸汽的用电场所，应采用密闭型电气设备，同时加装防潮、防腐保护措施，敷设导线时必须加装保护套管，不得使导线裸露，同时加装防腐、防潮的保护措施。户外使用的电气设备及电动工具必须有遮阳、防雨设施与防火设施。户内食堂临时电源线应采用四芯或三芯橡胶绝缘软线，电源插座插头必须有防水、防潮设施。工作中断必须切断电源。

8）任何电气设备在没有验明无电之前，一律认为有电不能盲目触及。

9）禁止带负荷接电或断电，在无带电作业工具或无带电作业安全措施的情况下，禁止带电作业。

10）电气设备检修应在停电后进行，并按规程要求采取停电、放电、验电、接地、设围栏、悬挂标牌等步骤，以保证设备及人身安全。

11）室内临时电源线路应采用四芯或三芯橡胶绝缘软线，布线应整齐。

12）用电设备应装有漏电保护装置，漏电保护装置应与设备相匹配。

13）生活照明用电，不得擅自拉线、装插座。不得私自使用功率较大的电器。

（15）施工用电档案应符合下列规定：

1）施工现场应制定用电施工组织设计和外电防护专项方案。

2）总包单位与分包单位应订立临时用电管理协议。

3）施工组织设计和专项施工方案应按规定履行审核、审批手续。

4）施工现场临时用电应建立安全技术档案。

5）用电档案资料应齐全，并应设专人管理。

6）用电记录应按规定填写，并应真实有效。

3.4 施工机械设备管理

（1）施工单位应根据《中华人民共和国安全生产法》《中华人民共和国特种设备安全法》《特种设备安全监察条例》《建设工程安全生产管理条例》等有关法律法规的要求，规范机械设备的采购、租赁、安装、使用、拆卸工作，防范施工过程中机械伤害等安全事故。

（2）施工单位应根据施工组织设计，提前做好机械设备进场计划，并按照要求对特种设备报检、备案等手续。

（3）施工单位是机械设备安全管理的责任主体，对工地机械设备安装、使用、拆卸过程安全负总责。其具体要求主要有：

1）应建立健全机械设备安全生产责任制度和安全生产教育培训制度，制定安全管理制度和操作规程，设置相应的管理机构或者配备专职的设备管理人员，对机械设备进行定期和专项安全检查，并做好记录，组织制定机械设备安全事故应急救援预案并定期演练。

2）施工单位采购、租赁的机械设备，应当具有生产（制造）许可证、产品合格证，在进入施工现场前进行查验。施工单位应合理选择施工机械，保证施工需要和生产安全。

3）施工单位应按相关规定对起重设备、移动模架等大型机械和特种设备合格证、生产资质、相关技术资料进行核查。

4）施工单位在使用施工起重机械等设备前，应按相关规定进行检验、验收，合格后方可使用。

5）对起重机械安装及拆卸、起重吊装工程、铺轨、架梁工程、铁路营业线工程、其他危险性较大的工程应编制专项施工方案，纳入大型机械和特种设备安全管理内容，按照地方应急管理局相关管理办法规定程序审批后实施，由施工单位专职安全生产管理人员进行现场监督。

6）在人口密集场所，严格执行营业线施工的各项规章制度，根据批准的施工组织设计或专项施工方案配备相应的施工机械，严防因机械设备原因造成铁路交通事故。

7）负责大型机械和特种设备上岗人员安全培训、安全技术交底工作，配备安全保护用品，杜绝特种作业人员未持证上岗现象。

8）安排专职安全生产管理人员负责对机械设备安全生产进行现场监督检查，督促作业人员遵守安全操作规程和技术标准，及时制止并纠正违反施工安全技术规范、规程的行为，发现安全事故隐患，应及时向项目负责人和安全生产管理机构报告。

9）施工单位应在机械设备周围设置明显的安全警示标志，安全警示标志必须符合国家标准。

10）施工单位应根据不同施工阶段、周围环境以及季节、气候的变化，对机械设备采取相应的安全防护措施。

11）施工现场的机械设备必须由专人管理，定期进行检查、维修和保养，做到定人、定机、定岗的“三定”制度，建立相应的安全技术档案，对达到使用年限的设备按照国家有关规定及时报废。

12）施工单位应当对机械设备的管理人员和作业人员定期进行安全生产教育培训，教育培训情况记入个人工作档案。安全生产教育培训考核不合格的人员，不得上岗作业。

13）建立机械设备台账，完善设备资料归档管理，包括型号、到场数量、性能指标、使用情况等，并及时向公司报送相关材料。

（4）施工单位应根据国家法律法规要求，制定针对大型机械和特种设备安全生产管理有关制度，并按照有关规定执行。

实行制造许可制度。对相关法律法规规定实行制造许可的起重机械等大型机械和特种设备，施工单位必须对制造厂家的制造资质进行确认和审查，对未获得相关主管部门颁发制造许可证的厂家，禁止使用其产品。施工单位应按规定对起重设备生产资质进行核查并备存复印件（加盖生产厂家公章）。对移动模架等大型机械和特种设备，核查设计文件、生产厂家出具的合格证。组织专人对大型机械和特种设备的结构强度、动力指标、安全系统进行认真的复核、检算，防止设计错误。在确认制造企业合格的基础上进一步检查其选用的材料、生产工艺以及外购配件的质量是否符合要求。进场前须核查起重机械、移动模架等大型机械和特种设备合格证。

进行型式试验制度。对国家规定必须进行型式试验的超大型起重设备（额定起重量超 320t）等大型施工机械，必须经过国家认可的检测机构进行型式试验并合格。

起重机械等大型机械和特种设备必须由具备资质的单位装拆、检测、验收登记制度。在施工现场安装、拆卸施工起重机械等大型机械和特种设备必须由具有相应资质的单位承担。施工起重机械等大型机械和特种设备达到国家规定的检验检测期限的，必须经具有专业资质的检验检测机构检测。未经检测或检测不合格的，不得使用。并按当地质量技术监督部门要求办理使用登记手续。

进场验收制度。大型机械和特种设备进场必须落实进场验收，施工单位应逐级验收。属《特种设备安全监察条例》（国务院令第 373 号）规定的特种设备范围的，应按照相关规定由具备资质的检验机构进行检验，检验合格后方可投入使用。使用承租的机械设备和施工机具及配件的，还需由施工单位、出租单位和安装单位共同进行验收。对临时进场的租赁汽车式起重机，施工单位必须核查设备和操作人员相关证件，确认符合规定后方可进场作业。

安全生产教育培训制度。施工单位应建立健全大型机械和特种设备安全生产教育培训制度，加强对涉及大型施工机械操作岗位职工进行有针对性地安全教育培训；未经过专项的安全教育培训的人员不得上岗操作。

安全技术交底制度。施工单位应建立大型机械和特种设备逐级安全技术交底制度并逐级交底至作业层，对大型机械和特种设备安全操作规程、注意事项和应急处置等内容进行认真交底。

操作人员持证上岗制度。从事大型机械和特种设备的操作及相关人员，属于国家规定的特种作业人员范围，必须持有主管部门颁发的特种作业操作资格证书后方可上岗作业。主管部门未纳入特种作业人员范围的，由施工单位自行组织培训、考核，并颁发上岗证。

安全检查制度。各施工单位应针对本标段大型机械和特种设备情况，根据机械安全规程和维护保养说明书分门别类制订日检、周检和月检检查表，并安排专人认真检查，施工单位要定期组织专业技术人员对机械安全状况和日常检查保养情况进行检查。监理单位要将施工单位大型机械和特种设备安全管理情况纳入监理工作范围，发现隐患督促施工单位整改。

危险岗位的操作规程和书面告知制度。施工单位应书面告知危险岗位的操作规程和违章操作的危害，并向大型机械和特种设备作业人员提供安全保护用品。

交接班签认制度。大型机械和特种设备在交接班时必须履行严格的交接班签认，对设备存在的问题做好记录，及时安排故障处理确保正常使用。

大型机械和特种设备安全技术档案制度。施工单位应当建立大型机械和特种设备安全技术档案和设备资料管理台账，包括机械相关产品质量合格证明、日常维护保养记录、运行故障和事故记录等。

大型机械和特种设备应急管理制度。施工单位应制定大型机械和特种设备事故应急救援预案，并组织演练。

（5）大型机械和特种设备施工现场必须严格执行一机一人专职防护，做到“五个一”，即：一机、一人（专职防护）、一本（机械施工日志）、一牌（设备标识牌）、一证（机械操作证）。作业时现场必须有领工员、安全员、技术员、监理人员等有关人员把关。

（6）施工现场安装、拆装大型机械和特种设备时，应按相关规定由具有相应资质的单位承担，施工单位负责人、安质部长、安全（设备）主管工程师到场把关。

（7）大型机械和特种设备转场时，要有“专项方案、专项检测、专项见证、专项放行、专项检查”。施工架子队队长、技术负责人、领工员、安全员、技术员及监理人员必须现场把关。对地基承载有要求的必须经确认场地平整，地基承载力满足要求后，方可进行。大型机械和特种设备夜间不得安排转场、移机。

（8）作业人员进入施工现场必须穿戴相应劳动保护用品。作业前应按设备的操作规程进行检查，作业中严格遵守劳动纪律，服从指挥，不得酒后上岗或连续疲劳作业，应当严格执行相应操作规程和有关的安全规章制度，并做好设备使用、维护、保养记录。

（9）大型机械和特种设备施工现场必须做到“五严禁”。

1）严禁使用没有制造资质的企业生产的设备。

2）严禁使用没有经过专业培训的低素质人员进行大型机械和特种设备操作。

3）严禁施工现场大型机械和特种设备施工违章作业。

4）严禁大型机械和特种设备带故障作业。

5）严禁自轮运转等轨道运行设备未经过专业部门批准擅自上道运行。

（10）施工单位应强化大型机械和特种设备安全过程控制，日常检查应结合使用特点进行全面检查。对起重设备主要检查设备预防倾覆措施、防止制动设备失灵以及重要的受力构件和钢丝绳断裂等措施的落实。对自轮运转等轨道运行设备主要检查防颠覆、防溜逸、防侵限以及防止擅自上道的卡控措施的落实。

（11）施工单位应加强设备安装、拆卸、转场等大型机械和特种设备安全关键环节监控，发现安全隐患立即督促施工单位整改。

（12）施工单位根据质检总局《关于修订〈特种设备目录〉的公告》（2014 年第 114 号），特殊设备种类如图 3.4-1 所示，对施工范围内所涉及的特种设备按照法律法规进一步管理。

特种设备种类　表3.4-1

代码	种类	类别	品种
1000	锅炉	锅炉，是指利用各种燃料、电或者其他能源，将所盛装的液体加热到一定的参数，并通过对外输出介质的形式提供热能的设备，其范围规定为设计正常水位容积大于或者等于 30L，且额定蒸汽压力大于或者等于 0.1MPa（表压）的承压蒸汽锅炉；出口水压大于或者等于 0.1MPa（表压），且额定功率大于或者等于 0.1MW 的承压热水锅炉；额定功率大于或者等于 0.1MW 的有机热载体锅炉	
1100		承压蒸汽锅炉	
1200		承压热水锅炉	
1300		有机热载体锅炉	
1310			有机热载体气相炉
1320			有机热载体液相炉
2000	压力容器	压力容器，是指盛装气体或者液体，承载一定压力的密闭设备，其范围规定为最高工作压力大于或者等于 0.1MPa（表压）的气体、液化气体和最高工作温度高于或者等于标准沸点的液体、容积大于或者等于 30L 且内直径（非圆形截面指截面内边界最大几何尺寸）大于或者等于 150mm 的固定式容器和移动式容器；盛装公称工作压力大于或者等于 0.2MPa（表压），且压力与容积的乘积大于或者等于 1.0MPa·L 的气体、液化气体和标准沸点等于或者低于 60℃液体的气瓶；氧舱	

续表

代码	种类	类别	品种
2100		固定式压力容器	
2110			超高压容器
2130			第三类压力容器
2150			第二类压力容器
2170			第一类压力容器
2200		移动式压力容器	
2210			铁路罐车
2220			汽车罐车
2230			长管拖车
2240			罐式集装箱
2250			管束式集装箱
2300		气瓶	
2310			无缝气瓶
2320			焊接气瓶
23T0			特种气瓶（内装填料气瓶、纤维缠绕气瓶、低温绝热气瓶）
2400		氧舱	
2410			医用氧舱

续表

代码	种类	类别	品种
2420			高气压舱
8000	压力管道 	压力管道，是指利用一定的压力，用于输送气体或者液体的管状设备，其范围规定为最高工作压力大于或者等于 0.1MPa（表压），介质为气体、液化气体、蒸汽或者可燃、易爆、有毒、有腐蚀性、最高工作温度高于或者等于标准沸点的液体，且公称直径大于或者等于 50mm 的管道。公称直径小于 150mm，且其最高工作压力小于 1.6MPa（表压）的输送无毒、不可燃、无腐蚀性气体的管道和设备本体所属管道除外。其中，石油天然气管道的安全监督管理还应按照《中华人民共和国安全生产法》《中华人民共和国石油天然气管道保护法》等法律法规实施	
8100		长输管道	
8110			输油管道
8120			输气管道
8200		公用管道	
8210			燃气管道
8220			热力管道
8300		工业管道	
8310			工艺管道
8320			动力管道
8330			制冷管道
7000	压力管道元件 		

续表

代码	种类	类别	品种
7100		压力管道管子	
7110			无缝钢管
7120			焊接钢管
7130			有色金属管
7140			球墨铸铁管
7150			复合管
71F0			非金属材料管
7200		压力管道管件	
7210			非焊接管件（无缝管件）
7220			焊接管件（有缝管件）
7230			锻制管件
7270			复合管件
72F0			非金属管件
7300		压力管道阀门	
7320			金属阀门
73F0			非金属阀门
73T0			特种阀门
7400		压力管道法兰	

续表

代码	种类	类别	品种
7410			钢制锻造法兰
7420			非金属法兰
7500		补偿器	
7510			金属波纹膨胀节
7530			旋转补偿器
75F0			非金属膨胀节
7700		压力管道密封元件	
7710			金属密封元件
77F0			非金属密封元件
7T00		压力管道特种元件	
7T10			防腐管道元件
7TZ0			元件组合装置
3000	电梯 	电梯，是指动力驱动，利用沿刚性导轨运行的箱体或者沿固定线路运行的梯级（踏步），进行升降或者平行运送人、货物的机电设备，包括载人（货）电梯、自动扶梯、自动人行道等。非公共场所安装且仅供单一家庭使用的电梯除外	

续表

代码	种类	类别	品种
3100	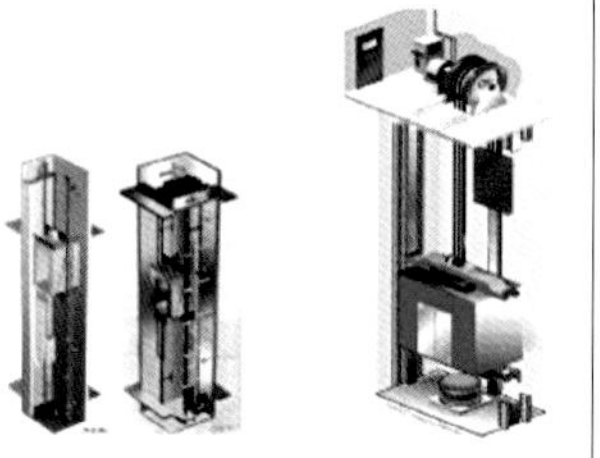	曳引与强制驱动电梯	
3110			曳引驱动乘客电梯
3120			曳引驱动载货电梯
3130			强制驱动载货电梯
3200	  液压电梯轿厢  电梯框架 进口液压泵站	液压驱动电梯	
3210			液压乘客电梯
3220			液压载货电梯
3300	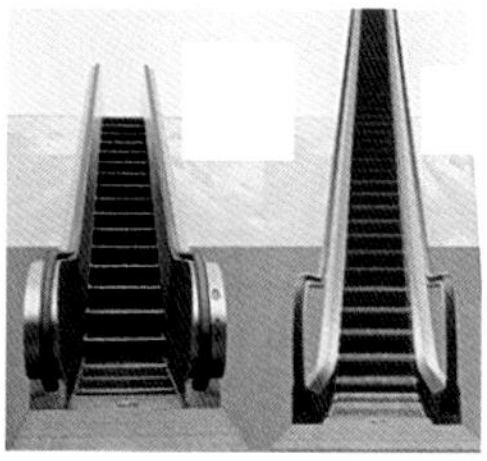	自动扶梯与自动人行道	
3310			自动扶梯
3320			自动人行道
3400	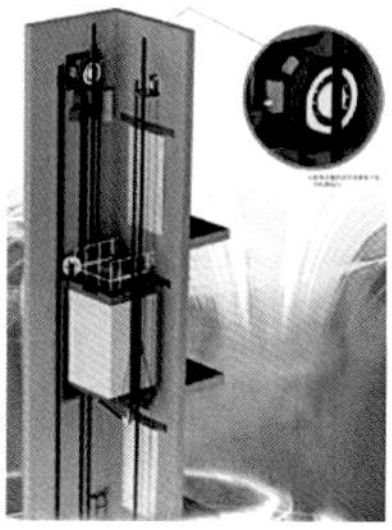	其他类型电梯	

续表

代码	种类	类别	品种
3410			防爆电梯
3420			消防员电梯
3430			杂物电梯
4000	起重机械 	起重机械，是指用于垂直升降或者垂直升降并水平移动重物的机电设备，其范围规定为额定起重量大于或者等于 0.5t 的升降机；额定起重量大于或者等于 3t（或额定起重力矩大于或者等于 40t · m 的塔式起重机，或生产率大于或者等于 300t/h 的装卸桥），且提升高度大于或者等于 2m 的起重机；层数大于或者等于 2 层的机械式停车设备	
4100	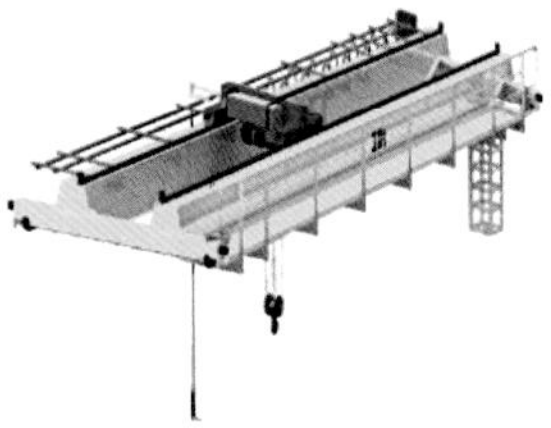	桥式起重机	
4110			通用桥式起重机
4130			防爆桥式起重机
4140			绝缘桥式起重机
4150			冶金桥式起重机
4170			电动单梁起重机
4190			电动葫芦桥式起重机
4200	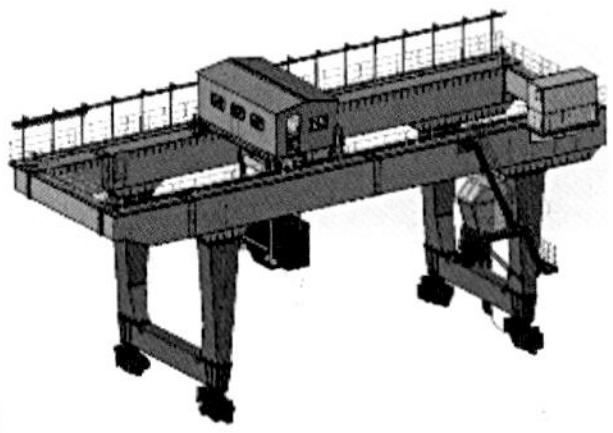	门式起重机	
4210			通用门式起重机
4220			防爆门式起重机
4230			轨道式集装箱门式起重机
4240			轮胎式集装箱门式起重机
4250			岸边集装箱起重机
4260			造船门式起重机

续表

代码	种类	类别	品种
4270			电动葫芦门式起重机
4280			装卸桥
4290			架桥机
4300		塔式起重机	
4310			普通塔式起重机
4320			电站塔式起重机
4400		流动式起重机	
4410			轮胎起重机
4420			履带起重机
4440			集装箱正面吊运起重机
4450			铁路起重机

续表

代码	种类	类别	品种
4700		门座式起重机	
4710			门座起重机
4760			固定式起重机
4800	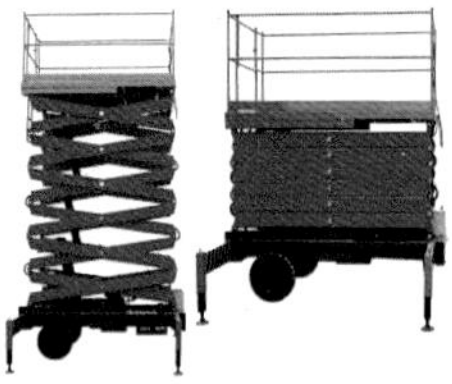	升降机	
4860			施工升降机
4870			简易升降机
4900		缆索式起重机	
4A00		桅杆式起重机	

续表

代码	种类	类别	品种
4D00	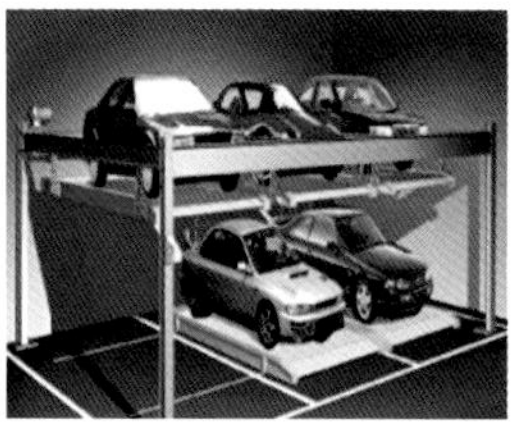	机械式停车设备	
9000	客运索道 	客运索道，是指动力驱动，利用柔性绳索牵引箱体等运载工具运送人员的机电设备，包括客运架空索道、客运缆车、客运拖牵索道等。非公用客运索道和专用于单位内部通勤的客运索道除外	
9100		客运架空索道	
9110			往复式客运架空索道
9120			循环式客运架空索道
9200		客运缆车	
9210			往复式客运缆车
9220			循环式客运缆车

续表

代码	种类	类别	品种
9300		客运拖牵索道	
9310			低位客运拖牵索道
9320			高位客运拖牵索道
6000	大型游乐 	大型游乐设施，是指用于经营目的，承载乘客游乐的设施，其范围规定为设计最大运行线速度大于或者等于 2m/s，或者运行高度距地面高于或者等于 2m 的载人大型游乐设施。用于体育运动、文艺演出和非经营活动的大型游乐设施除外	
6100		观览车类	
6200		滑行车类	
6300	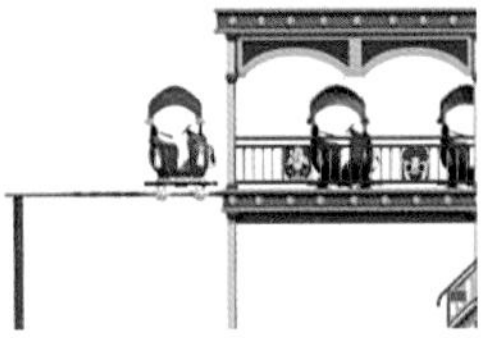	架空游览车类	
6400		陀螺类	

续表

代码	种类	类别	品种
6500		飞行塔类	
6600		转马类	
6700		自控飞机类	
6800		赛车类	
6900		小火车类	
6A00		碰碰车类	

续表

代码	种类	类别	品种
6B00		滑道类	
6D00		水上游乐设施	
6D10			峡谷漂流系列
6D20			水滑梯系列
6D40			碰碰船系列
6E00		无动力游乐设施	
6E10			蹦极系列
6E40			滑索系列
6E50			空中飞人系列
6E60			系留式观光气球系列
5000	场（厂）内专用机动车辆 	场（厂）内专用机动车辆，是指除道路交通、农用车辆以外仅在工厂厂区、旅游景区、游乐场所等特定区域使用的专用机动车辆	

续表

代码	种类	类别	品种
5100		机动工业车辆	
5110			叉车
5200		非公路用旅游观光车辆	
F000	安全附件 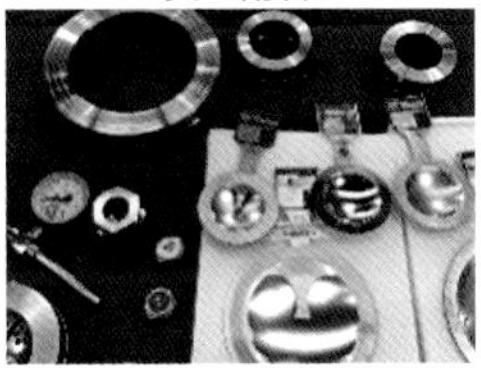		
7310			安全阀
F220			爆破片装置
F230			紧急切断阀
F260			气瓶阀门

（13）施工单位应按照地方要求对市政施工常见的大型机械设备进一步管控，大型机械设备种类如表 3.4-2 所示。

大型机械设备种类 **表3.4-2**

序号	分类	品种
1	土石方及筑路机械	
1.1		重型挖掘机 

续表

序号	分类	品种
1.2		重型推土机 
1.3		装载机 
1.4		平地机 
1.5		压路机 
1.6		摊铺机 
2	水平运输机械	
2.1		移动模架 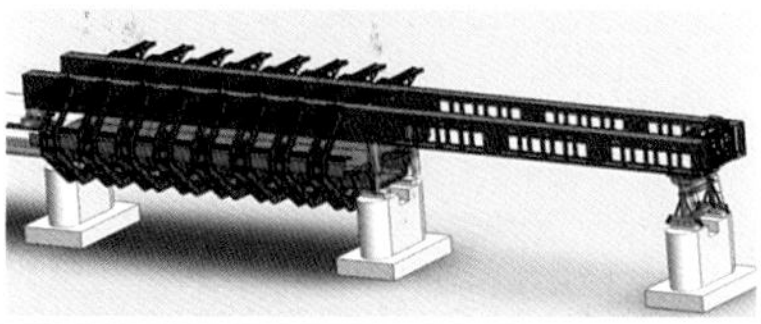

续表

序号	分类	品种
3	垂直运输机械	
3.1		提升井架 
3.2		其他起重机等 
3.3		运梁车 
3.4		提梁机 
3.5		架桥机 

续表

序号	分类	品种
4	混凝土及砂浆机械	
4.1		混凝土拌合站 
4.2		混凝土搅拌输送车 
5	泵类机械	
5.1		砂浆运输泵 
5.2		混凝土泵车 
6	动力机械	
6.1		载重汽车 

续表

序号	分类	品种
6.2		自卸汽车 
7	轨道运行设备	
7.1		铺轨机 
7.2		长轨运输车 
7.3		捣固车 
7.4		卸碴车 
7.5		配碴整形车 

续表

序号	分类	品种
7.6		立杆作业车 
7.7		恒张力作业车 
7.8		冷滑试验车 
7.9		重型轨道车 
8	桩工机械	
8.1		钻机 

续表

序号	分类	品种
8.2		长螺旋钻机 
8.3		锤击桩机 
8.4		静压桩机 
8.5		深层搅拌桩机 
9	地下工程机械	
9.1		盾构机 

续表

序号	分类	品种
9.2		旋臂掘进机 
9.3		铣槽机 
9.4		挖槽机 
9.5		凿岩台车 

3.5 消防安全管理

（1）施工单位应根据《中华人民共和国建筑法》《中华人民共和国安全生产法》《中华人民共和国消防法》《建设工程安全生产管理条例》《建设工程消防监督管理规定》等有关法律法规，以及《建设工程施工现场消防安全技术规范》GB 50720—2011 等有关标准的要求，规范施工现场消防安全管理，预防施工现场火灾事故的发生，杜绝和减少火灾事故造成的人员伤亡和财产损失。

（2）施工单位应负施工现场消防安全主体责任，负责施工区域消防安全，其消防安全管理职责如下：

1）施工单位对现场消防安全管理负主体责任，负责现场消防安全的日常管理，建立和健全有关消防安全管理制度、消防安全操作规程并组织落实。

2）对施工人员进行消防安全教育和培训。

3）制定并落实消防安全检查制度和火灾隐患整改制度，并建立消防管理台账。

4）制定易燃易爆化学物品使用与储存的防火、灭火制度和措施。

5）按照有关规定配置消防器材和消防应急物资。

6）建立并落实消防设施、设备和器材的定期检查、维修、保养制度。

7）编制消防应急预案和现场处置方案，并组织实施。

8）施工单位在施工图复核时，应对建筑工程消防设计进行核对，发现设计图纸不符合国家工程建设消防技术标准的，应提出书面意见报建设单位。

9）施工单位应编制消防专项方案，对施工过程中存在重大消防隐患的分部分项工程，应有明确的消防应对措施，并报监理单位审批。

（3）施工单位应对施工区域消防安全制定相应的管理措施，对现场消防安全管理进行日常检查和管理，施工现场消防安全主要措施主要有：

1）编制消防安全专项方案。施工单位应于标段（或工点）开工前，依据《建设工程施工现场消防安全技术规范》GB 50720—2011 和有关消防安全规定，编制消防安全专项方案，并报监理审批后实施。方案应包括但不限于以下内容：

① 消防安全组织机构及职责。

② 现场及消防设施、标识平面布置图（以工点为单位）。

③ 施工现场重大火灾危险源辨识、消防安全重点部位。

④ 消防安全管理制度。

⑤ 消防安全操作规程。

⑥ 施工现场防火技术措施。

⑦ 消防安全应急预案及现场处置方案。

⑧ 其他有关内容。

2）现场消防设施平面布置图。施工现场消防通道、防火间距、消防器材配备、消防安全标志设置应符合防火、防爆的有关规定。不得在建设工程内设置宿舍，临时看守人员不得在施工现场设置生活设施。

3）消防安全通道。施工现场的道路应满足运输、消防车通行安全等要求，消防通道应靠近建筑物和易燃、可燃材料仓库等易发生火灾的场所。禁止在消防通道上堆物、堆料或者挤占道路，保证道路畅通。

4）消防安全重点部位。施工单位应结合标段实际生产情况分析确定消防安全重点部位，并确定消防管理人员。消防安全重点部位应包括但不限于以下部位：宿舍，发电机房、变配电房，仓库，可燃材料堆放场地及其加工场地，固定动火作业场所，易燃易爆物品存放场所。

5）消防安全管理制度。施工单位应针对标段实际建立健全消防安全管理制度。制定应包括但不限于以下内容：

① 消防安全责任制。

② 消防安全教育与培训制度。

③ 可燃及易燃易爆危险品管理制度。

④ 用火、用电、用气管理制度。

⑤ 消防安全检查和考核制度。

⑥ 应急预案演练制度。

6）消防安全宣传及标志。现场设置防火宣传教育标牌、标语及宣传栏和消防保卫牌。施工现场各种安全标识牌应按照现行《安全标志及其使用导则》GB 2894—2008 统一制作，悬挂于工地醒目位置。标识牌做到随用随更新。

7）动火作业管理。施工单位应当建立健全动火审批管理制度，并建立管理台账。施工作业动火时，应经施工现场防火负责人审查批准，领取动火证后，方可在指定的地点、时间内作业。动火作业人员在动火前，应当消除明火点周围的可燃物，落实监护人员和监护措施，并配置必要的灭火器具。当需立体交叉动火作业时，应用非燃烧材料进行隔离。施工暂设和施工现场使用的安全网、围网和保温材料应当符合消防安全规范，不得使用易燃或可燃材料。

8）严禁流动吸烟。建设工程施工现场内禁止吸烟，建筑施工现场、易燃易爆危险品仓库、可燃材料堆场、施工作业区等处应设置明显的禁烟标志。

9）易燃易爆危险品管理。施工涉及的易燃易爆危险品主要包括防水板、氧气、乙炔、火工品、油漆等，危险品存放及使用必须遵守下列消防安全规定：

① 易燃易爆品库房必须实施封闭式管理，纳入消防重点部位，明确消防安全责任人。

② 易燃易爆物品仓库必须设专人看管，严格执行收发、回仓登记手续。使用易燃易爆物品，实行限额领料并保存领料记录；严禁携带手提电话机、对讲机或非防爆灯具进入易燃易爆物品仓库。

③ 易燃易爆物品严禁露天存放。对易燃易爆化学危险物品和压缩可燃气体容器等，

应当按其性质设置专用库房分类存放。严禁将化学性质或防护、灭火方法相抵触的化学易燃易爆物品在同一仓库内存放。在使用化学易燃易爆物品场所，严禁动火作业，禁止在作业场所内分装、调料。

④ 现场严禁使用乙炔发生器或液化石油气；气瓶的运输、存放和使用，必须符合现行国家标准《气瓶安全监察规定》(国家质量监督检验检疫总局令第 166 号)的有关规定。氧气和乙炔气瓶要分仓独立存放；作业时乙炔气瓶应直立放置，不得暴晒，要使用防止回火阀装置，与氧气瓶应保持不少于 5m 距离，与明火距离不少于 10m，使用完毕要归仓存放。氧气、乙炔钢瓶严禁冲击或碰撞，不得日晒、倒置、烘烤或油污。

⑤ 易燃易爆物品仓库应当远离其他临时建筑，易燃易爆物品仓库的照明必须使用防爆灯具、电路、开关、设备；凡能够产生静电引起爆炸或火灾的设备容器，必须设置消除静电的装置。

⑥ 爆破器材库或暂存点依照公安部相关规定执行。

10) 消防安全教育培训。施工单位应当执行以下员工上岗前和日常防火安全教育制度。

① 新员工上岗前应当进行防火知识、消防安全教育，并做好签到登记。

② 要根据生产特点及时对员工进行消防安全教育。

③ 每半年组织一次义务消防队培训，每年组织不少于一次的消防应急演练。

④ 施工现场应设立消防安全宣传栏和消防安全标语。

11) 消防安全检查。施工单位必须执行以下防火检查登记制度。

① 班组实行班前班后检查。

② 每周由施工现场消防安全责任人对施工现场进行全面检查。

③ 认真做好动火作业后的安全检查，并有文字记录。

④ 认真落实消防隐患的整改、跟踪、复查，实行闭环管理。

12) 施工现场及生活区应有足够的消防用水，施工水池可作临时消防水池，但应确保使用方便。

(4) 施工现场及生活区应当配备必要的消防设施、灭火器材，并应当设置在醒目和便于取用的地方。施工现场消防设施、灭火器材应有专人管理，定期检验。消防器材设置规定如下:

1) 在建工程及临时用房的下列场所应配置灭火器:

① 易燃易爆危险品存放及使用场所。

② 动火作业场所。

③ 可燃材料存放、加工及使用场所。

④ 厨房操作间、锅炉房、发电机房、变配电房、设备用房、办公用房、宿舍等临时用房。

⑤ 其他具有火灾危险的场所。

2）施工现场灭火器配置应符合下列规定：

① 灭火器的类型应与配备场所可能发生的火灾类型相匹配，灭火器的配置数量应按照《建筑灭火器配置设计规范》GB 50140—2005 计算确定。

② 灭火器的最低配置标准应符合《建设工程施工现场消防安全技术规范》GB 50720—2011 的要求。

③ 临时搭建的办公、住宿场所每 100m^2 面积应配备 1 具 1A 的手提式灭火器，每增加 100m^2 面积时，增配 1 具 1A 的手提式灭火器，且每个场所（计算单位）的灭火器数量不应少于 2 具。

④ 临时油漆间、易燃易爆危险品仓库等每 30m^2 应配置两具灭火级别不小于 55B 的灭火器。

（5）建设工程施工现场的一切电气线路、设备应当由持有上岗操作证的电工安装、维修，并严格执行国家、行业有关标准的规定。

（6）施工现场动力线与照明电源线应分路或分开设置，并配备相应功率的保险装置，严禁乱接乱拉电气线路；室内外电线架设应有瓷管或瓷瓶与其他物体隔离，室内电线敷设在可燃物、金属物上时，应套防火绝缘线管；照明电路、安装插座，应当有防漏电和超负荷保护装置；不准使用铜丝和其他不符合规范的金属丝作照明电路超负荷保护装置；电线绝缘层老化、残旧、破损时要及时更换，电气设备和电线不准超过安全负荷；严禁在外脚手架上架设电线和使用碘钨灯，因施工需要在其他位置使用碘钨灯，架设要牢固，碘钨灯距可燃物不少于 50cm，且不得直接照射可燃物。当间距不够时，应采取隔热措施，施工完毕要及时拆除。

（7）生活、办公区临时建筑的设置应符合下列要求：

1）临时建筑之间的防火间距不得小于 5m，成组布置的临时建筑物，每组不应超过 10 幢，组与组之间不应小于 10m。

2）临时建筑物不宜超过 2 层，临时宿舍的房间建筑面积大于 50m^2 的，应当设置两个安全出口。

3）临时建筑采用建筑构件的燃烧性能等级应为 A 级。

4）厨房及其他固定用火作业区应设置于在建工程可燃材料堆场或仓库 25m 之外，并设在下风向，有烟囱的应在烟囱上装防火帽。

5）生活区、办公区设置在氧气、乙炔气瓶、油漆稀料等易燃易爆危险品仓库 25m 之外。

6）高压架空线下禁止搭建临时建筑。

7）盥洗区应根据用水量设置公用开水炉、电热水器或饮用水保温桶。

（8）施工现场应当选择安全地点集中设置员工食堂，制定专门的管理制度，落实专人管理明火、燃气、燃油。食堂应设置独立的制作间、储藏间。食堂应配备必要的排风设施。中间油箱、燃气罐应单独设置存放间，存放间应通风良好并严禁存放其他物品。

（9）工地宿舍消防管理应符合下列要求：

1）每间宿舍必须设立一名消防安全责任人，其姓名要张挂在宿舍门口，负责宿舍日常的防火工作。

2）严禁躺在床上吸烟，乱丢烟头。

3）严禁在宿舍内动用明火和使用蜡烛照明。

4）严禁乱拉乱接电线和使用大功率电器，不准使用电热器具（煮饭、煮水设立专门地方），不准在床上充电，电线上不得挂衣物。

5）保持宿舍道路畅通，不准在宿舍通道、门口堆放物品和作业。

6）严禁携带易燃易爆物品进入宿舍。施工现场办公区和宿舍用电应符合现行《施工现场临时用电安全技术规范》JGJ 46—2005 的规定。线路敷设应由电工负责，临时建筑内禁止使用功率大于 100W 的照明和取暖、电加热设备。

（10）施工单位应制定火灾应急救援预案，并定期组织演练。

（11）施工现场发生火灾时，施工单位应立即启动应急预案，迅速组织人员疏散和扑救工作，同时应当立即向当地公安消防机构报警，并向项目调度室报告。施工单位应当根据公安消防机构的要求，为疏散人员、扑救工作提供便利条件。火灾扑灭后应当保护现场，接受事故调查，如实提供火灾的有关情况，协助公安消防机构核定火灾损失、查明火灾原因和火灾事故责任。未经公安消防机构同意，不得擅自清理火灾现场。

（12）火灾发生时，施工单位应立即启动应急预案，按以下程序自救和互救：

1）按逃生路线有序撤离。

2）火势较小时，有组织地尝试灭火。

3）火势较大和产生浓烟、有毒气体时，立即采取自救措施如佩戴自救呼吸器等，并发出求救信号，与外界取得联系。

4）清理火场附近的易燃易爆物品，防止火势扩大或造成次生灾害。

3.6 安全标识标牌

（1）施工单位应根据《建设工程安全生产管理条例》，加强施工现场安全规范管理，按照《安全标志及其使用导则》GB 2894—2008 和《安全色》GB 2893—2008 等国家标准，规范施工现场安全文明施工标志的制作、安装和设置。

（2）施工现场安全标示标牌可分为：禁止标志、警告标志、指令标志、提示标志。

（3）标志应采用坚固耐用的材料。可根据具体情况选择用铝合金板、薄钢板、合成树脂类板材等材料。有触电危险的场所应使用绝缘材料。

（4）标示标牌的形状与尺寸分别为矩形和圆形。矩形尺寸大小（长 × 宽）一般为 300mm × 400mm、400mm × 300mm、600mm × 800mm、800mm × 600mm、

1500mm×1000mm、1500mm×2000mm、2000mm×1500mm、2500mm×2000mm；圆形标志标牌直径一般为300mm和500mm。在特殊情况下可根据现场实际确定，但不得影响明示效果。

（5）安全标示牌的颜色与字体要求：禁止标志、警告标志、指令标志、提示标志颜色参照《安全色》GB 2893—2008的基本规定执行，明示标志颜色参照《安全色》GB 2893—2008，结合工程施工特点确定，标志中的文字字体均采用黑体，见表3.6-1~表3.6-5。

（6）安全标示构造与安装的要求：标志一般由底板、支撑件、基础等组成，各组成部分应连接可靠。支撑件应具有一定的强度和刚度，并考虑美观要求，可选用槽钢、角钢、工字钢、管钢等材料。标志应安装稳固，满足抗风、抗拔、抗撞击等要求。不需要使用支撑件的标志，可直接悬挂、粘贴于附着物上。

（7）安全标示牌设置位置的要求：

1）标志的设置位置应合理醒目，应能使观察者引起注意，迅速判断、有必要的反应时间或操作距离。设置的安全文明标志，应使大多数观察者的观察角接近90°。

2）标志不应设在门、窗、架等可移动的物体上。标志前不得放置妨碍认读的障碍物。

3）当采用悬挂方式安装时，在防护栏上的悬挂高度宜为800mm；当采用粘贴方式时，应粘贴在表面平整的硬质底板或墙面上，粘贴高度宜为1600mm；当采用竖立方式安装时，支撑件要牢固可靠，标志距离地面高度宜为800mm。高度均为标志牌下缘距地面的垂直距离。当不能满足上述要求时，可视现场情况确定。

（8）安全标示牌检查与维修要求：应经常检查标志的状态，保持清洁醒目、完整无损，如发现有破损、变形掉色等不符合要求时应及时修整或更换。

禁止标志 **表3.6-1**

编号	图形	制作要求	安装要求	设置范围和部位
禁1	禁止放易燃物	300mm×400mm	悬挂或粘贴	具有明火设备或高温的作业场所，如各种焊接、切割等动火场所
禁2	禁止合闸	300mm×400mm	悬挂或粘贴	用电设备或线路检修时，相应开关处

续表

编号	图形	制作要求	安装要求	设置范围和部位
禁 3	禁止攀登	300mm×400mm	悬挂或粘贴	不允许攀爬的危险地点，如有危险的建（构）筑物、设备处
禁 4	禁止抛物	300mm×400mm	悬挂或粘贴	抛物易伤人的地点，如高处作业现场、深沟（坑）等
禁 5	禁止入内	300mm×400mm	悬挂或粘贴	易造成事故或对人员有伤害的场所，如高压设备室、配电房等入口处
禁 6	禁止停留	300mm×400mm	悬挂或粘贴	对人员具有直接危险的场所，如危险路口、吊装作业区、输送带下方、预制梁架设区等处
禁 7	禁止烟火	300mm×400mm	悬挂或粘贴	有乙类火灾危险物质的场所，如氧气、乙炔存放区，油罐存放处及其他易燃易爆处
禁 8	禁止阻塞	300mm×400mm	悬挂或粘贴	应急通道、安全通道及施工操作平台等处
禁 9	禁止暴晒	400mm×300mm，白底红字	悬挂或粘贴	应急通道、安全通道及施工操作平台等处

续表

编号	图形	制作要求	安装要求	设置范围和部位
禁 10	禁止掉落焊花	400mm×300mm，白底红字	悬挂或粘贴	跨越通航河道、铁路、公路等施焊场所
禁 11	禁止翻越防护栏	400mm×300mm，白底红字	悬挂或粘贴	邻近既有线的防护栏
禁 12	禁止倾倒垃圾	400mm×300mm，白底红字	悬挂或粘贴	水上施工作业场所
禁 13	禁止排放油污	400mm×300mm，白底红字	悬挂或粘贴	水上施工作业场所
禁 14	禁止向水中排放泥浆	400mm×300mm，白底红字	悬挂或粘贴	水上施工作业场所
禁 15	5	执行《道路交通标志和标线第 2 部分：道路交通标志》GB 5768.2—2009（以限速 5km/h 为例）	执行《道路交通和标线 第 2 部分：道路交通标志》GB 5768.2—2009	场内道路及隧道洞口设置 5km/h 限速牌，隧道成洞段处设置 3km/h 限速牌或根据实际
禁 16	施工重地闲人免进	800mm×600mm，白底红字	悬挂或粘贴	拌合站、加工场、制梁场（预制场）、现浇梁、隧道洞口等现场的出入口、重点部位
禁 17	机房重地闲人免进	400mm×300mm，白底红字	悬挂或粘贴	拌合站、制梁场（预制场）的控制室和发电机房、抽水机房等处
禁 18	锅炉重地闲人免进	400mm×300mm，白底红字	悬挂或粘贴	锅炉房入口处

警告标志　　表3.6-2

编号	图形	制作要求	安装要求	设置范围和部位
警 1	当心触电	300mm × 400mm	悬挂或粘贴	有可能发生触电危险的电器设备和线路，如配电箱（柜）、开关箱、变压器、用电设备处
警 2	当心吊物	300mm × 400mm	悬挂或粘贴	有吊装设备作业的场所
警 3	当心弧光	300mm × 400mm	悬挂或粘贴	由于弧光造成眼部伤害的各种焊接作业场所
警 4	当心火灾	300mm × 400mm	悬挂或粘贴	易发生火灾的危险场所，如可燃性物质的储运、使用等场所
警 5	当心机械伤人	300mm × 400mm	悬挂或粘贴	易发生机械卷入、轧压、碾压、剪切等机械伤害的作业场所
警 6	当心坑洞	300mm × 400mm	悬挂或粘贴	具有坑洞易造成伤害的作业地点，如预留孔洞及各种深坑的上方等处
警 7	当心落物	300mm × 400mm	悬挂或粘贴	易发生落物危险的地点，如高处作业、立体交叉作业等的下方

续表

编号	图形	制作要求	安装要求	设置范围和部位
警 8	 当心塌方	300mm×400mm	悬挂或粘贴	易发生塌方危险的地段，如边坡及土方作业的深坑、深槽等场所
警 9	 当心有害气体中毒	300mm×400mm	悬挂或粘贴	易产生有毒有害气体的场所
警 10	 当心扎脚	300mm×400mm	悬挂或粘贴	易造成脚步伤害的作业地点
警 11	 当心坠落	300mm×400mm	悬挂或粘贴	易发生坠落事故的作业地点
警 12	 注意安全	300mm×400mm	悬挂或粘贴	易造成人员伤害的场所及设备等处
警 13	 当心落石	400mm×300mm，黄底黑字	悬挂或粘贴	易落石的地带，如隧道出入口、路基砌筑边坡等处
警 14	 当心碰头	400mm×300mm，黄底黑字	悬挂或粘贴	施工现场狭小低矮通道处
警 15	 保护森林注意防火 保	每个字1500mm×2000mm（以“保”字为例），红底白字	竖立，详见第3.6.6条	临近林区施工场所

续表

编号	图形	制作要求	安装要求	设置范围和部位
警 16	高压危险	400mm × 300mm，黄底黑字	悬挂或粘贴	施工场所变压器、高压电力设备等处
警 17	前方施工 减速慢行	400mm × 300mm，黄底黑字	竖立	跨越（临近）道路施工处
警 18	进入施工现场 请减速慢行	400mm × 300mm，黄底黑字	竖立	场站出入口及工点路口处

指令标志　　表3.6-3

编号	图形	制作要求	安装要求	设置范围和部位
指 1	必须穿防护鞋	300mm × 400mm	悬挂或粘贴	易伤害脚部的作业场所，如具有腐蚀、灼热、触电、砸（刺）伤等危险的作业地点
指 2	必须穿救生衣	300mm × 400mm	悬挂或粘贴	易发生溺水的作业场所
指 3	必须戴安全帽	300mm × 400mm	悬挂或粘贴	头部易受外力伤害的作业场所
指 4	必须戴防护面罩	300mm × 400mm	悬挂或粘贴	易造成人体紫外线辐射的作业场所，如电焊作业场所

续表

编号	图形	制作要求	安装要求	设置范围和部位
指 5	必须戴防护手套	300mm × 400mm	悬挂或粘贴	易伤害手部的作业场所，如具有腐蚀、污染、灼热、冰冻及触电危险等作业场所
指 6	必须戴防护眼镜	300mm × 400mm	悬挂或粘贴	对眼睛有伤害的作业场所
指 7	必须系安全带	300mm × 400mm	悬挂或粘贴	易发生坠落危险作业的场所
指 8	注意通风	600mm × 800mm	悬挂或粘贴	空气不流通，易发生窒息、中毒等作业场所
指 9	进入施工现场 必须戴安全帽	600mm × 800mm	悬挂、粘贴或竖立	施工现场的出入口等醒目位置
指 10	泥浆池危险 请勿靠近	400mm × 300mm，蓝底白字	悬挂或粘贴	泥浆池防护栏
指 11	沉淀池危险 请勿靠近	400mm × 300mm，蓝底白字	悬挂或粘贴	拌合站、制梁场（预制场）沉淀池

续表

编号	图形	制作要求	安装要求	设置范围和部位
指 12	张拉危险 请勿靠近	400mm × 300mm，蓝底白字	悬挂或粘贴	制梁场（预制场）、现浇梁预应力张拉处
指 13	基坑危险 请勿靠近	400mm × 300mm，蓝底白字	悬挂或粘贴	涵洞、桥梁基坑靠便道侧防护栏
指 14	必须系安全绳	400mm × 300mm，蓝底白字	悬挂或粘贴	高处作业、临边作业、悬空作业等场所

提示标志 **表3.6–4**

编号	图形	制作要求	安装要求	设置范围和部位
示 1	灭火器指示标志 灭火器	400mm × 300mm	悬挂或粘贴	需指示灭火器的处所
示 2	灭火设备指示标志 灭火设备	400mm × 300mm	悬挂或粘贴	需指示灭火器的处所

明示标志 **表3.6–5**

编号	图形	制作要求	安装要求	设置范围和部位
识 1	工作证 XX单位项目名称 照片 单位名称: 姓 名: 职 务: 编 号:	80mm × 120mm	—	—
识 2	袖标 安全员	400mm × 140mm，红布白字	—	—

续表

编号	图形	制作要求	安装要求	设置范围和部位
识 3	安全帽	—	—	—
识 4	墩号标识牌 A89	直径为 500mm，白底红字红圈（以 A89 为例）	粘贴（喷涂）	桥梁墩位处
识 5	制梁台座标识牌 06	直径为 300mm，白底红字红圈（以 06 号台座为例）	悬挂、粘贴（喷涂）	梁场制梁台座或箱梁外模处
识 6	分区标识牌 清洗区	800mm × 600mm，白底红字（以清洗区为例）	竖立、悬挂	清洗区、备料区、待检区、合格区、加工区、制梁区、存梁区等醒目位置
识 7	复耕土堆放处 复耕土堆放处	800mm × 600mm，白底红字	竖立	复耕土存放处
识 8	氧气存放处 氧气存放处	400mm × 300mm，白底红字	悬挂、粘贴	氧气存放处
识 9	乙炔存放处 乙炔存放处	400mm × 300mm，白底红字	悬挂、粘贴	乙炔存放处
识 10	废旧物品存放处	800mm × 600mm，白底红字	竖立、悬挂	废旧物品存放区

续表

编号	图形	制作要求	安装要求	设置范围和部位
识 11	弃土（渣）场  弃土场	800mm×600mm，白底红字	竖立、悬挂	弃土（渣）场处
识 12	 取土场	800mm×600mm，白底红字	竖立、悬挂	取土场处
识 13	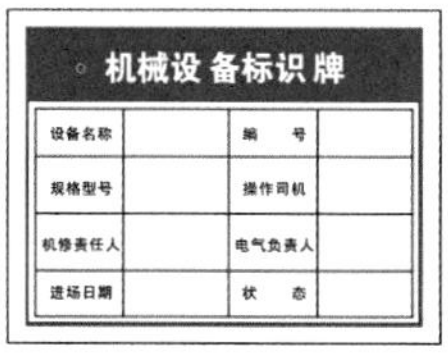 机械设备标识牌 设备名称 编号 规格型号 操作司机 机修责任人 电气负责人 进场日期 状态	400mm×300mm	粘贴、悬挂	施工机械设备处
识 14	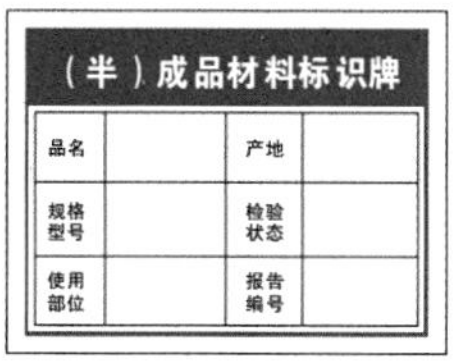 （半）成品材料标识牌 品名 产地 规格型号 检验状态 使用部位 报告编号	400mm×300mm	粘贴、悬挂	各种材料的半成品、成品存放区
识 15	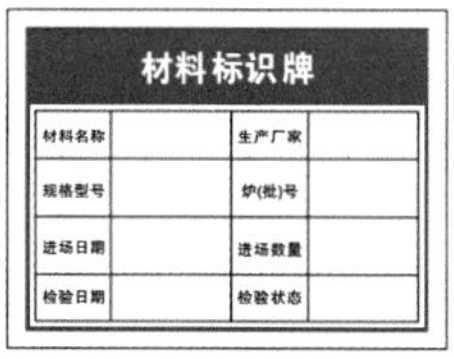 材料标识牌 材料名称 生产厂家 规格型号 炉(批)号 进场日期 进场数量 检验日期 检验状态	400mm×300mm	粘贴、悬挂	储料区
识 16	 配合比标识牌	800mm×600mm	竖立、悬挂	拌合机及拌合操作室
识 17	 安全资格公示牌	800mm×600mm	粘贴、悬挂	—
识 18	 值班人员公示牌	800mm×600mm	竖立、悬挂	—

续表

编号	图形	制作要求	安装要求	设置范围和部位
识 19	 进洞须知牌	1500mm × 2000mm	竖立、悬挂	—
识 20	 应急救援流程图	1500mm × 2000mm	粘贴、悬挂	—
识 21	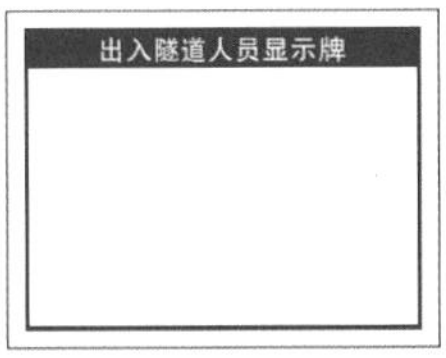 出入隧道人员显示牌	高为 1500mm	竖立、悬挂	—
识 22	工艺流程图 CFG桩施工工艺流程图 	1500mm × 1000mm	竖立、悬挂	关键工序施工处
识 23	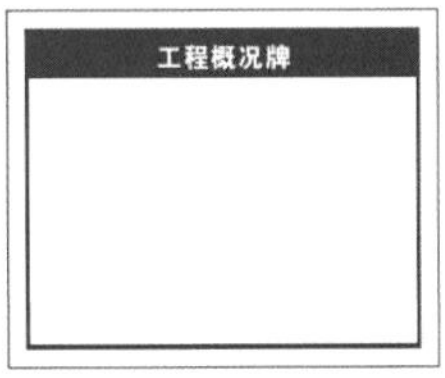 工程概况牌	2500mm × 2000mm	粘贴、悬挂	—
识 24	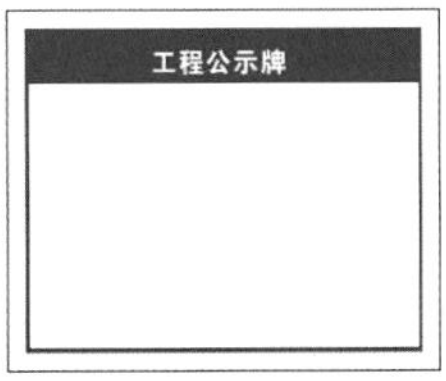 工程公示牌	2500mm × 2000mm	竖立、悬挂	—

续表

编号	图形	制作要求	安装要求	设置范围和部位
识 25	施工平面布置图	2500mm × 2000mm	竖立、悬挂	关键工序施工处
识 26	安全质量环保目标公示牌	2500mm × 2000mm	粘贴、悬挂	—
识 27	应急联系电话公示牌	1500mm × 2000mm	竖立、悬挂	—

第 4 章　市政工程现场施工技术管控

4.1　危险源辨识与风险评价管理

1. 危险源辨识与风险评价概念

（1）定义：

1）危险源：可能导致伤害、疾病、财产损失、工作环境破坏或其组合的根源或状态。主要包括危险性的分部分项工程、临时建筑和检查（参观）活动。

2）危险源辨识：识别危险源的存在并确定其性质的过程。

3）风险：发生危险事件或有害暴露的可能性，与随之引发的人身伤害或健康损害的严重性的组合。

4）风险评价：对危险源导致的风险进行评估，对现有控制措施的充分性加以考虑以及对风险是否可接受予以确定的过程。

（2）危险源与事故隐患的关系：

1）事故隐患：是指作业场所、设备及设施的不安全状态，人的不安全行为和管理上的缺陷。

2）危险源可能存在事故隐患，也可能不存在事故隐患，对于存在事故隐患的危险源，一定要及时加以整改，否则随时都可能导致事故。

（3）危险、有害因素的产生：

1）危险、有害因素主要指客观存在的危险有害物质或能量超过一定限值的设备、设施和场所等。

2）危险、有害因素产生的原因：事故的发生是由于存在危险有害物质、能量和危险有害物质、能量失去控制两方面因素的综合作用，并导致危险有害物质的泄漏、散发和能量的意外释放。因此，存在危险有害物质、能量和危险有害物质失去控制是危险、有害因素转换为事故的根本原因。

2. 危险源的分类

（1）根据危险源在事故发生、发展过程中的作用来划分，危险源可以分为以下两大类：

1）第一类危险源：

① 根据能量意外释放理论，能量或危险物质的意外释放是伤亡事故发生的物理本质。

于是，把生产过程中存在的，可能发生意外释放的能量（能源或能量载体）或危险物质称作第一类危险源。

② 为了防止第一类危险源导致事故，必须采取措施约束、限制能量或危险物质，控制危险源。

2）第二类危险源：

① 正常情况下，生产过程中的能量或危险物质受到约束或限制，不会发生意外释放，即不会发生事故。但是，一旦这些约束或限制能量或危险物质的措施受到破坏或失效（故障），则将发生事故。导致能量或危险物质约束或限制措施破坏或失效的各种因素称作第二类危险源。

② 第二类危险源主要包括以下三种：

物的故障：物的故障是指机械设备、装置、元部件等由于性能低下而不能实现预定功能的现象。从安全功能的角度，物的不安全状态也是物的故障。物的故障可能是固有的，由于设计、制造缺陷造成的，也可能由于维修、使用不当，或磨损、腐蚀、老化等原因造成的。

人的失误：人的失误是指人的行为结果偏离了被要求的标准，即没有完成规定功能的现象。人的不安全行为也属于人的失误。人的失误会造成能量或危险物质控制系统故障，使屏蔽破坏或失效，从而导致事故发生。

环境因素：人和物存在的环境，即生产作业环境中的温度、湿度、噪声、振动、照明或通风换气等方面的问题，会促使人的失误或物的故障发生。

③ 一起伤亡事故的发生往往是两类危险源共同作用的结果。第一类危险源是伤亡事故发生的能量主体，决定事故后果的严重程度。第二类危险源是第一类危险源造成事故的必要条件，决定事故发生的可能性。两类危险源相互关联、相互依存。第一类危险源的存在是第二类危险源出现的前提，第二类危险源的出现是第一类危险源导致事故的必要条件。因此，危险源辨识的首要任务是辨识第一类危险源，在此基础上再辨识第二类危险源。

（2）此外，危险源的分类还有：机械类、电气类、辐射类、物质类、火灾与爆炸类；物理性、化学性、生物性、心理和生理性、行为性、其他等各种各样的分类。当然，分类的不同，也就决定了在进行危险源辨识时考虑方式的不同。

3. 危险源辨识的方法

（1）危险源辨识以预防为指导思想，可通过询问、交谈、查阅有关记录，获取外部信息，现场观察、流程分析等相结合方法。

（2）识别危险源时要考虑六种典型危害、三种时态和三种状态。

1）六种典型危害：

① 各种有毒有害化学品的挥发、泄漏所造成的人员伤害、火灾等。

② 物理危害：造成人体辐射损伤、冻伤、烧伤、中毒等。

③ 机械危害：造成人体砸伤、压伤、倒塌压埋伤、割伤、刺伤、擦伤、扭伤、冲击伤、

切断伤等。

④ 电器危害：设备设施安全装置缺乏或损坏造成的火灾、人员触电、设备损害等。

⑤ 人体工程危害：不适宜的作业方式、作业时间、作业环境等引起的人体过度疲劳危害。

⑥ 生物危害：病毒、有害细菌、真菌等造成的发病感染。

2）三种时态：

① 过去时态：作业活动或设备等过去的安全控制状态及发生过的人体伤害事故。

② 现在时态：作业活动或设备等现在的安全控制状况。

③ 将来时态：作业活动发生变化、系统或设备等在发生改进、报废后将会产生的危险因素。

3）三种状态：

① 正常：作业活动或设备等按其工作任务连续长时间进行工作的状态。

② 异常：作业活动或设备等周期性或临时性进行工作的状态，如设备的开启、停止、检修等状态。

③ 紧急情况：发生火灾、水灾、交通事故等状态。

（3）危险源识别的时机：

1）何时需要进行危害识别：

① 首次实施体系时。

② 要实施 HSE 持续改进时。

③ 发生重大事故时。

④ 有新建、扩建、改建及其他变更时。

⑤ 危害已构成重大威胁，而人们不能肯定存在或计划的控制措施是否充分时。

2）何时不需要进行危害识别：

① 危害明显是轻微的，受损失者完全可以容许。

② 控制措施的结果完全符合相关的法规和标准。

③ 控制措施丝毫不影响工作任务的实施。

④ 危险程度和控制措施被每个员工充分理解。

（4）危险源应在建筑工程的分部分项工程施工前进行辨识，并应确定其单元的危险特性的量值，同时还应确定反映危险源概况的其他重要参数。

（5）在危险源辨识过程中，如因一个危险源的存在，伴有另一个或多个危险源同时存在时，应分别辨识。

4. 风险评价的方法

（1）风险评价步骤：

1）确认要进行评价的对象；

2）对风险严重程度进行评价；

3）划分风险级别。

（2）评价方法：

1）作业条件危险性评价法

作业条件危险性评价法是一种常用的定量计算每一种危险源所带来的风险的方法。

2）风险评价模式

计算公式：$D=L\times E\times C$

D 代表风险值（表 4.1-1）；

L 代表发生事故的可能性（表 4.1-2）；

E 代表暴露在危险环境的频繁程度（表 4.1-3）；

C 代表发生事故产生的后果（表 4.1-4）。

风险等级划分（D） **表4.1-1**

D 值	风险程度	风险等级
>320	极其危险，不能继续作业	5 级风险（不可容忍风险）
160~320	高度危险，需立即整改	4 级风险（重大风险）
70~160	显著危险，需要整改	3 级风险（中度风险）
20~70	一般危险，需要注意	2 级风险（可容忍风险）
<20	稍有危险，可能接受	1 级风险（可忽略风险）

发生事故的可能性大小（L） **表4.1-2**

分数值	事故发生的可能性
10	完全可以预料
6	相当可能
3	可能，但不经常
1	可能性小，完全意外
0.5	很不可能，可以设想
0.2	极不可能
0.1	实际上不可能

暴露在危险环境中的频繁程度（E） **表4.1-3**

分数值	频繁程度
10	连续暴露
6	每天工作时间内暴露
3	每周一次，或偶然暴露
2	每月一次暴露
1	每年几次暴露
0.5	非常罕见地暴露

发生事故产生的后果（C） 表4.1-4

分数值	后果
100	大灾难，许多人死亡
40	灾难，数人死亡
15	非常严重，一人死亡
7	严重，重伤
3	重大，致残
1	引人注目，不利于基本的健康安全要求

5. 风险控制

（1）根据风险等级划分，中度及以上风险（$D>70$）为不可接受风险，需要进行风险控制。

（2）风险控制措施按对风险的控制程度分为根除危害的措施、根除或减少后果的措施、减少发生的可能性到可以容忍或可忽略的水平。

（3）风险控制措施应遵循的原则：

1）尽可能完全消除有可不接受风险的危险源；

2）如果是不可能消除、有重大风险的危险源，应努力采取降低风险的措施；

3）在条件允许时，应使工作适合于人；

4）应尽可能利用技术进步来改善安全控制措施；

5）应考虑保护每个工作人员的措施；

6）将技术管理与程序控制结合起来；

7）应考虑引入诸如机械安全防护装置的维护计划的要求；

8）在各种措施还不能绝对保证安全的情况下，作为最终手段，还应考虑使用个人防护用品；

9）应有可行、有效的应急方案。

10）预防性测定指标应符合监视控制措施计划的要求

（4）风险控制措施的评审内容：

1）计划的控制措施是否能使风险降低到可容许的水平；

2）在实施这些措施时是否会产生新的危险源；

3）是否已选定了投资效果最佳的方案；

4）受影响的人员如何评价计划的预防措施的必要性和可行性；

5）计划的控制措施是否会被应用于实际工作中。

6. 风险评价示例

（1）示例 1

某市政桥梁工程吊装作业，使用汽车吊吊装预制梁，为了评价这一施工条件的危险度，确定每种因素的分数值为：

1）事故发生的可能性（L）：

使用汽车吊吊装属于起重机械的特种作业，如汽车吊起吊位置不稳固，安全装置失效，钢丝绳质量不合格，操作不当，此施工作业具有一定的潜在危险，属于“可能，但不经常”，其分数值 L =3。

2）暴露于危险环境的频繁程度（E）：

根据施工进度，吊装人员每月一次在此环境中工作，取 E =2。

3）发生事故产生的后果（C）：

如果发生吊车倾覆事故，后果将会非常严重，可能造成人员伤亡，取 C =15。

4）危险性分值 $D=L\times C\times D=3\times 2\times 15=90$。

5）90 处于 70~160 之间，危险等级属于“显著危险，需要整改”的范畴，即 3 级风险。

6）风险控制措施：

① 编制吊装专项方案，如超过一定规模应进行专家论证。

② 汽车吊吊装前进行维修保养，各安全装置检测合格。

③ 对作业场地进行合理性评估。

④ 作业人员持证上岗，做好安全技术交底。

⑤ 根据情况采用架桥机等机械代替汽车吊。

（2）示例 2

某道路截污工程，进行顶管施工作业，为了评价这一施工条件的危险度，确定每种因素的分数值为：

1）事故发生的可能性（L）：

顶管施工是一种非开挖敷设管道技术，属于有限空间作业，如果没有进行有毒有害气体检测和采取通风等措施，作业环境极易发生中毒事件。如果对水文地质掌握不准，施工方法和施工设备选用不当，将会造成施工施工。此施工作业具有一定的潜在危险，属于“可能，但不经常”，其分数值 L=3。

2）暴露于危险环境的频繁程度（E）：

顶管施工作业人员每天在此环境中工作，取 E=6。

3）发生事故产生的后果（C）：

如果发生有限空间中毒事件，或发生坍塌事故，后果将会非常严重，可能造成人员伤亡，取 C=40。

4）危险性分值 $D=L\times C\times D=3\times 6\times 40=720$。

5）720 大于 320，危险等级属于“极其危险，不能继续作业”的范畴，即 5 级风险（不可容忍风险）。

6）风险控制措施：

① 提前勘查沿管线地质土层的变化情况。

② 编制施工方案和应急救援预案。

③ 必须做到“先通风、再检测、后作业”。

④ 作业人员要配备安全防护用品。

⑤ 检查施工设备。

4.2 危险性较大分部分项工程安全管理

1. 危险性较大分部分项工程概念

危险性较大分部分项工程：是指房屋建筑和市政基础设施工程在施工过程中，容易导致人员群死群伤或者造成重大经济损失的分部分项工程。

2. 基坑工程的安全管理

（1）危险性较大的基坑工程范围

1）开挖深度超过 3m（含 3m）的基坑（槽）的土方开挖、支护、降水工程。

2）开挖深度虽未超过 3m，但地质条件、周围环境和地下管线复杂，或影响毗邻建（构）筑物安全的基坑（槽）的土方开挖、支护、降水工程。

（2）超过一定规模的危险性较大的深基坑工程范围

开挖深度超过 5m（含 5m）的基坑（槽）的土方开挖、支护、降水工程。

（3）深基坑工程事故原因

1）支护事故：

① 勘测资料不完整或过于粗略。

② 设计存在漏洞。

③ 施工位置特殊。

2）防水、降排水事故：

① 防排措施不当。

② 降水措施不当。

③ 锚杆和支撑设置不当或刚度不够。

（4）深基坑工程安全管理要点

1）施工单位责任主体行为检查要点：

① 是否编制专项施工方案并经过审批。

② 是否按规定对专项方案咨询论证，专家论证后是否未进行修改或未再次审批。

③ 是否向操作班组和工人进行详细的安全技术交底。

④ 是否进行了公司及项目安全检查。

⑤ 基坑支护完成后是否进行验收。

2）施工单位安全管理要点：

① 坑边荷载。

A. 基坑边堆置土方和材料包括沿挖土方边缘移动运输工具和机械不应离槽边过近，堆置土方距坑槽上部边缘不小于 1.2m，弃土堆置高度不超过 1.5m。

B. 深基坑坑顶周边在基坑深度 2 倍距离范围内，严禁设置塔吊等大型设备和搭设工人宿舍。在深基坑周边上述距离范围内，确需搭设办公用房、堆放料具等，必须经深基坑工程设计单位验算设计，并出具书面同意意见；深基坑工程施工单位应对基坑进行特殊加固处理，加固方案必须经原专家组评审。

② 临边安全防护。

A. 深基坑周边必须安装防护栏杆，并在基坑开挖时及时跟进。防护栏杆应安装牢固，高度不应低于 1.2m，应由横杆及立杆组成，横杆应设 2~3 道，下杆离地高度宜为 0.3~0.6m，上杆离地高度宜为 1.2~1.5m；立杆间距不宜大于 2m，立杆离边坡距离宜大于 0.5m；防护栏杆宜加挂密目安全网和挡脚板，安全网应自上而下封闭设置，挡脚板高度不应小于 180mm，挡脚板下沿离地高度不应大于 10mm。

B. 基坑内宜设置供施工人员上下的专用梯道，梯道应设扶手栏杆，梯道的宽度不应小于 1m。梯道的搭设应符合相关安全规范的要求。

③ 降、排水措施及施工情况。

A. 基坑边坡的顶部应设排水措施。基坑底四周宜设排水沟和集水井，并及时排除积水。基坑挖至坑底时应及时清理基坑底并浇筑垫层。

B. 土方开挖前，应查明基坑周边英雄范围内建（构）筑物、上下水、电缆、燃气、排水、排水及热力等地下管线情况，并采取措施保护其使用安全。

C. 在电力管线、通信管线、燃气管线 2m 范围内及上下水管线 1m 范围内挖土时，应有专人监护。

④ 支护结构质量。

A. 桩的深度及桩身质量能否达到设计要求，要通过检测来进行判定，若桩身质量不能满足要求，应采取措施进行补强。

B. 腰梁与支护结构之间，既要保证腰梁能传递水平力，也要保证能传递剪力。因此，当腰梁采用型钢时，型钢与支护结构的预埋件要焊接，或型钢与支护结构之间要采用混凝土填实，确保腰梁与支护结构之间的接触面的受力均匀。

⑤ 土方开挖施工情况。

A. 基坑支护结构必须在达到设计要求的强度后，方可开挖下层土方，严禁提前开挖和超挖。施工过程中，严禁设备或重物碰撞支撑、腰梁、锚杆等基坑支护结构。亦不得在支护结构上放置或悬挂重物。

B. 基坑支护结构必须在达到设计要求的强度后，方可开挖下层土方，严禁提前开挖和超挖。施工过程中，严禁设备或重物碰撞支撑、腰梁、锚杆等基坑支护结构。亦不得在支护结构上放置或悬挂重物。

C. 同一垂直作业面的上下层不宜同时作业，需同时作业时，上下层之间应采取隔离防护措施。

⑥ 施工用电安全。

施工现场应采用防水型灯具，夜间施工的作业面及进出道路应有足够的照明措施和安全警示标志。

⑦ 应急预案措施。

基坑工程应编制应急预案。

⑧ 深基坑使用过程中安全管理措施。

A. 深基坑使用过程中，应定期对基坑及周边环境进行巡视，检查基坑位移（土体裂缝）、倾斜、土体及周边道路沉陷或隆起、地下水涌出、管线开裂、不明气体冒出和基坑防护栏的安全性等。

B. 在冰雹、大雨、大雪、风力 6 级及以上强风等恶劣天气之后，应及时对基坑和安全设施进行检查。

3. 模板工程及支撑体系的安全管理

（1）危险性较大的模板工程及支撑体系范围：

1）各类工具式模板工程：包括滑模、爬模、飞模、隧道模等工程。

2）混凝土模板支撑工程：搭设高度 5m 及以上，或搭设跨度 10m 及以上，或施工总荷载（荷载效应基本组合的设计值，以下简称设计值）$10kN/m^2$ 及以上，或集中线荷载（设计值）15kN/m 及以上，或高度大于支撑水平投影宽度且相对独立无联系构件的混凝土模板支撑工程。

3）承重支撑体系：用于钢结构安装等满堂支撑体系。

（2）超过一定规模的危险性较大的模板工程及支撑体系范围：

1）各类工具式模板工程：包括滑模、爬模、飞模、隧道模等工程。

2）混凝土模板支撑工程：搭设高度 8m 及以上，或搭设跨度 18m 及以上，或施工总荷载（设计值）$15kN/m^2$ 及以上，或集中线荷载（设计值）20kN/m 及以上。

3）承重支撑体系：用于钢结构安装等满堂支撑体系，承受单点集中荷载 7kN 及以上。

（3）模板工程及支撑体系事故原因：

1）支撑系统的钢管、扣件使用前未进行检测，存在使用不合格产品的情况。

2）模板支撑系统设计不合理。

3）施工现场搭设模板支撑系统时，未按专项方案及有关规范进行，搭设操作随意性大。

4）模板支撑系统验收过于形式化，检查验收不负责任。

（4）模板支撑施工安全管理要点：

1）模板安装前应审查模板结构设计与施工说明书中的荷载、计算方法、节点构造和安全措施，设计审批手续应齐全。

2）竖向模板和支架立柱支承部分安装在基土上时，应加设垫板，垫板应有足够强度和支撑面积，且应中心承载。基土应坚实，并应有排水措施。

3）当满堂或共享空间模板支架立柱高度超过 8m 时，若地基土达不到承载要求，无法防止立柱下沉，则应先施工地面下的工程，再分层回填夯实基土，浇筑地面混凝土垫层，达到强度后方可支模。

4）现浇钢筋混凝土梁、板，当跨度大于 4m 时，模板应起拱；当设计无具体要求时，起拱高度宜为全跨长度的 1/1000~3/1000。

5）钢管立柱底部应设垫木和底座，顶部应设可调支托，U 形支托与楞梁两侧间如有间隙，必须楔紧，其螺杆伸出钢管顶部不得大于 200mm，螺杆外径与立柱钢管内径的间隙不得大于 3mm，安装时应保证上下同心。

6）在立柱底距地面 200mm 高处，沿纵横水平方向应按纵下横上的程序设置扫地杆。可调支托底部的立柱顶端应沿纵横向设置一道水平拉杆之间的间距，在满足模板设计所确定的水平拉杆步距要求条件下，进行平均分配确定步距后，在每一步距处纵横向应各设一道水平拉杆。当层高在 8~20m 时，在最顶步距两水平拉杆中间应加设一道水平拉杆；当层高大于 20m 时，在最顶两步距水平拉杆中间应分别增加一道水平拉杆。所有水平拉杆的端部均应与四周建筑物顶紧顶牢。无处可顶时，应于水平拉杆端部和中部沿竖向设置连续式剪刀撑。

7）钢管立柱的扫地杆、水平拉杆、剪刀撑应采用 $\phi48\times3.5$mm 钢管，用构件与钢管立柱扣牢。钢管扫地杆、水平拉杆应采用对接，剪刀撑应采用搭接，搭接长度不得小于 500mm，用两个旋转扣件分别在离杆端不小于 100mm 处进行固定。

（5）扣件式钢管支撑施工安全管理要点

1）钢管规格、间距、扣件应符合设计要求。每根立柱底部应设置底座及垫板，垫板厚度不得小于 50mm。

2）立柱接长严禁搭接，必须采用对接扣件连接，相邻两立柱的对接接头不得在同步内，且对接接头沿竖向错开的距离不宜小于 500mm，各接头中心距主节点不宜大于步距的 1/3。

3）严禁将上段的钢管立柱与下端钢管立柱错开固定与水平拉杆上。

4）满堂模板和共享空间模板支架立柱，在外侧周圈应设由下至上的竖向连续式剪刀撑；中间在纵横向应每隔 10m 左右设由下至上的竖向连续式的剪刀撑，其宽度宜为 4~6m，并在剪刀撑部位的顶部、扫地杆处设置水平剪刀撑。

5）剪刀撑杆件的底端应与地面顶紧，夹角宜为 45°~60°。当建筑层高在 8~20m 时，除应满足上述规定外，还应在纵横向相邻的两竖向连续式剪刀撑之间增加之字斜撑，在有水平剪刀撑的部位，应在每个剪刀撑中间处增加一道水平剪刀撑。当建筑层高超过

20m 时，在满足以上规定的基础上，应将所有之字斜撑全部改为连续式剪刀撑。

6）当支架立柱高度超过 5m 时，应在立柱周圈外侧和中间有结构柱的部位，按水平间距 6~9m，竖向间距 2~3m 与建筑结构设置一个固结点。

（6）悬挑结构立柱支撑施工安全管理要点：

1）多层悬挑结构模板的上下立柱应保持在同一条垂直线上。

2）多层悬挑结构模板的立柱应连续支撑，并不得少于 3 层。

（7）模板拆除施工安全管理要点：

1）当混凝土未达到规定强度或已达到设计规定强度时，如需提前拆模或承受部分超设计荷载时，必须经过计算和技术主管确认其强度能足够承受此荷载后，方可拆除。

2）拆模的顺序和方法应按模板的设计规定进行。当设计无规定时，可采取先支的后拆、后支的先拆、先拆非承载模板、后拆承载模板，并应从上而下进行拆除。拆下的模板不得抛扔，应按指定地点堆放。

3）拆模如遇中途停歇，应将已拆松动、悬空、浮吊的模板或支架进行临时支撑牢固或相互连接稳固。对活动部件必须一次拆除。

4）当支架立柱的水平拉杆超出 2 层时，应首先拆除 2 层以上的拉杆。当拆除最后一道水平拉杆时，应和拆除立柱同时进行。

5）当拆除 4~8m 跨度的梁下支架立柱时，应先从跨中开始，对称地分别向两端拆除。拆除时，严禁采用连梁底板向旁侧一片拉倒的拆除方法。

4. 起重吊装及起重机械安装拆卸工程的安全管理

（1）危险性较大的起重吊装及起重机械安装拆卸工程范围：

1）采用非常规起重设备、方法，且单件起吊重量在 10kN 及以上的起重吊装工程。

2）采用起重机械进行安装的工程。

3）起重机械安装和拆卸工程。

（2）超过一定规模的危险性较大的起重吊装及起重机械安装拆卸工程范围：

1）采用非常规起重设备、方法，且单件起吊重量在 100kN 及以上的起重吊装工程。

2）起重量 300kN 及以上，或搭设总高度 200m 及以上，或搭设基础标高在 200m 及以上的起重机械安装和拆卸工程。

（3）起重吊装及起重机械安装拆卸工程事故原因：

1）建筑起重机械安装拆卸和顶升作业存在违规行为。

2）建筑起重机械安全装置缺失或处于失效状态。

3）建筑起重机械违规维修或日常保养缺失。

4）生产厂家生产的设备本身存在质量问题。

5）工程建设各方主体安全生产责任不落实。

6）作业人员安全意识淡薄和专业技能低下。

7）建筑起重机械设备维修保养及检查制度等不完善。

8）对于建筑起重机械租赁市场管理不到位。

（4）起重吊装及起重机械安装拆卸工程安全管理要点：

1）严格建筑起重机械设备市场的准入控制，从源头上确保设备质量安全。

2）加强建筑起重机械安拆、使用和日常维护的安全管理。

3）加强总承包单位对建筑起重机械设备的全过程安全管理。

4）监理单位应切实加强现场安全管理。

5）加强建筑起重机械专业人才的培养和安全培训。

6）利用信息化技术实现对建筑起重机械设备全过程安全管理。

7）起重设备在进场时必须严格执行设备检测验收制度，起重设备在使用前必须由承包单位自检合格，报监理单位验收合格后方可投入使用。

8）现场起吊作业的司机、司索、指挥人员必须持证上岗，人员不得随意更换，必须与作业申请登记内容一致。

9）高空钢结构吊装作业工人必须按规定穿戴劳保用品，并设置生命绳。

10）吊机的载荷限制装置、行程限位装置、保护装置必须灵敏可靠

11）起重机严禁越过无防护设施的外电架空线路作业。在外电架空线路附近吊装时，起重机任何部位或被吊物边缘在最大偏斜时与架空线的最小安全距离应符合表 4.2-1 规定。

起重吊装与架空线的最小安全距离　　表4.2-1

电压（kV） 安全距离（m）	<1	10	35	110	220	330	500
沿垂直方向	1.5	3.0	4.0	5.0	6.0	7.0	8.5
沿水平方向	1.5	2.0	3.5	4.0	6.0	7.0	8.5

12）采用双机抬吊时，宜选用类型或性能相近的起重机，负载分配应合理，单机载荷不得超过额定起重量的 80%。

13）轮式起重机作业前需将支腿垫实和调整好。

5. 脚手架工程的安全管理

（1）危险性较大的脚手架工程范围：

1）搭设高度 24m 及以上的落地式钢管脚手架工程（包括采光井、电梯井脚手架）。

2）附着式升降脚手架工程。

3）悬挑式脚手架工程。

4）高处作业吊篮。

5）卸料平台、操作平台工程。

6）异型脚手架工程。

（2）超过一定规模的危险性较大的脚手架工程范围：

1）搭设高度 50m 及以上的落地式钢管脚手架工程。

2）提升高度在 150m 及以上的附着式升降脚手架工程或附着式升降操作平台工程。

3）分段架体搭设高度 20m 及以上的悬挑式脚手架工程。

（3）脚手架工程事故原因：

1）脚手架搭拆作业高处坠落事故

① 架子工违章作业。

② 架子工操作失误。

③ 搭拆现场违章指挥。

④ 搭拆现场缺乏监管。

⑤ 架上作业安全检查缺失。

⑥ 脚手架安全防护构件未按规定搭设（错搭、漏搭）。

⑦ 脚手架安全防护构件被拆卸。

2）脚手架倾覆、坍塌事故

① 脚手架材料进场未组织检验。

② 脚手架搭设架子工未进行技术交底。

③ 脚手架搭设后未组织验收。

④ 脚手架材料缺陷。

（4）脚手架工程安全管理要点：

1）架体搭设、拆除前应对作业人员进行安全技术交底，并留存记录。

2）架体外侧设置阻燃材料的密目式安全网封闭。

3）外脚手架、满堂红支撑的基础必须硬地化（混凝土厚度按施工方案要求实施），按规范设置垫板，并应采取排水措施。

4）卸荷使用的钢筋环必须是圆钢，不能使用螺纹钢材。

5）脚手架连墙件设置的位置、数量应严格按方案执行，超过 24m 的双排脚手架的连墙件应采用刚性连接。

6）脚手架必须设置纵、横向扫地杆；脚手架立杆的对接、搭接必须符合规范要求。

7）作业层脚手板下应采用安全平网兜底或作业层以下每隔 10m 采用安全平网封闭。

8）施工层设置 1.2m 防护栏杆，并设置高度 180mm 的挡脚板。

6. 拆除工程的安全管理

（1）危险性较大的拆除工程范围：

可能影响行人、交通、电力设施、通信设施或其他建（构）筑物安全的拆除工程。

（2）超过一定规模的拆除工程范围：

1）码头、桥梁、高架、烟囱、水塔或拆除中容易引起有毒有害气（液）体或粉尘扩散、易燃易爆事故发生的特殊建（构）筑物的拆除工程。

2）文物保护建筑、优秀历史建筑或历史文化风貌区影响范围内的拆除工程。

（3）拆除工程事故原因：

1）无资质企业和个人承揽拆除工程。

2）违反拆除程序，导致事故。

3）缺少有效的防范措施。

4）作业人员安全意识淡薄，安全生产技能缺乏

（4）拆除工程安全管理要点：

1）拆除工程必须制定应急救援预案，采取严密防范措施，并配备应急救援的必要器材。制定生产安全事故应急预案，根据拆除工程施工现场作业环境，制定相应的消防安全措施。

2）拆除施工前，应做好影响拆除工程安全施工的各种管线的切断、迁移工作。当外侧有架空线路或电缆线路时，应与有关部门联系，采取措施，确认安全后方可施工。

3）拆除工程施工区域应设置硬质封闭围挡及醒目的安全警示标志，非施工人员不得进入施工区。当临街的被拆除建筑与交通通道的安全距离不能满足要求时，必须采取相应的安全隔离措施。

4）拆除工程应当由具备相应建筑业企业资质等级和安全生产许可证的施工企业承担，拆迁人应当与负责拆除工程的施工企业签订拆除合同。拆除工程合同应明确双方的安全施工、环境卫生、控制扬尘污染职责和施工企业的项目负责人、技术负责人、安全负责人。

5）拆除工程施工企业必须严格按照施工方案和安全技术规程进行拆除。对作业人员要做好安全教育、安全技术交底，并做好书面记录。特种作业人员必须持证上岗。

6）拆除工程施工企业必须严格按照施工方案和安全技术规程进行拆除。对作业人员要做好安全教育、安全技术交底，并做好书面记录。特种作业人员必须持证上岗。

7）拆除原用于有毒有害、可燃气体的管道及容器时，必须查清其残留物的种类、化学性质及残留量，采取相应措施后，方可进行拆除作业，以确保拆除人员的安全。

8）拆除程序应从上至下、逐层逐段进行，应先拆除非承重结构，再拆除承重结构。对只进行部分拆除的建筑，必须先将保留部分进行加固，然后再进行分离拆除。

9）爆破拆除工程的设计必须按《爆破安全规程》GB 6722—2014 规定级别进行安全评估，并经当地公安部门审核批准后方可实施。

7. 暗挖工程的安全管理

（1）危险性较大的暗挖工程范围：

采用矿山法、盾构法、顶管法施工的隧道、洞室工程。

（2）隧道工程事故原因：

1）由于隧道开挖后支护不及时，隧道顶部的浮石坠落而产生。

2）由于隧道洞口段施工时技术措施不得当，盲目进洞，造成隧道口坍塌以及上方岩石体滑坡等。

3）由于地质勘探不准确，围岩性能变化大导致施工工法出入，应急措施不及时造成隧道内大范围坍塌。

4）开挖方法和程序不规范。

（3）暗挖工程安全管理要点：

1）根据围岩类别，结合地形、地貌和水文地质条件，综合考虑各种因素，选择安全、合理、实用的施工方法，制定相应的详细具体的安全技术措施，科学选定开挖、支护、衬砌方法和工艺。

2）遇有不良地质地段施工时，应按照先治水、短开挖、先护顶、强支护、早衬砌的原则稳步前进。

3）洞内应设置宣传标语和警示标志，使作业人员随时可见，提高安全防范意识。

4）凡地下作业，都要做好预防保护措施，如防毒面具、检测器具（仪表）、监护人，现场要配备应急车辆等。

4.3 施工组织设计与危大工程施工方案编制审查

1. 施工组织设计的编制

（1）市政工程施工组织设计的编制应符合下列原则：

1）符合施工合同有关工程进度、质量、安全、环境保护及文明施工等方面的要求；

2）优化施工方案，达到合理的技术经济指标，并具有先进性和可实施性；

3）结合工程特点推广应用新技术、新工艺、新材料、新设备；

4）推广应用绿色施工技术，实现节能、节地、节水、节材和环境保护。

（2）市政工程施工组织设计应以下列内容作为编制依据：

1）与工程建设有关的法律、法规、规章和规范性文件。

2）国家现行标准和技术经济指标。

3）工程施工合同文件。

4）工程设计文件。

5）地域条件和工程特点，工程施工范围内及周边的现场条件，气象、工程地质及水文地质等自然条件。

6）与工程有关的资源供应情况。

7）企业的生产能力、施工机具状况、经济技术水平等。

（3）施工前应以施工内容为对象编制施工组织设计，并符合下列要求：

1）施工组织设计应包括工程概况、施工总体部署、施工现场平面布置、施工准备、施工技术方案、主要施工保证措施等基本内容。

2）施工组织设计应由项目负责人主持编制。

3）施工组织设计可根据需要分阶段编制。

（4）施工作业过程中，应对施工组织设计的执行情况进行检查、分析并适时调整。

2. 施工组织设计的审查

（1）施工组织设计的审批应符合下列规定：

1）可根据需要分阶段审批。

2）施工组织设计应经总承包单位技术负责人审批并加盖企业公章。

（2）施工组织设计应重点审核下列内容：

1）施工总体部署、施工现场平面布置。

2）施工技术方案。

3）质量保证措施。

4）施工进度计划。

5）安全管理措施。

6）环境保护措施。

7）应急措施。

（3）施工组织设计应实行动态管理，并符合下列规定：

1）施工作业过程中发生下列情况之一时，施工组织设计应及时修改或补充：

① 工程设计有重大变更；

② 主要施工资源配置有重大调整；

③ 施工环境有重大改变。

2）经修改或补充的施工组织设计应按审批权限重新履行审批程序。

3）具备条件的施工企业可采用信息化手段对施工组织设计进行动态管理。

3. 施工方案的编制

（1）分部（分项）工程施工前应根据施工组织设计单独编制施工方案，并符合下列要求：

1）施工方案应包括工程概况、施工安排、施工准备、施工方法及主要施工保证措施等基本内容；

2）施工方案应由项目负责人主持编制；

3）由专业承包单位施工的分部（分项）工程，施工方案应由专业承包单位的项目技术负责人主持编制。

（2）施工技术方案应包括施工工艺流程及施工方法，并满足下列要求：

1）结合工程特点、现行标准、工程图纸和现有的资源，明确施工起点、流向和施工顺序，确定各分部（分项）工程施工工艺流程，宜采用流程图的形式表示；

2）确定各分部（分项）工程的施工方法，并结合工程图表形式等进行辅助说明。

4. 施工方案的审查

（1）施工方案的审批应符合下列规定：

1）施工方案应由项目负责人审批，重点、难点分部（分项）工程的施工方案应由总承包单位技术负责人审批。

2）由专业承包单位施工的分部（分项）工程，施工方案应由专业承包单位的技术负责人审批，并由总承包单位项目技术负责人核准备案。

（2）危险性较大的分部（分项）工程安全专项施工方案应根据有关规定进行审批；对于超过一定规模的危险性较大的分部(分项)工程安全专项施工方案，应组织专家论证。

（3）总监理工程师应组织专业监理工程师审查施工单位报审的施工方案，符合要求后予以签认。

5. 危大工程施工方案的编制

（1）施工单位应当在危大工程施工前组织工程技术人员编制专项施工方案。

实行施工总承包的，专项施工方案应当由施工总承包单位组织编制。危大工程实行分包的，专项施工方案可以由相关专业分包单位组织编制。

（2）危险性较大的分部（分项）工程施工前应根据施工组织设计单独编制安全专项施工方案，并附具安全验算结果，危大工程专项施工方案的主要内容应当包括：

1）工程概况：危大工程概况和特点、施工平面布置、施工要求和技术保证条件。

2）编制依据：相关法律、法规、规范性文件、标准、规范及施工图设计文件、施工组织设计等。

3）施工计划：包括施工进度计划、材料与设备计划。

4）施工工艺技术：技术参数、工艺流程、施工方法、操作要求、检查要求等。

5）施工安全保证措施：组织保障措施、技术措施、监测监控措施等。

6）施工管理及作业人员配备和分工：施工管理人员、专职安全生产管理人员、特种作业人员、其他作业人员等。

7）验收要求：验收标准、验收程序、验收内容、验收人员等。

8）应急处置措施。

9）计算书及相关施工图纸。

（3）进行第三方监测的危大工程监测方案的主要内容应当包括工程概况、监测依据、监测内容、监测方法、人员及设备、测点布置与保护、监测频次、预警标准及监测成果报送等。

6. 危大工程施工方案的审查

（1）建筑施工企业专业技术人员编制的危大工程安全专项施工方案，由施工企业技术部门的专业技术人员及监理单位专业监理工程师进行审核，审核合格，由施工企业技术负责人审核签字、加盖单位公章，并由监理单位总监理工程师签字、加盖执业印章后方可实施。

（2）危大工程实行分包并由分包单位编制专项施工方案的，专项施工方案应当由总承包单位技术负责人及分包单位技术负责人共同审核签字并加盖单位公章。

（3）专家论证审查：

1）**对于超过一定规模的危大工程，施工单位应当组织召开专家论证会对专项施工方案进行论证。**实行施工总承包的，由施工总承包单位组织召开专家论证会。**专家论证前专项施工方案应当通过施工单位审核和总监理工程师审查。**

2）专家应当从地方人民政府住房城乡建设主管部门建立的**专家库**中选取，符合专业要求且人数不得少于 5 名。与本工程有利害关系的人员不得以专家身份参加专家论证会。

3）超过一定规模的危大工程专项施工方案专家论证会的**参会人员**应当包括：

① 专家；

② 建设单位项目负责人；

③ 有关勘察、设计单位项目技术负责人及相关人员；

④ 总承包单位和分包单位技术负责人或授权委派的专业技术人员、项目负责人、项目技术负责人、专项施工方案编制人员、项目专职安全生产管理人员及相关人员；

⑤ 监理单位项目总监理工程师及专业监理工程师。

4）对于超过一定规模的危大工程专项施工方案，专家论证的**主要内容**应当包括：

① 专项施工方案内容是否完整、可行；

② 专项施工方案计算书和验算依据、施工图是否符合有关标准规范；

③ 专项施工方案是否满足现场实际情况，并能够确保施工安全。

（4）超过一定规模的危大工程专项施工方案经专家论证后**结论**为“通过”的，施工单位可参考专家意见自行修改完善；结论为“修改后通过”的，专家意见要明确具体修改内容，施工单位应当按照专家意见进行修改，并履行有关审核和审查手续后方可实施，修改情况应及时告知专家；专项施工方案经论证不通过的，施工单位修改后应当按要求重新组织专家论证。

（5）因规划调整、设计变更等原因确需调整的，修改后的专项施工方案应当按照规定**重新审核和论证**。涉及资金或者工期调整的，建设单位应当按照约定予以调整。

第 5 章　特殊环境施工安全管控

5.1　高温天气施工安全管控

高温天气是指地市级以上气象主管部门所属气象台站向公众发布的日最高气温 35℃以上的天气。高温天气作业是指用人单位在高温天气期间安排劳动者在高温自然气象环境下进行的作业。工作场所高温作业是指在生产劳动过程中，工作地点平均 WBGT 指数≥ 25℃的作业。WBGT 指数亦称为湿球黑球温度，是综合评价人体接触作业环境热负荷的一个基本参量，单位为℃。WBGT 是由黑球、自然湿球、干球三个部分温度构成的，它综合考虑空气温度、风速、空气湿度和辐射热四个因素。

5.1.1　高温施工的特点

持续性：高温时间很长，降低施工效率，阻碍工程进度，拖延工期（图 5.1-1）。

图 5.1-1　高温天气施工

5.1.2　危险源辨识与控制

高温天气危险源及造成的后果见表 5.1-1。

（1）未制定合理的作息时间。施工现场环境温度高，工作条件相对恶劣，施工人员劳动强度高大，休息不足易出现过度疲劳、中暑现象（图 5.1-2）；应采取“做两头，歇中间”的方法或轮换作业的方法，避免高温引发工人中暑等生产安全事故。

高温天气危险源辨识　　表5.1–1

危险源	造成后果
未制定合理作息时间、在高温环境下施工作业	休息不足易出现过度疲劳、中暑现象
未正确使用个人防护用品	如涉及高处作业时中暑容易造成高空坠落事故
高温天气机械设备处于高温高负荷状态	火灾事故
高温天气电器、电线暴晒老化	触电事故

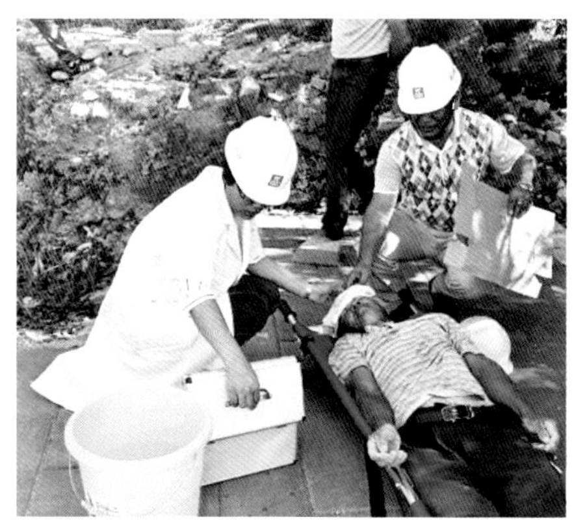
图 5.1–2　高温下工人中暑

（2）未配发针对夏季高温作业的防护用品。高强度施工易导致伤人事故和高空坠落事故，应依规范佩戴好安全防护用品和降温防护用品，确保安全作业。

（3）作业环境机械设备未采用通风、遮阳措施。机械容易达到高负荷作业，易导致火灾事故，应搭设好防晒措施，选好通风口处放置机械设备。

（4）定期对临时用电进行检查，确保每个电气设备必须做到“一机一箱一闸一漏”的要求，保证用电安全。

5.1.3　高温天气施工安全措施

1. 个人防暑措施

（1）凡患持久性高血压、贫血、肺气肿、肾脏病、心血管系统和中枢神经系统疾病者，一般不宜从事高温和高处作业工作。

（2）应合理安排作息时间，不得为赶工期随意加班加点，尽量避开高温时段，趁早晚较为凉爽的时间抓紧施工；采取轮换作业的办法，作业期间避免高温日照曝晒、疲劳作业（图 5.1–3）。

（3）避免独自一人在恶劣条件下作业。

（4）露天和高温作业者应多喝茶水、绿豆汤和含盐浓度为 0.1%~0.3% 的清凉饮料，但切忌暴饮，每次最好不超过 300mL。

（5）施工现场严禁赤膊和穿拖鞋上岗，安全防护用品需要正确佩戴，可以穿戴草帽、长袖、防晒服等防晒用具。

（6）对职工进行防暑降温知识的宣传教育，使职工知道中暑症状（图 5.1–4）。

（7）对工地食堂卫生进行检查，防止产生与高温期间有关的中毒事故；同时做好灭蚊、灭鼠、灭蟑螂工作，防止疾病的产生以及传播，影响作业人员的健康情况（图 5.1–5）。

图 5.1-3　高温曝晒下作业

图 5.1-4　防暑降温

图 5.1-5　施工现场灭蚊处理

2. 动火作业安全措施

（1）加强对重大危险源、特种设备等领域的安全监督，在发电机、油桶、木方等易燃危险处配备消防灭火器，灭火器不准挪作他用（图 5.1-6）。

（2）施工现场电焊时，在下层火花着落处要设有围板栏防止扩散，严禁吸烟和使用明火（图 5.1-7）。

（3）氧气乙炔瓶等易爆物品应妥善保管，在使用过程中应严格遵守安全操作规程。

（4）现场应按规范做好防曝晒工作（图 5.1-8）。

图 5.1-6　检查现场灭火器

图 5.1-7　禁止烟火标志

图 5.1-8　现场搭设遮阳棚

3. 安全用电措施

（1）对施工用电中存在的线路老化、破皮处包扎、部分线路接头较多等安全隐患要及时整改，消除施工用电隐患。

（2）定期对临时用电进行检测，每个电气设备必须做到“一机一闸一漏一箱”的要求（图 5.1-9），线路标志要分明，线头引出要整洁，各电箱要有门有锁，有个别配电箱开关罩壳破损的应及时更换。使用中的电气设备应保持良好的工作状态。

（3）不得在用电设备旁堆放杂物，影响设备散热，容易造成安全隐患。

（4）所有用电设备都要保持良好接地和相对固定的

图 5.1-9　“一机一闸一漏一箱”

位置安装，不得随意拆卸，不得随意拉接电线和增加用电设备。电气设备和线路都要符合规格，并且应该定期检修。

（5）不符合安全规范或存在安全隐患的临时性用电线路和设备不得投入使用。

（6）加强日常巡视检查，每天下班有电工拉断电源，并巡查施工现场。

5.2 低温天气施工安全管控

当室外日平均气温连续 5d 稳定低于 5℃即进入冬期施工，冬季气温下降，不少地区温度在 0℃之下（即负温），土壤、混凝土、砂浆等所含的水分冻结，建筑材料容易脆裂，给建筑施工带来许多困难（图 5.2-1）。连续 5 日平均气温低于 5℃或日最低气温低于 -3℃时，就要采取冬期施工措施，以保证工程质量。当室外日平均气温连续 5d 稳定高于 5℃即解除冬期施工。

5.2.1 冬季施工的特点

多害性：冬期施工由于施工条件以及环境不利，是工程质量事故的多发季节，尤以混凝土工程居多。

滞后性：冬期施工（图 5.2-2）存在的质量事故大多数在春季才开始暴露出来，因而给事故处理带来很大的难度，轻者进行修补，重者重来，不仅给工程带来损失，而且影响工程的使用寿命。

计划性：冬期施工的准备时间短，技术要求复杂，往往由于冬期施工的环节跟不上，仓促施工，导致一些质量事故的发生，影响后续施工进度。

图 5.2-1 低温预警信号

图 5.2-2 冬期施工

5.2.2 危险源辨识与控制

低温天气危险源及造成后果见表 5.2-1。

低温天气危险源辨识 表5.2-1

危险源	造成后果
施工作业面结冰易打滑	高处作业时容易发生高处坠落事故
使用大功率电器烧水、取暖	电线超负荷造成短路引发火灾、触电事故
施工路段结冰路滑、大雾、大雪天气	路面打滑、视线受阻引发交通事故
低温导致车辆、机械性能发生一定变化	机械伤害、车辆伤害

（1）北方冬季气温较低，施工作业面及道路容易结冰打滑，加之冬季人们衣着笨重（图 5.2-3），动作变得相对迟缓，高处作业时容易发生高处坠落事故。

（2）人员在使用大功率电器取暖或使用大功率电器烧水时诱发火灾及触电事故。

（3）受大雾、大雪等恶劣天气影响，车辆出行时给司机的视线带来阻碍等从而容易发生交通事故。

图 5.2-3 冬季作业衣着笨重

（4）低温导致车辆及机械的性能发生一定的变化，加之道路湿滑，车辆出行因为打滑容易发生交通事故，冬季是机械伤害及车辆伤害的高发期。

5.2.3 冬期施工安全措施

1. 组织措施

（1）进行冬期施工的工程项目，在入冬前应组织专人编制冬期施工方案。编制的原则是：确保工程质量；经济合理，使增加的费用为最少；所需的热源和材料有可靠的来源，并尽量减少能源消耗；确实能缩短工期。冬期施工方案应包括以下内容：施工程序，施工方法，现场布置，设备、材料、能源、工具的供应计划，安全防火措施，测温制度和质量检查制度（图 5.2-4）等。方案确定后，要组织有关人员学习，并向队组进行交底。

（2）进入冬期施工前，对掺外加剂人员测温保温人员、锅炉司炉工和火炉管理人员应专门组织技术业务培训，学习本工作范围内的有关知识，明确职责，经考试合格后，方准上岗工作。

图 5.2-4　冬期施工专项检查

（3）与当地气象台站保持联系，及时接收天气预报，防止寒流突然袭击。

（4）安排专人测量施工期间的室外气温，暖棚内气温，砂浆、混凝土的温度并做好记录。

2. 图纸准备

凡进行冬期施工的工程项目，必须复核施工图纸，检查其是否能适应冬期施工要求，如墙体的高厚比、与横墙间距有关的结构稳定性、现浇改为预制以及工程结构能否在寒冷状态下安全过冬等问题，应通过图纸会审解决

3. 现场准备

（1）根据实物工程量提前组织有关机具、外加剂和保温材料进场。

（2）搭建加热用的锅炉房、搅拌站，敷设管道、暖炉（图 5.2-5），对锅炉进行试火试压，对各种加热的材料、设备要检查其安全可靠性。

（3）计算变压器容量，接通电源。

图 5.2-5　现场搭设暖炉

（4）工地的临时供水管道及白灰膏等材料做好保温防冻工作。

（5）做好冬期施工混凝土、砂浆及掺外加剂的试配试验工作，提出施工配合比。

4. 施工措施

（1）各班组要以车辆伤害、防触电、防高空坠落为重点，加强对冬季所特有的雾、风、雨、雪等不良天气情况下和夜间作业人员的安全教育，班组安全交底中要增加相应特殊施工条件下的安全措施。

（2）遇到雨雪等恶劣天气时，严禁雨雪和大风大雾天气强行组织施工作业，特别是吊装作业；霜和雨雪过后要及时清扫作业面（图5.2-6），对使用的临时支架和临边防护设施必须由安全管理人员检查合格后才能继续使用，防止因霜、雨雪致使场地太滑而引起高处坠落事故。

图 5.2-6　雪后清扫作业面

（3）上岗前必须认真检查应佩戴的防护用品是否完好，并按规定穿戴到位。

（4）要注意防绞挂。冬季天冷，施工人员为御寒，身着厚长的衣服，这就需要在施工过程中防止衣着被绞挂进机械设备中造成人身伤害。同时在操作台钻电钻等禁止佩戴手套进行作业的机械设备时应严格禁止佩戴手套。

（5）重视施工机械设备的防冻防凝安全工作，所有在用的施工机械设备应结合例行保养进行一次换季保养，换用适合寒冷季节使用的润滑油、液压油等。

（6）冬季环境风干物燥，用火用电增多。为防止火灾发生，现场严禁吸烟，宿舍内禁止使用电炉子、碘钨灯、大功率灯泡、明火等方式取暖以防止因电源短路发生火灾、密闭空间煤气中毒的危险。

（7）严格执行动火证制度。易燃材料的附近不得有易燃物品，禁止在易燃材料附近使用明火。现场所用的易燃物品应专门堆放，易燃物堆放距离应符合防火规定，易燃物堆放区应设置足够的消防器材，消防器材严禁挪用，违反者，应给予处罚，以确保消防器材到位。

（8）严禁使用裸线，电缆线破皮3处以上不得投入使用，电缆线破皮处必须用防水绝缘胶布处理，电缆线铺设要防砸、防碾压、防止电线冻结在冰雪之中，大风雪后应对用电线路进行检查，防止电缆线断线和破损造成触电事故。

（9）现场的施工用水及生活用水管道做好防冻措施。冬期施工用水严禁长流水，工地施工操作面不得积水，防止结冰后造成滑倒伤人安全隐患。

（10）封闭的场所必须保证能够正常通风换气。

（11）雨雪天气后，应注意防冰坠。冬季雨雪过后天气放晴，化雪过程中会在结构悬空地段结成冰坠。因此要注意及时清理，防止冰坠掉下伤人、伤物（图5.2-7）。

图 5.2-7　冰雪融化砸损车辆

图 5.2-8　高空作业穿戴好安全用具

5. 高空作业

高空作业在寻常情况下是施工中重大危险源之一，加之冬期施工作业面湿滑，更容易诱发高处坠落事故。

（1）落实防滑安全措施，及时清理作业面及施工道路的积雪，以防作业或行走时不小心跌倒造成事故。

（2）高处作业要穿紧工作服、防滑鞋、安全帽、安全带；遇到大雾、大雪和 6 级以上大风时，要停止高处作业。

（3）高处作业时防护措施必须到位，梯车必须经过验收合格后方能使用，不得随时改装梯车。

（4）作业人员在高处作业时不得嬉戏打闹，以免失足发生坠落事故，上下梯时，要面对梯子，双手扶牢，不要手持物件攀登。

（5）高空作业严禁上下抛掷物件，以免砸伤下部施工人员，高处作业人员严禁投接物件，以免因重心不稳发生坠落。

（6）高处作业时，要先挂牢安全带后再作业（图 5.2-8），安全带要高挂低用，严禁打结使用，不能将钩直接挂在不牢固物上使用。

6. 车辆出行

（1）驾驶员必须高度重视冬季特殊天气下的行车安全（图 5.2-9），提高安全行车意识。

（2）出车前驾驶员必须认真检查车上的安全设备：转向、制动、灯光、仪表、喇叭、雨刮器等要齐全有效；特别是长途运输车辆或大型客车，要配备随车防滑工具，如三角木、牵引钢绳、十字镐或锄头、防滑链等。整车轮胎气压要合乎标准，气压不宜过高，轮胎花纹对称安装。雾天出车时应将风窗玻璃和车灯玻璃擦干净，按规定打开防雾灯（图 5.2-10）、近光灯、前后小灯及示宽灯和尾灯，充分利用灯光提高能见度，看清前方道路，车辆及行人动态。

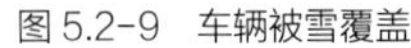

图 5.2-9　车辆被雪覆盖

图 5.2-10　雪天行车打开防雾灯

（3）平稳驾驶。冬日雪后路滑，驾车时注意车速平稳，操作均匀，诸如猛加速、急刹车、突然转向等均是雪地行车大忌。行进中平稳加速，中低速行驶。

（4）缓加油。在起步和加速时，加油要轻、缓，以防止轮胎打滑和侧滑现象的发生。由于加油过急，使车辆的驱动力大于路面的附着力，造成驱动轮的空转及车辆横向偏移。所以油门一定要控制好，使驱动力小于路面的附着力，方能避免或减少打滑、侧滑现象的发生。

（5）巧减速。减速时，要充分利用发动机的阻力进行减速，即在不脱挡且不踏下离合器的情况下迅速放开油门，使发动机转速立即下降，迫使驱动轮转速降低，使车辆减速的方法。如果需要使用制动器停车，也要先用引擎制动将车速降下来，再轻踩制动器。冰雪路面绝对禁止采取紧急制动，以防引起车辆的侧滑（图 5.2-11）。没有 ABS 的车尤其要注意防止侧滑。停车要尽量选择没有冰雪的空地，拉紧手刹挂挡，必要时可垫住车轮。

（6）慢转向。在转向时，一定要先减速，适当加大转弯半径并慢打方向盘。方向盘的操作要匀顺和缓，不然也会发生侧滑，使车尾向外侧甩出（甩尾）。转弯产生侧滑的原因是由于转向过猛，转向轮横向偏转，造成车辆前部阻力突然加大，车尾在惯性的作用下向外侧甩出的现象。一旦发生侧滑，可采取适当回轮的方法予以解除。

（7）巧妙上下坡。雪地坡道行车难度较大，上下坡都要低挡。

（8）多预见。由于冰雪路面滑的特点，使车辆不能按驾驶人的意志去操纵，会给驾驶造成很大困难，所以驾驶时要特别小心，要有高度的预见性，对将要发生的事件做出预先判断，争取时间，以便提前采取措施，防止因事件发生时不能准确操作而发生事故，保持雪天行车平稳（图 5.2-12）。

图 5.2-11　雪天车辆侧滑

（9）行车时应根据行道树、路标、水渠

等判明行车路线，沿着道路中心或积雪较浅处行驶。若路面倾斜或成拱形，应选择平坦处或道路中间行驶；若有车辙，应循车辙行驶；当车辙已结冰且较浅时，应骑车辙行驶。

（10）加大车距。由于冰雪路面的阻力较小，要避免跟车过近，尽量减少超车。雪路制动距离比干路制动距离长 3 倍，比湿路长 2 倍多；冰路制动距离比干路制动距离长 4 倍，比湿路长 2.7 倍。因此，冰雪路面上行车要严格控制时速。每小时不得超过 20km。跟车距离应保持 50m 以上。

（11）降低车速。遇风、雨、雪、雾天能见度在 30m 以内，机动车最高时速不准超过 20km/h，能见度在 15m 之内车速不得超过 5km/h，能见度在 5m 之内应选择适当地点，靠路边停车，并开亮前小灯和后尾灯，以引起来往车辆、行人的注意，待大雾减退或能见度有相当改善后再驾车行驶。

7. 桩基工程

冬季混凝土灌注桩的施工应采取加热原材料或掺防冻剂的方法进行，混凝土灌注温度不得低于 5℃，当混凝土桩身位于冻土层内时，混凝土浇筑后顶部应覆盖保温层（图 5.2-13），保证混凝土强度未达到设计标号的 50% 之前不得受冻。

8. 土方工程

（1）土在冬季，由于遭受冻结，变得坚硬，挖掘困难，施工费用比常温时高，所以新开工项目的土方及基础工程应尽量抢在冬期施工前完。

（2）必须进行冬期开挖的土方，要因地制宜地确定经济合理的施工方案和制定切实可行的技术措施，做到挖土快，基础施工快，回填快。

（3）地基土以覆盖草垫保温为主，对大面积土方开挖应采取翻松表土、耙平法进行防冻，松土深度 30~40cm。

（4）冬期施工期间，若基槽开挖后不能马上进行基础施工，应按设计槽底标高预留 300mm 余土，边清槽边做基础。一般气温 -10~0℃覆盖 2 层草垫，-10℃以下覆盖 3~4 层草垫。

图 5.2-12　雪天行车平稳

图 5.2-13　混凝土保温

（5）准备用于冬期回填的土方应大堆堆放，其上覆盖 2 层草垫，以防冻结。

（6）土方回填前，应清除基底上的冰雪和保温材料。

（7）土方回填每层铺土厚度应比常温施工减少 20%~25%，预留沉降量比常温施工时适当增加。用人工夯实时，每层铺土厚度不得超过 20cm，夯实厚度为 10~15cm。

（8）当用含有冻土块的土料用作填方时室内的基坑（槽）或管沟不得用含有冻土块的回填；室外的基坑（槽）或管沟可用含有冻土块的土回填，但冻土块体积不得超过填土总体积的 15%，管沟底至管顶 0.5m 范围内不得用含有冻土块的土回填，冻土块的粒径不得大于 15cm，铺填时，冻土块应分散开，并逐层压实。

（9）灰土垫层可在气温不低于 -10℃时施工，但必须采取保温措施，使基槽、素土、白灰不受冻，白灰施工时应采取随闷、随筛、随拌随夯，随覆盖的“五随”措施，当天夯实后并覆盖草垫 2~3 层（图 5.2-14）。

（10）土方施工应遵循现行规范有关冬期施工的规定。

图 5.2-14　现场覆盖草垫进行保温

9. 砌体工程

（1）砌筑前应将普通砖、空心砖、灰砂砖、混凝土小型空心砌块、加气混凝土砌块和石材表面的污物、冰、雪、霜清除掉。遭水浸泡冻结后的砖或砌块不得使用。

（2）石灰膏、黏土膏或电石膏等宜保温防冻，如遭冻结，应经融化后方可使用。

（3）拌制砂浆所用的砂，不得含有直径大于 1cm 的冻结块和冰块。

（4）冬季砌筑砂浆的稠度，宜比常温施工时适当增加。可通过增加石灰膏或黏土膏的办法来解决。

（5）砌筑砂浆强度等级一般不应低于 M2.5，重要部位和结构不应低于 M5，宜采用普通硅酸盐水泥拌制，冬季砌筑不得使用无水泥拌制的砂浆。砂浆掺用的外加剂使用前必须了解其化学成分、性能，使用掺量必须准确。

（6）拌合砂浆时，水的温度不得超过 80℃，砂子的温度不得超过 40℃。使用时砂浆的温度在环境最低气温低于 -10℃以内时，不应低于 5℃。当环境气温在 -20~-10℃时则不应低于 10℃。砌筑时砖表面与砂浆的温差不宜超过 30℃，石表面与砂浆的温差不超过 20℃。施工时砂浆的稠度一般控制在 9~12cm。

（7）砌体工程的冬期施工，可以采用掺外加剂法、冻结法和暖棚法。冻结法施工应事先与设计联系有关加固事宜。一般以掺氯盐热拌砂浆为主。

（8）采用掺盐砂浆时，砌体中配置的钢筋及钢预埋件应做防腐处理。

10. 低温施工措施

（1）0~5℃掺氯盐冷砂浆，或用热水拌合砂浆施工。

（2）-6~-10℃砂浆强度等级提高一级，掺氯盐并热水拌合。

（3）-11~15℃砂浆强度等级提高一级，并掺氯盐、水、砂子均匀加热。

（4）-15℃以下尽可能转入室内施工，停止室外砌筑。

5.3 暴雨洪灾施工安全管控

雨季是指在降雨量超过年降雨量 50% 以上的降雨集中季节。特点是降雨量大，降雨日数多，降雨强度强，经常出现暴雨或雷击。降雨会引起工程停工、塌方、基坑浸泡。

5.3.1 雨期施工的特点

突然性：由于暴雨导致的雨水倒灌、边坡坍塌等事故及山洪（图 5.3-1）、泥石流（图 5.3-2）等灾害往往不期而至，需要及时进行雨期施工的准备和防范措施。

突发性：突发降雨对土木建筑结构和地基持力层的冲刷和浸泡具有严重的破坏性（图 5.3-3）。

持续性：雨季时间很长，阻碍了工程（主要包括土方工程、屋面工程等）的顺利进行，拖延工期。

图 5.3-1 暴雨引发山洪

图 5.3-2 暴雨导致泥石流

图 5.3-3 暴雨导致路面积水

5.3.2 危险源辨识与控制

暴雨天气危险源及造成后果见表 5.3-1。

（1）未在雨季来临之前做好基坑（沟）挡水堰的设置与维护，易导致水灾事故，应在施工过程中同步做好基坑围护，防止基坑边坡倒塌（图 5.3-4）。

（2）施工现场机械、电焊机等未设置防护棚，易导致漏电现象，停雨后应及时检查用电设施，防止出现触电事故（图 5.3-5）。

暴雨天气危险源辨识 表5.3-1

危险源	造成后果
基坑（沟）未设置挡水堰	导致水灾事故、基坑边坡倒塌
现场机械设备、电焊机未设置防护棚	电器浸水易发生漏电、触电事故
雨后施工未进行作业前的检查、清除杂物	造成高处坠落、物体打击事故
暴雨天气后施工工地基层软弱土地未警示或处理	人或车行走经过造成下陷

（3）雨后未清除模板或钢筋骨架内的泥砂和混凝土面上的杂物，就进行施工，易导致高处坠落或物体打击，应开工前及时做好排查；

（4）现场施工地基软弱土层在台风天后及时处理，硬化、加钢板，防止人或车行走经过造成下陷（图5.3-6）。

图5.3-4 暴雨后滑坡

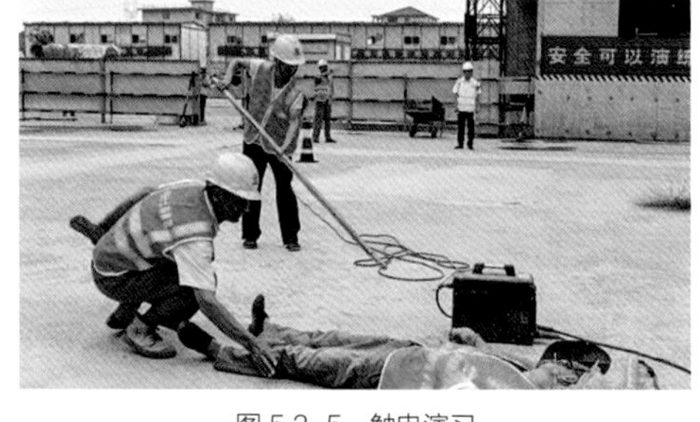

图5.3-5 触电演习

图5.3-6 暴雨后道路塌陷

5.3.3 暴雨洪灾施工安全措施

1. 土方工程和排水工程

（1）施工现场应按标准实现现场硬化处理。临时道路两侧设置排水沟。

（2）对路基易受冲刷部分，铺石块、焦渣、砾石等渗水防滑材料，或设管涵排泄（图5.3-7），保证路基的稳固。

（3）雨期指定专人负责维修路面，对路面不平或积水现象应及时修复、清除（图5.3-8）。

（4）根据施工总平面图、规划和设计排水方案及设施，利用自然地形确定排水方向，按规定坡度挖好排水沟（图5.3-9）。

（5）设置连续、通畅的排水设施和其他应急设施，防止泥浆、污水、废水外流或堵塞下水道和排水河沟。

（6）若施工现场临近高地，应在高地的边缘（现场上侧）挖好截水沟，防止洪水冲入现场。

（7）汛期前做好傍山施工现场边缘的危石处理（图5.3-10），防止滑坡、塌方威胁工地。

（8）雨期指定专人负责，及时疏浚排水系统，确保施工现场排水畅通。

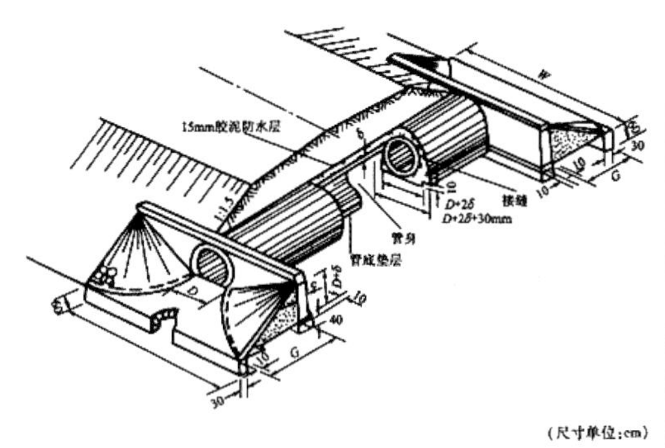

图 5.3-7　铺设管涵

W—洞口铺砌宽度；*G*—锥形护坡长度；*D*—管径；&—管壁厚度

图 5.3-8　暴雨后清理积水

图 5.3-9　挖排水沟

图 5.3-10　汛期前危石处理

2. 边坡基坑支护工程

（1）汛期前应清除沟边多余弃土，减轻坡顶压力。

（2）雨后应及时对坑、槽、沟边坡和固壁支撑结构进行检查，并派专人对深基坑进行测量，观察边坡情况，如发现边坡有裂缝（图 5.3-11）、疏松、支撑结构折断、走动等危险征兆，立即采取措施解决。

（3）因雨水原因发生坡道打滑等情况时，应停止土石方机械作业施工。

（4）雷雨天气不得露天进行电力爆破土石方，如爆破过程中遇到雷电，迅速将雷管脚线、电线主线两端连成短路。

（5）加强对基坑周边的监控，配备足够的潜水泵等排水设施（图 5.3-12），确保排水及时，防止基坑坍塌。

3. 脚手架工程

（1）遇大雨、高温、雷击和 6 级以上大风等恶劣天气，停止脚手架搭设和拆除作业。

（2）大风、大雨等天气后，组织人员检查脚手架（图 5.3-13）是否有摇晃、变形情况，遇有倾斜、下沉、连墙件松脱、节点连接位移和安全网脱落、开绳等现象，应及时进行处理，防止伤人（图 5.3-14）。

图 5.3-11　边坡出现裂缝

图 5.3-12　潜水泵排水

图 5.3-13　暴雨后脚手架检查

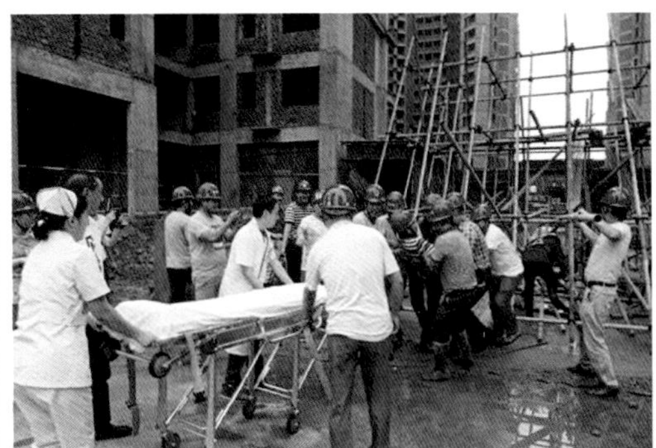
图 5.3-14　暴雨后脚手架砸伤作业人员

（3）落地式钢管脚手架立杆底端应当高于自然地坪 50mm，并夯实整平，留出一定散水坡度，在周围设置排水措施，防止雨水浸泡脚手架。

（4）悬挑架和附着式升降脚手架在汛期来临前要有加固措施，将架体与建筑物按照架体的高度设置连接件或拉结措施。

（5）吊篮脚手架在汛期来临前，应予拆除。

4. 施工机械

（1）严格按照《施工现场临时用电安全技术规范》JGJ 46—2005 落实临时用电的各项安全措施。

（2）各种露天使用的电气设备应选择较高的干燥处放置。

（3）总配电箱、分配电箱、开关箱应有可靠的防雨措施，电焊机应加防护雨罩（图 5.3-15）。

（4）雨期前应检查照明和动力线有无混线、漏电现象，电杆有无腐蚀、埋设松动等，防止触电。

图 5.3-15　现场机械加防护雨罩

（5）雨期要检查现场电气设备的接零、接地保护措施是否牢靠，漏电保护装置是否灵敏，电线绝缘接头是否良好。

（6）配电箱要搭防雨棚。在地上的电线需要用钢筋扎架起来，严禁浸泡在水中。

（7）暴雨等险情来临之前，施工现场临时用电除照明、排水和抢险用电外，其他电源应全部切断。

（8）施工现场高出建筑物的塔吊、外用电梯、井字架、龙门架以及较高金属脚手架等高架设施，如果在相邻建筑物、构筑物的防雷装置保护范围以外，应按规范设置防雷装置。

与当地气象部门保持联系，及时掌握天气变化情况。积极配合水利部门做好防汛工作，保持 24h 通信畅通，遇到紧急情况马上行动，确保汛期人员安全。

5.4 台风天气施工安全管控

台风是产生于热带洋面上的一种强烈的热带气旋（图 5.4-1），台风经过时常伴随着大风和暴雨天气，风向呈逆时针方向旋转，等压线和等温线近似为一组同心圆，中心气压最低而气温最高。

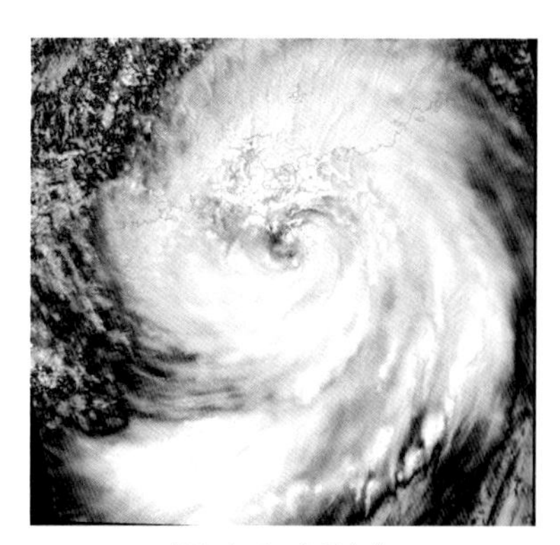

图 5.4-1 台风气旋

5.4.1 台风天施工的特点

突发性：强台风影响范围较大，突发降雨对土木建筑结构和地基持力层的冲刷和浸泡具有严重的破坏性。

持续性：连续不断多天的强降雨以及大风，严重阻碍的施工进度。

5.4.2 危险源辨识与控制

台风天气危险源及造成后果见表 5.4-1。

（1）在台风雨季，地面水易流入土方挖形的基坑、基槽中积水，导致影响进一步施工，雨后需要做好排水措施。

（2）台风天雨水增加土的含水量，在开挖基坑、基槽，容易出现滑坡或塌方现象。不但给下一步施工造成很大影响，另外也可能有重大的安全隐患，应在施工过程中同步做好基坑围护，防止基坑边坡倒塌（图 5.4-2、图 5.4-3）。

（3）当填土被雨水浸泡过后，含水量偏高，容易出现“橡皮土”。

台风天气危险源辨识 表5.4-1

危险源	造成后果
台风雨季基坑易积水	影响施工进度
台风雨季基坑、基槽泥土含水量增加	易出现滑坡、塌方现象
台风雨季回填土水含量增加	容易出现“橡皮土”
台风天气施工现场大型机电设备、电线未进行防护	机电设备电线吹倒发生漏电、触电事故
台风过后进行吊装作业，作业前未对设备进行检查	雨后吊绳被淋湿摩擦降低易发生起重伤害
台风雨季现场施工设备未进行整理、放置现场	物体吹倒易造成物体打击事故
五级大风仍在进行高处作业	造成高处坠落事故

图 5.4-2 基坑边坡倒塌

图 5.4-3 基坑边坡倒塌

（4）施工现场的大型机电设备、临时线路、外用脚手架等在雷雨台风天会有发生倾斜、变形、下沉、漏电、雷击的现象，施工工地做好避雷措施，停雨后应及时检查用电设施，防止出现触电事故（图 5.4-4）。

（5）雨后进行吊装时，由于雨后吊绳、构件表面被淋湿，使其之间的摩擦降低，应在开工前及时做好排查，检查吊绳的强度。

（6）台风天气路桥施工现场大型机电设备、临时线路、外用脚手架等容易被吹到，造成物体打击，应在开工前及时做好排查，放置警告标识（图 5.4-5）。

图 5.4-4 雨后检查用电设备

图 5.4-5 “小心高空坠物”标志

（7）临时搭建的脚手架，在容易发生松动或倾斜，工人在台风天脚手架上施工，容易发生滑移，坠落等安全事故，5 级以上大风，应该停止高空作业。同时脚手架上应设置安全网（图 5.4-6），做好防坠落措施。

图 5.4-6　脚手架设置安全网

5.4.3　台风天施工安全措施

1. 施工现场准备措施

（1）台风季节应特别提高警惕，随时做好防台风袭击的准备。设专人关注天气预报，做好记录，并与气象台保持联系，如遇天气变化及时报告，以便采取有效措施。

（2）成立台风期间抢险救灾小组，密切注意现场动态，遇有紧急情况，立刻投入现场进行抢救，使损失降到最低。

（3）科学、合理安排风雨期施工，当风力大于 6 级时，应停止室外的施工作业，提前安排好各分部分项工程的雨期施工，做到有备无患。

（4）对施工现场办公室、食堂、仓库等临时设施工程应进行全面详细检查，如有拉结不牢、排水不畅、漏雨、沉陷、变形等情况，应采取措施进行处理（图 5.4-7），问题严重的必须停止使用。风雨过后，应随时检查，发现问题，重点抢修。

（5）台风到来之前，应对高耸独立的机械、脚手架，以及未装好的钢筋、模板等进行临时加固，堆放在楼面、屋面的小型机具、零星材料要堆放加固好（图 5.4-8），不能固定的东西要及时搬到建筑物内。

图 5.4-7　集装箱加固

图 5.4-8　材料堆放整齐

（6）吊装机械用缆风绳固定。在台风来之前要立即对模板、钢筋特别是脚手架、电源线路进行仔细检查，发现问题要及时处理，经现场负责人同意后方可复工。

2. 临时用电安全技术措施

（1）电源采用三相五线制，现场采用三级配电制，即总配电箱—分电箱—开关箱—动力照明电箱分别设置。

（2）实行两级保护，在分电箱及开关箱内，根据机械型号电流量分别安装漏电保护器。开关箱内实行一机一闸，距固定的机械设备 5m 以内。

（3）安装、检查、维修或拆除临时用电工程，必须由电工完成（图 5.4-9）。电工等级应同工程的难易程度和技术复杂性相适应。

（4）在外电架空线路附近开挖沟槽时，必须防止外电架空线路的电杆倾斜、悬倒，或会同有关部门采取加固措施。

（5）配电箱要搭防雨棚（图 5.4-10）。在地上的电线需要用钢筋扎架起来，严禁浸泡在水中。

图 5.4-9　电工检查用电设备

图 5.4-10　配电箱防护棚

（6）施工现场所有用电设备，除做保持接零外，必须在设备负荷线的首端设置漏电保护装置。

（7）架空线必须采用绝缘铜线或绝缘铝线。

（8）室内配线必须采用绝缘导线。

（9）全面检查施工现场的各类临时用电设施、配电线路，严格实行三相五线制，确保做到三级配电、两级保护，各类配电设施的防雨设施防护完好；台风暴雨天气立即切断总电源，并准备好应急照明器材。汛情过后，对配电系统进行全面的检查验收，符合安全要求后，方可送电施工。

3. 土方工程和排水工程

（1）施工现场应按标准实现现场硬化处理。临时道路两侧设置排水沟（图 5.4-11）。

（2）对路基易受冲刷部分，铺石块、焦渣、砾石等渗水防滑材料，或设涵管排泄，保证路基的稳固。

（3）雨期指定专人负责维修、维护路面（图 5.4-12），对路面不平或积水现象应及时修复、清除；对围蔽设施进行修复加固（图 5.4-13）。

（4）根据施工总平面图、规划和设计排水方案及设施，利用自然地形确定排水方向，按规定坡度挖好排水沟。

（5）设置连续、通畅的排水设施和其他应急设施，防止泥浆、污水、废水外流或堵塞下水道和排水河沟。

（6）若施工现场临近高地，应在高地的边缘（现场上侧）挖好截水沟，防止洪水冲入现场。

（7）汛期前做好傍山施工现场边缘的危石处理，防止滑坡、塌方威胁工地。

（8）雨期指定专人负责，及时疏浚排水系统，确保施工现场排水畅通（图 5.4-14）。

图 5.4-11　边坡冲塌

图 5.4-12　台风天路边水马被吹倒

图 5.4-13　台风天围蔽板被吹倒

图 5.4-14　台风天后路面排水

4. 边坡基坑支护工程

（1）汛期前应清除沟内、沟边多余弃土（图 5.4-15），减轻坡顶压力。

（2）雨后应及时对坑、槽、沟边坡和固壁支撑结构进行检查（图 5.4-16），并派专人对深基坑进行测量，观察边坡情况，如发现边坡有裂缝、疏松、支撑结构折断、走动等危险征兆，立即采取措施解决。

（3）因雨水原因发生坡道打滑等情况时，应停止土石方机械作业施工。

（4）雷雨天气不得露天进行电力爆破土石方，如爆破过程中遇到雷电，迅速将雷管脚线、电线主线两端连成短路。

（5）加强对基坑周边的监控，配备足够的潜水泵等排水设施，确保排水及时，防止基坑坍塌。

图 5.4-15　清除沟内多余弃土

图 5.4-16　基坑支撑结构断裂

5. 脚手架工程

（1）遇大雨、高温、雷击和 6 级以上大风等恶劣天气，停止脚手架搭设和拆除作业。

（2）大风、大雨等天气后，组织人员检查脚手架是否有摇晃、变形情况，遇有倾斜、下沉、连墙件松脱、节点连接位移和安全网脱落、开绳等现象（图 5.4-17），应及时进行处理。

（3）落地式钢管脚手架立杆底端应当高于自然地坪 50mm，并夯实整平，留出一定散水坡度，在周围设置排水措施，防止雨水浸泡脚手架。

（4）悬挑架和附着式升降脚手架在汛期来临前要有加固措施，将架体与建筑物按照架体的高度设置连接件或拉结措施。

（5）吊篮脚手架在汛期来临前，应予拆除。

图 5.4-17　台风后脚手架被摧毁

6. 施工机械

（1）严格按照《施工现场临时用电安全技术规范》JGJ 46—2005 落实临时用电的各项安全措施。

（2）各种露天使用的电气设备应选择较高的干燥处放置。

（3）总配电箱、分配电箱、开关箱应有可靠的防雨措施，电焊机应加防护雨罩。

（4）雨期前应检查照明和动力线有无混线、漏电现象，电杆有无腐蚀、埋设松动等，防止触电。

（5）雨期要检查现场电气设备的接零、接地保护措施是否牢靠，漏电保护装置是否灵敏，电线绝缘接头是否良好。

（6）配电箱要搭防雨棚。在地上的电线需要用钢筋扎架起来，严禁浸泡在水中。

（7）暴雨等险情来临之前，施工现场临时用电除照明、排水和抢险用电外，其他电源应全部切断。

（8）施工现场高出建筑物的塔吊、外用电梯、井字架、龙门架以及较高金属脚手架等高架设施，如果在相邻建筑物、构筑物的防雷装置保护范围以外，应按规范设置防雷装置（图 5.4-18）。

图 5.4-18　施工现场防雷设备检测

5.5　有限空间作业安全管控

有限空间（图 5.5-1）是指空间封闭或部分封闭、与外界相对隔离、进出口狭窄受限、自然通风不良、易造成有毒有害及易燃易爆等物质积聚或氧含量不足的空间。有限空间作业是指进入容纳一人及以上有限空间，实施的作业活动。

图 5.5-1　有限空间

有限空间分为三类：

（1）封闭、半封闭设备：船舱、储罐、反应塔、冷藏车、沉箱及锅炉、压力容器、浮筒、管道、槽车等。

（2）地下有限空间：地下管道、地下室、地下仓库、地下工事、暗沟、隧道、涵洞、地坑、矿井、废井、地窖、沼气池及化粪池、下水道、沟、井、池、建筑孔桩、地下电缆沟等。

（3）地上有限空间：储藏室、酒糟池、发酵池、垃圾站、温室、冷库、粮仓、封闭车间、试验场所、烟道等。

5.5.1 有限空间作业的特点

突然性：有限空间可能有多重危害物质或气体共同存在，有害有毒物质具有隐蔽性、突发性，某些危害物质可能原本就存在于有限空间中，在某些条件下难以探测或检测时没有危害，在作业过程中可能逐渐积聚、突然涌出，造成急性中毒甚至导致作业人员死亡。

突发性：有限空间作业不当，在狭隘的空间中，气体、液体、固体可燃、易燃易爆物质引发火灾或爆炸，对作业人员造成伤害。

不确定性：有限空间中作业不确定危险因素太多，未检测或者未能分辨出的有毒有害气体；在狭小的空间中，容易造成溺水、坠落、坍塌、物体打击事故，发生事故时，必须及时抢救（图 5.5-2）。

图 5.5-2 有限空间作业抢救

5.5.2 危险源辨识与控制

有限空间作业危险源及造成后果见表 5.5-1。

有限空间作业危险源辨识 **表5.5-1**

危险源	造成后果
有限空间作业前未进行好气体检测	易发生爆炸、中毒窒息事故
有限空间作业条件易变化	爆炸、中毒、其他事故
未正确使用个人防护用品或不佩戴	人员中毒窒息
未履行作业监护制度	人员窒息或其他伤害
携带火种	引发爆炸
信号不好、不畅通	发生事故难以及时施救，增加事故严重性
作业环境狭窄	增加施救难度
有限空间湿度和热度较高	作业人员能量消耗大，易于疲劳或晕倒

（1）有限空间涉及易燃易爆物质以及有毒有害和窒息性气体或缺氧环境的，同时存在淹溺或掩埋等危险，需要提前做好检测，同时做好各种临时应急方案。

（2）前一有限空间条件在发生变化后会临时变成另一种有限空间，作业人员需要时刻注意有限空间的变化，做好相应的措施。

（3）有限空间作业空间所处封闭或部分封闭、与外界相对隔离、进出口狭窄受限、

图 5.5-3　有限空间作业

自然通风不良需要佩戴好个人防护用品并选取正确的气瓶使用。

（4）在进入井坑、作业坑作业前，应系好安全带，佩戴氧气呼吸器面具，使用信 号联系，作业现场必须有负责人员、监护人员，不得在没有监护人员的情况下作业。严禁在事故发生后盲目施救。

（5）有限空间作业（图 5.5-3）环境密闭黑暗，进行作业时应采取防爆照明，照明电压应不大于 12V；在无照明条件下，不允许进入作业，严禁携入火种进入有限空间。

（6）设备设施与设备设施之间、设备设施内外之间相互隔断，导致作业空间通风不畅，采光不足，照明不良，通信不畅。

（7）活动空间较小，工作场地狭窄，易导致工作人员出入困难，相互联系不便，不利于工作监护和实施施救。

（8）湿度和热度较高，作业人员能量消耗大，易于疲劳。

5.5.3　有限空间施工安全措施

1. 施工单位措施

（1）施工单位应配备符合国家标准的通风设备、检测设备、照明设备、通信设备和个人防护用品。个人防护用品、防护装备、检测仪器仪表应妥善保管，并严格按照规定进行检测、检验、维护，保证安全有效。

（2）施工单位应在有限空间入口处设置醒目的警示标志（图 5.5-4），告知有限空间的位置、存在的危害因素和防控措施，防止未经允许的无关人员进入。

（3）动态安全防范措施必须贯穿有限空间作业全过程，只有确认全部作业人员及所携带的设备和物品均已脱离有限空间后，方可终止。

（4）严格遵守有限空间作业前危险辨识、安全准入、隔离、置换、检测、防护、监护、作业、确认九项管控内容。

（5）从事有限空间作业的“四类人员”（现场负责人、监护人员、作业人员、应急救援人员），必须具备三个基本条件：

1）经过有限空间安全知识教育培训，考核合格；

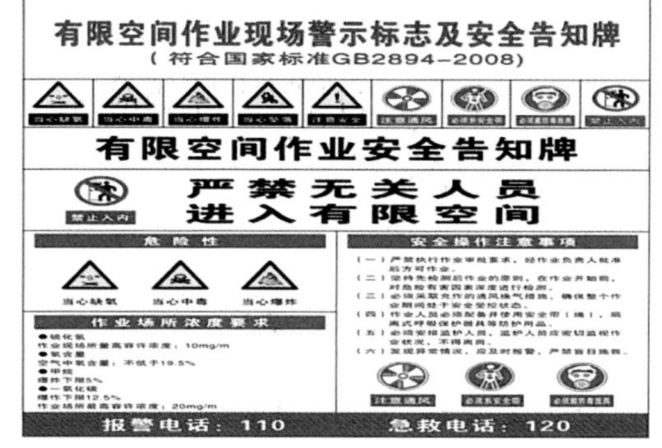

图 5.5-4　有限空间作业标志牌

2）具有正确使用 CO 检测仪、氧气含量分析仪等检测设备的能力；

3）具备现场应急救援、正确使用空气呼吸器等应急救援器材的能力。

2. 遵循安全操作程序

（1）有毒有害气体检测（图 5.5-5）。

（2）危害评估。

（3）置换通风。

（4）操作要求。

（5）有限空间作业人员安全防护基本要求。

（6）监护。

（7）警示标志。

（8）救援（图 5.5-6）。

图 5.5-5 有限空间检测

图 5.5-6 有限空间应急演练

3. 作业要求与主要安全防护措施

（1）作业前：

1）按照先检测、后作业的原则，凡要进入有限空间危险作业场所作业，必须根据实际情况事先测定其氧气、有害气体、可燃性气体、粉尘的浓度，符合安全要求后，方可进入。在未准确测定氧气浓度、有害气体、可燃性气体、粉尘的浓度前，严禁进入该作业场所。

2）确保有限空间危险作业现场的空气质量。氧气含量应在 18% 以上，23.5% 以下。其有害有毒气体、可燃气体、粉尘容许浓度必须符合国家标准的安全要求。

3）进入有限空间危险作业场所，可采用动物（如白鸽、白鼠、兔子等）试验方法或其他简易快速检测方法做辅助检测。

4）根据测定结果采取相应的措施，在有限空间危险作业场所的空气质量符合安全要求后方可作业，并记录所采取的措施要点及效果。

5）在每次作业前，必须确认其符合安全并制定事故应急救援预案。

（2）作业中：

1）在有限空间危险作业进行过程中，应加强通风换气，在氧气浓度、有害气体、可燃性气体、粉尘的浓度可能发生变化的危险作业中应保持必要的测定次数或连续检测。

2）作业时所用的一切电气设备，必须符合有关用电安全技术操作规程。照明应使用安全矿灯或 12V 以下的安全灯，使用超过安全电压的手持电动工具，必须按规定配备漏电保护器。

3）发现可能存在有害气体、可燃气体时，检测人员应同时使用有害气体检测仪表、可燃气体测试仪等设备进行检测。

4）检测人员应佩戴隔离式呼吸器，严禁使用氧气呼吸器。

5）有可燃气体或可燃性粉尘存在的作业现场，所有的检测仪器、电动工具、照明灯具等，必须使用符合《爆炸危险环境电力装置设计规范》GB 50058—2014 要求的防爆型产品。

6）在危险作业场所，必须采取充分的通风换气措施，严禁用纯氧进行通风换气。

7）对由于防爆、防氧化不能采用通风换气措施或受作业环境限制不易充分通风换气的场所，作业人员必须配备并使用空气呼吸器或软管面具等隔离式呼吸保护器具。

8）作业人员进入有限空间危险作业场所作业前和离开时应准确清点人数。

9）进入有限空间危险作业场所作业，作业人员与监护人员应事先规定明确的联络信号。

10）当发现缺氧或检测仪器出现报警时，必须立即停止危险作业，作业点人员应迅速离开作业现场。

11）如果作业场所的缺氧危险可能影响附近作业场所人员的安全时，应及时通知这些作业场所的有关人员。

12）严禁无关人员进入有限空间危险作业场所，并应在醒目处设置警示标志。

13）在有限空间危险作业场所，必须配备抢救器具，如呼吸器具、梯子、绳缆以及其他必要的器具和设备，以便在非常情况下抢救作业人员。

14）当发现有缺氧症时，作业人员应立即组织急救和联系医疗处理。

15）在密闭容器内使用二氧化碳或氦气进行焊接作业时，必须在作业过程中通风换气，确保空气符合安全要求。

16）在通风条件差的作业场所，如地下室、船舱等，配置二氧化碳灭火器时，应将灭火器放置牢固，禁止随便启动，防止二氧化碳意外泄出，并在放置灭火器的位置设立明显的标志。

17）当作业人员在特殊场所（如冷库、冷藏室或密闭设备等）内部作业时，如果供作业人员出入的门或盖不能很容易打开且无通信、报警装置时，严禁关闭门或盖。

18）当作业人员在与输送管道连接的密闭设备（如油罐、反应塔、储罐、锅炉等）

内部作业时必须严密关闭阀门，装好盲板，并在醒目处设立禁止启动的标志。

19）当作业人员在密闭设备内作业时，一般应打开出入口的门或盖，如果设备与正在抽气或已经处于负压的管路相通时，严禁关闭出入口的门或盖。

20）在地下进行压气作业时，应防止缺氧空气泄至作业场所，如与作业场所相通的设施中存在缺氧空气，应直接排除，防止缺氧空气进入作业场所。

4. 有限空间作业安全操作（图 5.5-7）

（1）必须严格实行作业审批制度；按照作业标准和单项安全技术措施作业；作业方案未经安全可靠性论证和审批，严禁擅自进入有限空间作业。

（2）必须严格执行“先通风、再检测、后作业”规定，未采取连续通风和连续检测措施的严禁作业。

（3）必须核准、清点有限空间作业人员、工具、器具，有限空间作业人员、工具、器具不详、不清，严禁作业。

（4）必须配备个人防中毒窒息等防护装备，井口、洞口设置安全警示标志和告知卡；无防护措施的严禁作业。

（5）必须对作业人员进行安全培训且合格，未对作业人员履行危险有害因素告知手续、安全培训不合格的严禁作业。

（6）必须设置有限空间作业安全监护人，监护人不在现场、无监护人和监护措施的严禁作业。

（7）必须保持通风设备正常持续运转，通风设备发生故障严禁作业。

（8）安全监护人必须配备通信工具，并保持联系畅通；通信工具故障，严禁作业。

（9）有限空间出入口、逃生和应急救援通道（图 5.5-8）必须保持畅通；有限空间出入口障碍、堵塞，严禁作业。

（10）必须制定应急救援措施，配备现场应急装备；应急救援措施和器材准备不到位严禁作业及盲目施救。

图 5.5-7　有限空间检测

图 5.5-8　有限空间应急通道

5.5.4 作业管理

（1）进入有限空间危险作业应履行申报手续，填写《进入有限空间危险作业安全审批表》（见表 5.5-2，以下简称“安全审批表”）。经有限空间危险作业场所负责人和企事业单位（以下简称单位）安全生产管理部门负责人审核、批准后，方可进入作业。

进入有限空间危险作业安全审批表 **表5.5-2**

施工单位（总承包单位及分包单位）： 编号：

<table>
<tr><td colspan="3">有限空间作业分项部位</td><td colspan="7"></td></tr>
<tr><td colspan="3">可能存在的危害因素</td><td colspan="7"></td></tr>
<tr><td>作业内容</td><td colspan="9"></td></tr>
<tr><td>作业人员</td><td colspan="9"></td></tr>
<tr><td rowspan="4">作业前
检测情况</td><td rowspan="2">检测项目</td><td rowspan="2">氧含量</td><td rowspan="2">易燃易爆
物质浓度</td><td colspan="4">有毒有害气体（粉尘）浓度</td><td rowspan="2">检测人</td><td rowspan="2"></td></tr>
<tr><td></td><td></td><td></td><td></td></tr>
<tr><td>检测结果</td><td></td><td></td><td></td><td></td><td></td><td></td><td rowspan="2">检测
时间</td><td rowspan="2"></td></tr>
<tr><td>检测结论</td><td colspan="6"></td></tr>
<tr><td rowspan="6">评估意见
（应作业期
间、主要
安全措施）</td><td colspan="4" rowspan="6"></td><td colspan="5">有关人员签字</td></tr>
<tr><td colspan="2">项目技术负责人</td><td colspan="3"></td></tr>
<tr><td colspan="2">专职安全员</td><td colspan="3"></td></tr>
<tr><td colspan="2">监护人员</td><td colspan="3"></td></tr>
<tr><td colspan="2">监理工程师</td><td colspan="3"></td></tr>
<tr><td colspan="2">作业负责人</td><td colspan="3"></td></tr>
<tr><td colspan="3">项目负责人意见</td><td colspan="7"></td></tr>
<tr><td colspan="3">总监理工程师意见</td><td colspan="7"></td></tr>
<tr><td colspan="3">建设单位项目负责人意见</td><td colspan="7"></td></tr>
</table>

（2）进入有限空间危险作业由作业单位安全管理人员负责办理安全审批表的审批手续。

（3）进入有限空间危险作业必须事先指定有关部门或人员负责对该有限空间内的氧气、有毒有害气体、粉尘等浓度进行检测，并做好记录，将检测结果填入安全审批表。

（4）进入有限空间危险作业由有限空间作业场所负责人在安全审批表上签署认可意见。作业单位安全管理人员负责检查和确认有限空间危险作业的有关安全措施确已落实后，将安全审批表报单位安全管理部门审批。

（5）单位安全管理部门负责人全面复查审核无误后，在安全审批表上签署认可意见。安全审批表经审批同意作业后，作业单位应立即开始作业，以避免作业场所条件发生变化。

（6）作业中碰到的任何问题都必须做好记录，以便查实和进行分析。

（7）进入有限空间危险作业期间，严禁同时进行各类与该场所相关的交叉作业，如果作业环境、工艺条件改变时，应重新办理安全审批表的审批手续，经批准后方可作业。

（8）进入有限空间危险作业人员职责：

1）严格按照安全审批表上签署的任务、地点、时间作业。

2）作业前应检查作业场所安全措施是否符合要求。

3）按规定穿戴劳动防护服装、防护器具和使用工具。

4）熟悉应急预案，掌握报警联络方式。

（9）作业监护人的职责：

1）监护人必须有较强的责任心，熟悉作业区域的环境、工艺情况，能及时判断和处理异常情况。

2）监护人应对安全措施落实情况进行检查，发现落实不好或安全措施不完善时，有权提出暂不进行作业。

3）监护人应和作业人员拟定联络信号。在出入口处保持与作业人员的联系，发现异常，应及时制止作业，并立即采取救护措施。

4）监护人应熟悉应急预案，掌握和熟练使用配备的应急救护设备、设施、报警装置等，并坚守岗位。

5）监护人应携带安全审批表并负责保管、记录有关问题。

（10）禁止以下作业：

1）未办理安全审批表的作业。

2）与安全审批表内容不符的作业。

3）无监护人员的作业。

4）超时作业。

5）不明情况的盲目救护。

（11）禁止以下人员进入有限空间危险作业：

1）在经期、孕期、哺乳期的女性。

2）有聋、哑、呆、傻等严重生理缺陷者。

3）患有深度近视、癫痫、高血压、过敏性气管炎、哮喘、心脏病、精神分裂症等疾病者。

4）有外伤疤口尚未愈合者。

5.5.5 有限空间应急救援

（1）应急指挥在接到报告后，应根据事故类型、状态及危害程度做出相应的判断，及时安排人员应急避险，立即召集应急救援队伍做初期的救援、救治、排险，控制事故的进一步扩大；如感到无法控制，公司应急指挥办公室立即报告公司应急领导小组领导和相关部门，公司办公室及时报告驻地人民政府和政府主管部门，请求外部支援。

（2）各应急工作小组各司其职，小组成员按相应的要求检查并佩戴好防护装备（图 5.5-9），检查并携带救援用具，全力做好各自职责内的工作。

（3）现场应急指挥部根据事故类型、状态和危害程度制定出快速有效的方案，安排、调配相应的应急资源。

（4）应急处置组到达现场后，采取事故现场紧急防护措施（图 5.5-10），在保证救援人员安全的前提下救出人员，及时控制危险源，排除事故现场险情。对伤亡人员进行及时、准确地救治和处理。及时向现场指挥、副指挥汇报情况。当作业环境条件可能发生变化时，应视为进入新的有限空间，应采取必要时的检测、个体防护等安全措施。如果事故已经无法控制，可能会造成人员伤亡时，必须安排现场所有人员迅速撤离。

（5）现场警戒组到达现场后，在警戒隔离区边界设置警示标志，并设专人负责警戒。组织事故现场人员疏散，对通往事故现场的道路实行交通管制，严禁无关车辆进入等。合理设置出入口，除应急救援人员外，严禁无关人员进入。

（6）受伤人员救出转移至上风向或侧上风向空气无污染区域后，立即实施现场救护，同时通知附近医院赶到现场抢救。救护组人员到达现场及时接替现场抢救人员对受伤人员进行现场急救。中毒、窒息人员未恢复知觉前，不得用急救车送往较远的医院急救，就近送往医院抢救时，途中应采取有效的急救措施，并应有医务人员护送。

（7）后勤保障组检查清点所需的保障物资，如保障物资不足，及时上报现场指挥，准备保障物资，听候现场指挥的命令。

（8）救援人员在应急处置中如出现异常情况或感到不适和呼吸困难时，应立即向监护人发出信号，迅速撤离现场。严禁在有毒、窒息环境下摘下防护面罩。

（9）在易燃易爆的有限空间援救时，救援人员应穿防静电工作服，使用防爆工具、防静电救生绳，配带有效的检测报警仪器。通风、检测仪器、照明灯具、通信设备、电动工具等器具应符合防爆要求，防护装备以及应急救援设备设施妥当保管，加强维护，保持经常处于完好状态。损坏的器具要分开存放，并设置明显禁用标识，以免发生危险。

图 5.5-9　有限空间作业佩戴安全用具

图 5.5-10　救援队紧急救援

第 6 章　市政工程施工安全检查

6.1　市政工程安全检查相关要求

6.1.1　企业检查制度

施工企业应建立安全检查制度，并根据制度对其下属工程项目部进行安全检查，每个月检查的次数不少于一次。

6.1.2　项目检查制度

工程项目部应建立安全检查制度，对施工现场的工作环境及施工环节进行自查，检查的次数每周不少于一次。

6.1.3　领导带班检查制度

施工企业和工程项目应该根据已制定的施工现场领导带班制度对现场安全的状况进行检查：

（1）施工现场建筑施工企业负责人要定期带班检查，每月检查时间不少于其工作日的 25%；

（2）项目负责人每月带班检查时间不得少于本月施工时间的 80%；

（3）专职安全生产管理人员应每天巡查。

6.1.4　安全检查形式

1. 定期检查

项目负责人组织安全生产管理人员，相关的管理人员对现场进行联合检查。总承包项目部应组织各分包单位每周进行安全检查。

2. 日常检查

项目安全生产管理人员对施工现场进行每日巡检，对施工现场进行巡回的安全生产检查及班组的班前、班后进行安全检查。

3. 专项检查

项目负责人组织项目专业人员开展施工工具、临时用电、防护设施、消防设施等检查。专项检查应结合项目的进行，如沟槽、基坑土方的开挖、脚手架、施工用电、吊装设备的专业分包、劳务用工等安全问题进行检查专项检查，专业性较强的安全问题应由项目负责人组织专业技术人员进行专项检查。

4. 季度性检查

季度性检查应根据施工现场所在地气候特点、可能给施工带来的危害组织安全检查，项目部应结合雨期、台风天气、高温天气的施工特点开展安全检查。

6.1.5 项目施工现场的检查

项目部应根据施工现场的特点和安全目标要求，确定安全检查内容，其内容包括：安全生产责任制、安全保证计划、安全组织机构、安全保证措施、安全技术交底、安全教育、安全设施、特种作业人员持证上岗、安全标志、操作行为、临时用电、文明施工、绿色施工、违规管理安全记录等。

6.2 现场安全检查

6.2.1 人员配备

施工现场应根据现场的规模按规定配备安全生产管理人员，安全生产管理人员应每天对整个施工现场进行隐患排查并做好记录。

6.2.2 规模性较大分布分项工程隐患排查

根据现场的实际施工情况，针对超过一定规模、危险性较大的分部分项工程进行隐患排查，专业性较强的分部分项工程应组织专业人员进行排查并做好记录。每周不少于一次进行专项排查。

6.2.3 基坑工程安全检查

（1）基坑施工前，对周围的建筑物、市政管线、道路、地下水等情况进行排查。

（2）基坑支护结构必须达到设计强度后才能开挖，严禁提前开挖。开挖过程中，严禁设备或重物碰撞支撑、腰梁、锚杆等基坑支护结构，不得在支护结构上放置或悬挂重物，不得攀爬支护结构。

（3）土方开挖的顺序及工况，应符合基坑支护设计和专项施工方案要求。

（4）土方开挖的方法顺序必须与设计工况一致，并遵循“开槽支护，先撑后挖，分层开挖，严禁超挖”的原则（图 6.2-1）。

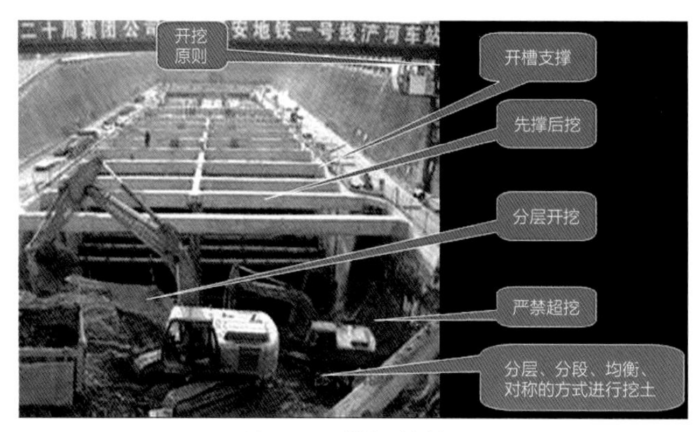

图 6.2-1　基坑开挖支护

（5）基坑竖向开挖应符合以下要求：

1）基坑竖向开挖及支撑、锚杆、土钉的施工工况应符合基坑支护设计文件的要求；支护体及支撑体未达到设计强度要求之前，严禁进行下层土方开挖。

2）基坑开挖至锚杆、土钉施工作业面时，开挖面与锚杆、土钉的高差不宜大于 500mm；开挖时，挖土机械不得破坏或损害锚杆、腰梁、土钉墙面、支撑及其连接件等构件，不得损害已施工的基础桩。

3）开挖可采用全面分层或台阶式分层开挖的方式，分层厚度视土质情况确定；当淤泥、淤泥质土层厚度大于 1m 时，宜采用斜面分层开挖，分层厚度不宜大于 1m。

4）挖至基底时，避免扰动基底持力土的原状结构；开挖至坑底标高后，应及时进行垫层施工，垫层浇筑到基坑支护边，严禁基坑长时间暴露。

5）开挖的过程中开挖面上的临时边坡率不宜大于 1 ： 1.5，当淤泥和淤泥土质时，边坡坡度应根据实际情况适当减小；对淤泥和淤泥质土层大于 1m 且有工程桩的土层进行开挖时，应进行土体的稳定计算。

（6）基坑边上的 2.0m 内不能堆载土方，运输车与大型设备不能长时间停留在边坡上。

（7）在挖土的过程中，如发现实际地质与地质勘察报告明显不符，或存在地质勘察报告中未反映的障碍物、管线等情况时，应立即通知相关单位进行处理。

（8）根据基坑及环境监测信息及时调整土方开挖的顺序、速率及方法，当出现异常情况时，应立即停止开挖，通知相关单位，采取有效措施后方可施工。

（9）采用锚杆或支撑结构的支护结构，在未达到基坑设计规定的拆除条件时，严禁拆除锚杆和支撑。

（10）基坑周边施工材料、设施或车辆荷载严禁超过设计文件要求的地面荷载限值。

（11）挖掘机严禁碰撞工程桩、支护桩、内支撑、立柱和立柱桩、降水井、监测点等。

（12）基坑施工应连续施工如遇特殊原因需暂停施工时，各相关单位应确定安全技术措施。

（13）机械挖土时，应保证挖土机械、运输车辆行走的边坡稳定，边坡坡率不宜大于 1 ∶ 7。机械作业位置应稳定、安全，不得利用基坑支护结构体作为机械作业的支撑体。严禁挖土机械和作业人员在同一工作面。

（14）土方开挖施工时，应采取减小或消除台风、暴风对基坑安全影响的措施。

（15）采用逆作法、暗挖等方法开挖时，应按照专项施工方案要求确保基坑照明、通风措施到位。

（16）临近基坑边的局部深坑宜在大面积垫层完成后开挖。

（17）当基坑开挖深度范围内有地下水时，应采取有效的降水与排水措施，地下水宜在每层土方开挖面以下 800~1000mm。

（18）基坑开挖的过程中，当基坑周边相邻工程进行桩基、基坑支护、土方开挖、爆破等施工作业时，根据相互之间的施工影响，采取可靠的安全技术措施。

（19）在土方开挖施工过程中，当发现有毒有害的液体、气体、固体时，应立即停止作业，进行现场保护，并报有关部门处理后方可继续施工。

（20）施工设备及机械不应停留在水平支撑上方进行挖土作业，当在支撑上部行走时，应在支撑上方回填不少于 300mm 厚的土层，并应采取铺设路基箱等措施。

（21）在软土上挖土当机械不能正常行走和作业时，应对挖土机械行走路线用铺设渣土或砂石等方法进行硬化。

（22）在滑坡地段挖方时，应符合以下规定：

1）宜遵守先整治后开挖的施工程序。

2）施工前应做好地面和地下排水措施，上边坡做截水沟，防止地表水渗入滑坡体。

3）在施工的过程中，应设置位移观测点，定时观测滑坡体平面位移和沉降变化，并做好记录，当出现位移突变或滑坡迹象时，应立即暂停施工。

4）严禁在滑坡体上堆载。

5）必须遵循由上而下的开挖循序，严禁先切除坡脚。

6）采用爆破施工时，应采取控制爆破，防止爆破影响边坡稳定。

（23）基坑降排水应符合以下要求：

1）基坑的截水帷幕、降水、排水施工等应符合基坑支护专项施工方案要求。降水控制应符合设计要求。地下水和地表水控制应根据设计文件、基坑开挖场地工程地质、水文地质条件及基坑周边环境条件编制施工组织设计或专项施工方案。

2）对于承压水地层及降水工程比较高的工程，施工前宜进行降水试验，必要时宜进行抽水试验确定降水影响的范围。当基坑的降水可能对周边环境产生影响时，应对周边的环境进行监测，并采取相应的技术措施。

3）应采取相应的技术措施保证降水连续进行。

4）应根据工程实际情况布置排水系统。降排水应保证水流排入市政管网或沟渠，应采取措施防止抽出的水倒灌流入基坑；

（24）排水沟和集水井宜布置于地下结构外侧，距坡脚不宜小于 0.5m 单级放坡基坑的降水井设置在坡顶，多级放坡基坑的降水井宜设置于顶坡、放坡平台。排水沟、集水井设计符合以下规定：

1）排水沟深度、宽度、坡度应根据基坑涌水量计算确定，排水沟底宽不宜小于300mm。

2）集水井大小和数量应根据基坑涌水量和渗水量、积水量确定，且直径（或宽度）不小于 0.6m，底面应比排水沟深 0.5m，间距不大于 30m。集水井壁应由防护结构，并应设置碎石滤水层、泵端纱网。

3）当基坑开挖超过地下水位后，排水沟与集水井的深度应随开挖深度加深，并及时将集水井中的水排出基坑。

（25）降水期间应对基坑内、基坑外地下水位及邻近建筑物、地下管线进行监测。

（26）降水系统应进行试运行，试运行之前应测定各井口和地面标高、静止水位，检查抽水设备、抽水与排水系统；试运行抽水时间为 1d，并检查水质量和出水量。

（27）当降水会对基坑周边建筑物、地下管线、道路等造成伤害或对环境不利影响时，应采用截水方法控制地下水。采用悬挂式帷幕时，应同时采用坑内降水，并根据水文地质条件结合坑外回灌措施。

（28）基坑内的设计降水水位应低于基坑底 0.5m。

（29）基坑监测必须符合以下要求：

1）基坑监测必须按照《建筑基坑工程监测技术规范》GB 50497—2009 的要求实施。

2）基坑工程现场监测的对象包括：支护结构、地下水状况、基坑底部和周边土体、周边建筑物、周边管线设施、周边道路及其他监测对象。

3）基坑工程监测应包括专业单位监测和施工企业现场监测。

4）专业监测应由建设单位委托具备相应资质的第三方检测单位对基坑工程实施现场监测。监测单位应该编制监测方案，监测方案应经建设单位各方审批或专家论证方可实施。下列基坑工程的监测方案应进行专家论证：

① 地质和环境条件复杂的工程；

② 临近很重要建筑和管线，以及历史文物、优秀现代建筑、地铁、隧道等破坏后果很严重的基坑工程；

③ 已发生事故，重新组织施工的基坑工程；

④ 采用新技术、新工艺、新材料、新设备的一、二级工程；

⑤ 施工企业现场监测的监测内容和技术要求应在专项施工方案中明确，并按方案实施监测。

5）监测单位应严格按照监测方案实施监测。当基坑设计和施工有较大变更时，监测单位的监测方案要同时进行调整变更。

6）基坑工程监测必须确定监测报警值，监测报警值应满足基坑工程设计、地下结构设计以及周边环境中被保护对象的控制要求。监测报警值应由基坑工程设计方确定。

7）监测单位应及时处理、分析监测数据，并将监测结果和评价及时反馈建设各方。当监测数据达到监测报警值时，必须立即通报建设各方。

8）基坑工程施工期间，不得损坏监测设施，施工企业应安排专人进行巡视。对于损坏的检测设备设施，应及时恢复。

9）当出现下列情况之一时，应提高监测频率：

① 监测数据达到报警值；

② 监测数据变化较大或者速率加快；

③ 存在勘察未发现的不良地质；

④ 超深、超长开挖或未及时加撑等违反设计工况施工；

⑤ 基坑及周边大量积水、长时间连续降雨、市政管道出现泄漏；

⑥ 基坑附近地面荷载突然增大或超过设计限值；

⑦ 支护结构出现开裂；

⑧ 周边地面突发较大沉降或出现严重开裂；

⑨ 邻近建筑物发生较大沉降、不均匀沉降或出现严重开裂；

⑩ 基坑底部、侧壁出现管涌、渗漏或流沙等现象；

⑪ 基坑工程发生事故后重新组织施工；

⑫ 出现其他影响基坑及周边环境安全的异常情况。

10）当出现下列情况之一时，必须立即进行危险报警，并应对基坑支护结构和周边环境中的保护对象采取应急措施：

① 监测数据达到监测报警值的累计值。

② 基坑支护结构或周边土体的位移值突然明显增大或基坑出现流沙、管涌、隆起、陷落或较严重的渗漏等。

③ 基坑支护结构的支撑或锚杆体系出现过大变形、压屈、断裂、松弛或拔出的迹象。

④ 周边建筑的结构部分、周边地面出现较严重的突发裂缝或危害结构的变形裂缝。

⑤ 周边管线变形突然明显增长或出现裂缝、泄漏等。

⑥ 根据当地工程经验判断，出现其他必须进行危险报警的情况。

11）基坑工程监测点的布置应能反映监测对象的实际状态及其变化趋势，监测点应布置在内力及变形关键特征点上，并应满足监控要求。基坑工程监测点的布置应不妨碍监测对象的正常工作，并应减少对施工作业的不利影响。监测标志应稳固、明显，位置应避开障碍物，便于观测；对监测点应设置保护装置和有专人负责保护，监测过程应有工作人员的安全保护措施。

12）变形监测网的基准点、工作基点布设应符合下列要求：

① 每个基坑工程至少应有 3 个稳定、可靠的点作为基准点。

② 工作基点应选在相对稳定和方便使用的位置。在通视条件良好、距离较近、观测项目较少的情况下，可直接将基准点作为工作基点。

③ 监测期间，应定期检查工作基点和基准点的稳定性。

13）监测仪器、设备和元件应符合下列规定：

① 满足观测精度和量程的要求，且应具有良好的稳定性和可靠性。

② 应经过校准或标定，且校核记录和标定资料齐全，并应在规定的校准有效期内使用。

③ 监测过程中应定期进行监测仪器、设备的维护保养、检测以及监测元件的检查。

14）基坑工程监测工作应贯穿于基坑工程和地下工程施工全过程。监测期应从基坑工程施工前开始，直至地下工程完成为止。对有特殊要求的基坑周边环境的监测应根据需要延续至变形趋于稳定后结束。

15）当遇到连续降雨等不利天气状况时，监测工作不得中断；并应同时采取措施确保监测工作的安全。

16）施工监测应包括下列主要内容：

① 基坑周边地面沉降。

② 周边重要建筑沉降。

③ 周边建筑物、地面裂缝。

④ 支护结构裂缝。

⑤ 坑内外地下水位。

⑥ 地下管线渗漏情况。

⑦ 安全等级为三级的基坑工程施工监测尚应包含下列主要内容：

（A）围护墙或临时开挖边坡面顶部水平位移。

（B）围护墙或临时开挖边坡面顶部竖向位移。

⑧ 安全等级为一级的基坑工程施工监测，尚应包含支护结构与主体结构相结合时主体结构的相关监测。

17）基坑工程施工过程中巡视检查应包含下列内容：

① 支护结构，应包含下列内容：

（A）冠梁、腰梁、支撑裂缝及开展情况；

（B）围护墙、支撑、立柱变形情况；

（C）截水帷幕开裂、渗漏情况；

（D）墙后土体裂缝、沉陷或滑移情况；

（E）基坑涌土、流砂、管涌情况。

② 施工工况，应包含下列内容：

（A）土质条件与勘查报告的一致性情况；

（B）基坑开挖分度长度、分层厚度、临时边坡、支锚设置与设计要求的符合情况；

（C）场地地表水、地下水排放状况，基坑降水、回灌设施的运转情况；

（D）基坑周边超载与设计要求的符合情况。

③ 周边环境，应包含下列内容：

（A）周边管道破裂、渗漏情况；

（B）周边建筑开裂、裂缝发展情况；

（C）周边道路开裂、沉陷情况；

（D）临近基坑及建筑的施工状况；

（E）周边公众反映。

④ 监测设施，应包含下列内容：

（A）基准点、监测点完好状况；

（B）监测元件的完好和保护情况；

（C）影响观测工作的障碍物情况。

⑤ 巡视检查如发现异常和危险情况，应及时通知建设各相关单位。

（30）基坑作业环境检查

1）基坑应设置上下通道（图 6.2-2）供作业人员通行。通道数量、位置应满足施工及应急疏散要求。通道应牢固可靠，并符合有关安全防护规定。梯道应设扶手栏杆，梯道的宽度不应小于 1m。

图 6.2-2　基坑上下通道

2）基坑临边、临空位置及周边危险部位，应设置明显的安全警示标识，并应安装可靠围栏和防护。开挖深度超过 2m 的基坑周边必须安装防护栏杆。防护栏杆应符合下列规定：

① 防护栏杆高度不应低于 1.2m。

② 防护栏杆应由横杆和立杆组成；横杆应设 2~3 道，下杆离地高度宜为 0.3~0.6m，上杆离地高度宜为 1.2~1.5m；立杆间距不宜大于 2.0m，立杆离坡边距离宜大于 0.5m。

③ 防护栏杆宜加挂密目安全网和挡脚板；安全网应自上而下封闭设置；挡脚板高度不应小于 180mm，挡脚板下沿离地高度不应大于 10mm。

④ 防护栏杆（图 6.2-3）应安装牢固，材料应有足够的强度。

（A）基坑内作业人员应有稳定、安全的立足点。垂直、交叉作业时，应设置安全隔离防护措施。

（B）夜间或光线较暗施工时，应设置足够的照明设施。施工现场应采用防水型灯具，夜间施工的作业面及进出道路应有足够的照明措施和安全警示标志。

（C）采用井点降水时，井口应设置防护盖板或围栏，设置明显的警示标志。降水完成后，应及时将井填实。

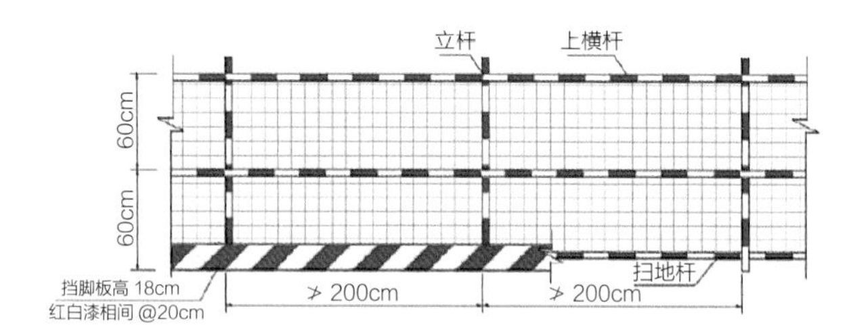

图 6.2-3　防护栏杆

注：临边采用红白或黄黑反光漆 @20cm 涂装钢管 + 防护网。下方通行时加挡脚板。

6.2.4　钢围堰工程安全检查

（1）钢围堰检查评定保证项目应包括：方案与交底、构配件材质、围堰构造、制作及运输、钢围堰安装、检查验收、监测。一般项目应包括：安全使用、安全防护、拆除（图 6.2-4）。

（2）钢围堰**保证项目**的检查评定应符合下列规定：

1）方案与交底：

① 钢围堰施工前应按规定编制专项施工方案；

② 围堰应编制完整的设计文件，并对围堰结构、构件和附属装置进行设计计算，图纸和计算书应齐全；

③ 专项施工方案应按规定进行审核、审批；

图 6.2-4 钢围堰施工

④ 专项施工方案应按规定组织专家论证；

⑤ 专项施工方案实施前，应进行安全技术交底，并应有文字记录。

2）构配件材质：

① 制作钢围堰的原材料和构配件应有质量合格证、产品性能检验报告，其品种、规格、型号、材质应符合专项施工方案及相关标准要求；

② 钢板桩等定型产品应有使用说明书等技术文件；

③ 钢围堰承力主体结构构件、连接件不得有显著的扭曲和侧弯变形、严重超标的挠度以及严重锈蚀剥皮等缺陷。

3）围堰构造：

① 钢围堰的侧壁结构尺寸应符合专项施工方案的要求；

② 钢围堰结构的嵌固深度和封底混凝土厚度应符合专项施工方案的要求；

③ 钢吊箱和钢套箱围堰的内支撑间距、层数、设置方式应符合专项施工方案的要求；

④ 钢管桩和钢板桩围堰应按专项施工方案的要求设置围檩和内支撑；

⑤ 钢吊箱围堰的底板结构和吊挂系统的设置应符合专项施工方案的要求。

4）制作及运输：

① 钢围堰拼装应搭设牢固可靠的作业脚手架；

② 在航道上浮运钢围堰作业前，应办理通航备案手续；

③ 钢围堰采用气囊法坡道滑移入水时，钢围堰组拼用的钢支墩的高度不应大于气囊直径的 0.6 倍，气囊的工作高度不应小于 0.3m；

④ 钢围堰采取整体浮运就位时，干舷高度不应小于 3m，浮运速度不应大于 0.5m/s，并应设置防溜绳。

5）钢围堰安装：

① 钢板桩或钢管桩围堰在施打前，其锁口应采取可靠的止水措施；

② 钢吊箱在浇筑封底混凝土前，应对底板与桩护筒之间的缝隙进行封堵；

③ 钢围堰施打或下沉应采取可靠的定位系统和导向装置；

④ 钢围堰接高或下沉作业过程中，应采取保持围堰稳定的措施，悬浮状态不得接高作业；

⑤ 施工过程中应监测水位变化，围堰内外水头差应在设计范围内；

⑥ 围堰抽水时应及时加设围檩和支撑系统；

⑦ 钢吊箱围堰应在封底混凝土达到设计强度后进行围堰内抽水并进行钢吊箱体系转换。

6）检查验收：

① 在原材料和构配件进场、围堰结构安装完成、安全防护设施安装完毕各阶段应进行分阶段验收，并应形成记录；

② 在围堰施工完成、投入使用前，应办理完工验收手续；完工验收应形成记录，并应经责任人签字确认；

③ 各阶段检查验收内容和指标应按专项施工方案和有关规定进行量化；

④ 验收合格后应在明显位置悬挂验收合格牌。

7）监测：

① 钢围堰应按有关规定编制监测方案，并应按照监测方案对围堰结构、内外部水位和相邻有影响的建（构）筑物进行监测监控；

② 钢围堰施工前应设置变形观测基准点和观测点；

③ 钢围堰布设支撑前应测读所有变形观测和水位观测的初始值；

④ 监测监控应记录监测时间、工况、监测点、监测项目和报警值；

⑤ 围堰内抽水时应对围堰各部位的变形进行监测。

（3）钢围堰**一般项目**的检查评定应符合下列规定：

1）安全使用：

① 围堰顶的高度应确保正常施工状态下围堰内不灌水；

② 使用过程中严禁私自加高钢围堰；

③ 围堰上部应设置作业平台时，施工均布荷载、集中荷载应在设计允许范围内。

2）安全防护：

① 钢围堰内外应按规定设置安全可靠的上下通道；

② 围堰临边应按规定设置防护栏杆；

③ 船舶停泊处水中围堰应设置船舶靠泊系揽桩，船舶严禁系缆于围堰结构上；

④ 通航水域围堰的临边栏杆应设置反光设施，边角处应设置红色警示灯；

⑤ 通航水域的围堰应设置确保结构不会被船舶碰撞的防撞桩；

⑥ 围堰上应配备足够的各种类型的消防、救生器材。

3）拆除：

① 钢板桩或钢管桩围堰拆除应从下游侧开始逐步向上游侧进行；

② 钢板桩或钢管桩围堰内支撑拆除应按从下往上的顺序进行，并应先拆除支撑，再拆除围檩，最后拔出钢板桩或钢管桩；

③ 钢套箱或钢吊箱围堰拆除应按照先上后下、先支撑后侧板的顺序进行；

④ 钢围堰拆除时，应采取向围堰内注水或在侧板上开连通孔，使内外水压保持平衡的措施；

⑤ 每道支撑拆除前，应按专项施工方案的规定采取换撑措施；

⑥ 钢管桩或钢板桩拔桩的起重设备应配置超载限制器，不得强制拔桩；

⑦ 从事钢围堰拆除作业潜水员应经专业机构培训，并应取得相应从业资格。

6.2.5 土石围堰工程安全检查

（1）土石围堰检查评定**保证项目**应包括：方案与交底、筑堰材料、堰身构造、围堰填筑、监测、验收。**一般项目**应包括：安全防护、拆除、河道清理（图 6.2-5）。

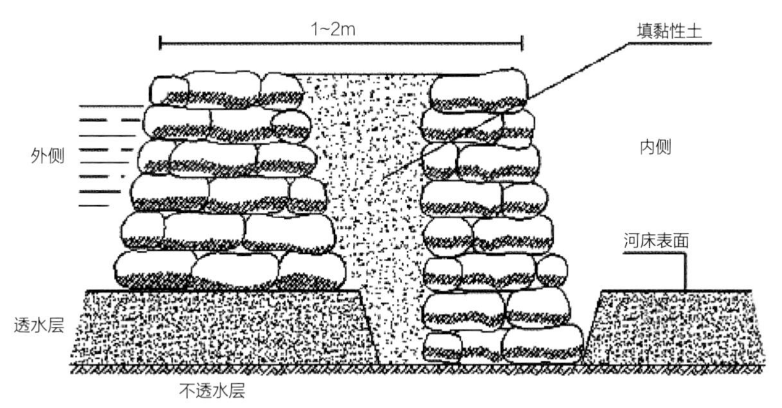

图 6.2-5 土石围堰施工

（2）土石围堰**保证项目**的检查评定应符合下列规定：

1）方案与交底：

① 土石围堰施工前应按规定编制专项施工方案，堰身应进行设计计算；

② 专项施工方案应按规定进行审核、审批；

③ 当专项施工方案需要组织论证时，应按规定组织专家论证；

④ 专项施工方案实施前，应进行安全技术交底，并应有文字记录。

2）筑堰材料：

① 土围堰筑堰材料宜采用黏性土或砂夹黏土，土袋围堰袋内填土宜采用黏性土，竹笼、木笼、铅丝笼、钢笼围岩应采用片石或卵石填筑，膜袋围岩宜采用砂或水泥固化材料填充。

② 当用草袋、麻袋等装土堆码时，袋中应装不渗水黏土，装土量为土袋容量的1/2~2/3，并缝合袋口。

3）堰身构造：

① 土石围堰的外形尺寸不应影响河道泄洪、通航能力；

② 围堰高度应高出施工期间可能出现的最高水位（包括浪高）0.5~0.7m；

③ 围堰填筑宽度应符合专项施工方案和标准要求，并能承受水压和流水冲刷作用；

④ 围堰外侧迎水面应采取防冲刷措施，防水应严密；

⑤ 围堰填筑内侧坡脚与基坑开挖边缘距离应根据河床土质和基坑深度确定，并满足专项施工方案要求，且不得小于 1m；

⑥ 堰身内外边坡坡率应符合专项施工方案和标准要求。

4）围堰填筑：

① 填筑前应按规定到相关部门办理河道施工通航备案手续；

② 围堰填筑应分层进行；

③ 筑堰前应将堰底河床处的树根、石块、杂物清除干净，堰底清理宜在小围堰保护下进行；

④ 堰体范围内的水井、泉眼、地道等应按要求处理，并应经验收形成记录备查；

⑤ 竹笼、木笼、铅丝笼、钢笼围堰在套笼下水时应打桩牢固；

⑥ 采用吸泥船吹砂筑岛，作业区内严禁其他船舶和无关人员进入，不得在承载吸泥管的浮筒上行走；

⑦ 围堰填筑应自上游开始至下游合拢。

5）监测：

① 围堰填筑及使用过程中，应对其堰身变形、渗水和冲刷情况进行监测；

② 围堰应按规定在上下游设置水位标尺，记录不同时间的水位。

6）验收：

① 围堰施工完毕，应及时组织验收，验收合格办理相关验收手续后，方可进入下道工序；

② 验收内容应量化进行，经责任人签字确认；

③ 验收合格后应在明显位置悬挂验收合格牌。

（3）土石围堰**一般项目**的检查评定应符合下列规定：

1）安全防护：

① 围堰作业区域应设置安全警戒标识，并采取隔离措施；

② 围堰上下游 100m 处，应设置航行标志；

③ 围堰周围应设置安全警示标志，夜间应设置安全警示灯；

④ 堰顶临边应按规定设置防护栏杆；

⑤ 围堰内应按标准要求设置作业人员上下坡道或梯道，通道数量不应少于 2 处，作

业位置的安全通道应畅通。

2）拆除：

① 围堰内工程基础施工完成后，应尽快将围堰拆除；

② 围堰应按从下游至上游的顺序拆除；

③ 围堰拆除不得污染水体。

3）河道清理：

① 拆除围堰弃土应按专项施工方案的规定外运，不得往河道内抛填；

② 围堰拆除后，应按照当地水务相关部门要求清理河道。

6.2.6 沉井工程安全检查

（1）沉井（图 6.2-6）检查评定应符合现行国家标准《给水排水构筑物工程施工及验收规范》GB 50141—2008《沉井与气压沉箱施工规范》GB/T 51130—2016 的规定。

（2）沉井检查评定**保证项目**应包括：方案与交底、沉井构造、筑岛、沉井制作、浮运与就位、下沉与接高、检查验收。**一般项目**应包括：封底与填充、使用与监测、安全防护。

（3）沉井**保证项目**的检查评定应符合下列规定：

图 6.2-6 沉井施工

1）方案与交底：

① 沉井施工前应根据设计文件、水文地质资料及现场的实际情况编制专项施工方案，并应进行设计计算；

② 专项施工方案应按规定进行审核、审批；

③ 当沉井深度超过一定规模时，专项施工方案应按规定组织专家论证；

④ 专项施工方案实施前，应进行安全技术交底，并应有文字记录。

2）沉井构造：

① 沉井的结构尺寸和构件的型号、间距、配筋等应符合专项施工方案的规定；

② 设置内支撑结构的沉井，其支撑间距、层数和构造应符合专项施工方案的规定；

③ 沉井的嵌固深度和封底混凝土厚度应符合专项施工方案的规定，封底混凝土的顶面高度应高出刃脚根部不小于 0.5m；

④ 筑岛沉井的刃脚垫层设计应经计算确定；垫层结构厚度和宽度应符合设计与专项施工方案要求。

3）筑岛：

① 筑岛的尺寸应满足沉井制作及抽垫等施工的要求，并应在沉井周围设置宽度满足要求的护道；

② 制作沉井的岛面、平台面和开挖基坑的坑底高程，应比施工期可能的最高水位高出 0.7m 以上；

③ 筑岛材料应采用透水性好、易于压实的砂性土或碎石土等，且不应含有影响岛体受力及抽垫下沉的块体；

④ 斜坡上筑岛时应进行计算，并应有抗滑措施；

⑤ 在淤泥等软土上筑岛时，应将软土挖除，换填或采取其他加固措施；

⑥ 无围堰筑岛的临水面坡度不应大于 1：1.75；

⑦ 岛体应牢固，地基承载力应满足设计要求。

4）沉井制作：

① 底节沉井制作用的脚手架平台和模板支撑架应搭设牢固；后续各节的模板不应支撑于地面上，模板底部距地面不应小于 1m。

② 支垫的布置应满足设计要求并应便于抽垫。

③ 支垫顶面应与钢刃脚底面贴紧，并应确保沉井重量均匀分布于各支垫上，内隔墙与井壁连接处的支垫应连成整体。

④ 底节沉井抽垫时混凝土强度应符合设计要求，并应满足抽垫后沉井受力要求。

⑤ 支垫应分区、依次、对称、同步地向沉井外抽出，并应随抽随用砂土回填捣实。

⑥ 定位支垫应最后同时抽出。

⑦ 沉井底节最小高度以及上部分节制作高度应符合设计规定，并能确保下沉过程的稳定性。

⑧ 钢沉井的分段、分块吊装单元应在胎架上组装、施焊，首节钢沉井应在坚固的台座上或支垫上进行整体拼装。

5）浮运与就位：

① 浮式沉井在下水、浮运前应进行水密性检查，对底节尚应根据其工作压力进行水压试验，合格后方可下水；

② 在航道上浮运沉井的作业前，应办理通航备案手续；

③ 浮式沉井在浮运、就位、接高的任何时间内，沉井露出水面的高度均不应小于 1m，并应考虑预留防浪高度或采取防浪措施；

④ 浮式沉井在布置锚碇体系时，应使锚绳受力均匀，并应采取适当措施避免导向船和沉井产生过大摆动或折断锚绳；

⑤ 浮式沉井采取滑移、牵引等措施下水时，沉井后侧应设置溜绳。

6）下沉与接高：

① 筑岛沉井下沉时，挖土应自井孔中间向刃脚处分层、均匀、对称进行，不得先挖沉井外圈土，由数个井室组成的沉井，应控制各井室之间除土面的标高保持一致。

② 沉井在地面上接高时，井顶露出地面不应小于 0.5m；水上沉井接高时，井顶露出水面不应小于 1.5m。

③ 带气筒的浮式沉井，气筒应采取防护措施。

④ 下沉过程中应对影响范围内的建筑物、道路或地下管线采取保护措施，并保证下沉过程和终沉时的坑底稳定。

⑤ 在刃脚或内隔墙附近开挖时，不得有人停留；对于有底梁或支撑梁的沉井，严禁人员在梁下穿越；机械取土时井内严禁站人。

⑥ 船上或支架上制作的浮式沉井，下水应在水面波浪较小时进行，有船只经过时不应入水。

⑦ 采用空气幕辅助下沉时，空气机储气罐等应由专人操作，储气罐放置地点应通风，严禁日光暴晒和高温烘烤。

⑧ 沉井接高应停止沉井内取土作业。

7）检查验收：

① 施工前应对所用的起重设备、缆绳、锚链、锚碇和导向设备进行检查；

② 在筑岛填筑完成、沉井井体制作完成后应进行验收，并留存记录；

③ 钢筋混凝土沉井，应在钢筋绑扎完毕，浇筑混凝土前按规定进行钢筋隐蔽验收；

④ 在沉井施工完成后，应办理验收手续并形成验收记录；

⑤ 各阶段检查验收内容和指标应有量化内容并经责任人签字确认。

（4）沉井**一般项目**的检查评定应符合下列规定：

1）封底与填充：

① 在降水条件下施工的干封底沉井，封底时应继续降水，并稳定保持地下水位距坑底应不小于 0.5m；

② 当采用水下封底施工时，水下封底混凝土强度达到设计强度、沉井能满足抗浮要求方可将井内水抽除；

③ 封底前，井壁内隔墙及刃脚与封底混凝土接触面处的泥污应清理干净；

④ 配合水下封底的潜水人员应经专业机构培训，并取得相应从业资格；

⑤ 井孔填充时，所采用的材料、数量及填充顺序等应符合设计规定。

2）使用与监测：

① 浮式沉井顶的高度应确保正常施工状态下沉井内不灌水；

② 沉井上部设置作业平台时，施工均布荷载、集中荷载应在设计允许范围内；

③ 下沉时应进行连续观测，并应采取措施对轴线倾斜及时进行纠偏，倾斜的沉井不得接高；

④ 沉井使用过程中应对沉井结构、水位和相邻有影响的建（构）筑物进行监测监控；

⑤ 筑岛沉井施工期间，应采取必要的防护措施保证筑岛岛体的稳定，坡面、坡脚不应被水冲刷损坏。

3）安全防护：

① 沉井临边应按规定设置防护栏杆；

② 沉井内外应按规定设置安全可靠的上下通道，各井室内应悬挂钢梯和安全绳；

③ 船舶停泊处水中沉井应设置船舶靠泊系揽桩，船舶严禁系缆于沉井结构上；

④ 通航水域沉井的临边栏杆应设置反光设施，边角处应设置红色警示灯；

⑤ 通航水域的沉井应设置确保结构不会被船舶碰撞的防撞桩；

⑥ 水中沉井上应配备足够的、各种类型的消防、救生器材。

6.2.7 脚手架安全检查

（1）脚手架设计、施工、使用和维护除应满足本节内容要求外，尚应满足《建筑施工脚手架安全技术统一标准》GB 51210—2016 的规定。

（2）脚手架施工应编制专项施工方案，超过一定规模的脚手架工程专项施工方案必须通过专家技术论证。

（3）脚手架的架体结构应满足下列功能要求：

1）能承受在施工和使用期内的设计荷载；

2）架体稳固，不发生影响正常使用的变形；

3）满足施工要求；

4）具有使用功能和安全防护功能；

5）在正常使用条件下，架体结构性能应保持稳定，不应随工程施工周期延长和施工荷载反复作用而使性能明显降低。

（4）在脚手架设计时，应根据下列要求采取有效措施，使架体结构不出现可能的损坏：

1）应辨识危险源并制定预案，使用过程中应注意预防危险的侵害；

2）架体应由多个稳定结构单元组成，当单个构件或架体局部意外受损时，架体结构的其他部分仍能保持完整，不出现连续性坍塌或整体破坏。

（5）脚手架的架体结构应是空间几何不可变的稳定结构体系；架体的构造应满足设计计算模型基本假定条件的要求。

（6）施工单位应当严格按照专项施工方案施工、不得擅自修改、调整专项方案，如因设计、结构、外部环境等因素发生变化确需调整的，专项施工方案应重新进行审核、审批，需专家技术论证的，应重新组织专家技术论证。

（7）禁止使用竹木脚手架、扣件式钢管悬挑卸料平台、扣件式钢管悬挑脚手架。禁止使用单排脚手架。

（8）脚手架不得钢木、钢竹混搭。不得将不同受力性质的架体连接在一起。

（9）脚手架构造安全检查：

1）脚手架应具有完整的架体组架方法和构造体系，应能满足各种复杂施工工况的需求，并应保证架体牢固、稳定及传力路径清晰合理。

2）脚手架架体的连接节点应具有足够的强度、刚度，应确保架体结构连接的安全可靠。脚手架杆件连接的节点，应能承受规定的抗破坏承载力、抗滑移承载力和水平拉（压）力作用，应具有规定的抗扭转刚度。

3）脚手架所用杆件、节点连接件、索具、安全装置等材料、构配件和设备应能配套使用，应能满足各种工况下架体搭设的组架方法和构造要求。

4）脚手架的搭设场地应平整坚实，回填土应分层回填逐层夯实；场地排水应顺畅，不应有积水。

（10）**扣件式钢管脚手架**除应满足本节对应内容要求外，尚应满足《建筑施工扣件式钢管脚手架安全技术规范》JGJ 130—2011 的规定。

（11）**门式钢管脚手架**除应满足本节对应内容要求外，尚应满足《建筑施工门式钢管脚手架安全技术规范》JGJ 128—2010 的规定。

（12）**碗扣件式钢管脚手架**除应满足本节对应内容要求外，尚应满足《建筑施工碗扣式钢管脚手架安全技术规范》JGJ 166—2016 的规定。

（13）**承插型盘扣式钢管脚手架**除应满足本节对应内容要求外，尚应满足《建筑施工承插型盘扣式钢管支架安全技术规程》JGJ 231—2011 的规定。

（14）**附着式升降脚手架**除应满足本节对应内容要求外，尚应满足《建筑施工工具式脚手架安全技术规范》JGJ 202—2010 的规定。

（15）**液压升降整体脚手架**除应满足本节对应内容要求外，尚应满足《液压升降整体脚手架安全技术规程》JGJ 183—2009 的规定。

（16）**高处作业吊篮**应符合《高处作业吊篮》GB/T 19155—2017 的规定。

（17）脚手架作业安全排查：

1）作业脚手架的宽度不应小于 0.8m，也不宜大于 1.2m。作业层高度不应小于 1.7m，也不宜大于 2.0m。

2）作业脚手架顶层防护栏杆应超过建筑物或构筑物边沿高度 1.8m。

3）作业脚手架必须按设计和构造要求设置连墙件，应符合下列规定：

① 连墙件必须采用可承受压力和拉力的构造，并应与建筑主体结构和架体连接牢固。

② 连墙点应均匀分布，当架体搭设高度在 40m 及以下时，每点覆盖面积不得大于 $40m^2$；当架体搭设高度超过 40m 时，每点覆盖面积不得大于 $27m^2$。

③ 连墙点竖向间距不得超过 3 步，应按 2 步 2 跨、2 步 3 跨、3 步 3 跨设置。

④ 在架体的转角处或开口型作业脚手架端部，必须增设连墙件，连墙件的垂直间距不应大于建筑物层高，且不应大于 4.0m。

4）在作业脚手架的外侧立面上应按规定设置剪刀撑或斜杆，并应符合下列要求：

① 在作业脚手架的转角处、端部由底至顶连续设置；

② 悬挑脚手架、附着式升降脚手架、防护架应连续设置。

5）作业脚手架底层立杆上应设置扫地杆。

6）作业脚手架连墙件以上架体的悬臂高度不应超过两步。

7）**悬挑脚手架**的悬挑支承结构应经过计算设置，当采用型钢梁作悬挑支承结构时，型钢悬挑梁外端应设置钢丝绳或钢拉杆与上一层建筑结构斜拉结，钢丝绳不宜参与受力计算。

8）**悬挑脚手架**的搭设除应符合落地作业脚手架的一般规定外，尚应符合下列要求：

① 悬挑支承结构应与建筑结构固定牢固，严禁悬挑支承结构晃动。

② 底层立杆应与悬挑支承结构可靠连接，不得滑动或窜动。

③ 应在底层立杆上设置纵向扫地杆（图 6.2-7）。

④ 应在架体的转角处、端部、突出外墙面结构处的底层立杆上各设置一道单跨距水平剪刀撑。

图 6.2-7　底层立杆上设置纵向扫地杆

9）**升降脚手架**应由竖向主框架、水平支承桁架、支座结构构成的主要承力结构，并应设有防倾防坠、同步升降和超载失载控制装置，应符合下列规定：

① 竖向主框架、水平支承桁架应采用桁架或刚架结构，杆件连接应采用焊接或螺栓连接，应满足可靠承载要求；

② 防倾覆装置和防坠落装置必须安全可靠；

③ 在竖向主框架所覆盖的每结构层处均应设置一道附墙支座，每个附墙支座应能承担该机位的所有荷载；

④ 在使用工况时，必须将竖向主框架与支座固定连接。

10）作业脚手架在转角处、端部、通道口处等部位或当搭设高度超过 40m 时，应采取加固措施（图 6.2-8）。

图 6.2-8　搭设高度超过 40m 时的水平加固措施

（18）**承重支架**安全排查：

1）承重支架架体的立杆间距不宜大于 1.5m，步距不应大于 1.8m。

2）承重支架的高宽比不应大于 3.0。当架体高宽比为 2.0~3.0 时，应对架体采取增强整体稳固性的防倾覆措施，可在架体的周边及内侧水平间距 6~9m、竖向间距不大于 6m 设置一道连墙件；当不能设置连墙件时，应在架体周边相同部位设置缆风绳。

3）承重支架的水平杆必须按纵横向通长满布设置，不得缺失。

4）承重支架的竖向和水平剪刀撑或斜杆应连续设置，应在立杆底部设置纵横向扫地杆。

5）承重支架宜在立杆顶部插入顶托，采用立杆中心传力的方式传递荷载。可调托座伸出顶层水平杆的悬臂长度不应大于 400mm。

6）高大承重支架（图 6.2-9）的搭设应符合下列要求：

① 立杆间距不应大于 1.2m，步距不应大于 1.5m；

② 在架体外侧周边及内部纵横向间隔不大于 6m 应连续设置一道竖向剪刀撑或斜杆；

图 6.2-9　高大承重支架

③ 沿架体高度方向间距不应大于 6m 设置一道水平剪刀撑或水平斜杆，并应在架体顶部设置；

④ 架体立杆的垂直偏差不宜大于 1/200，且不应大于 100mm；

⑤ 宜在架体周边、内部设置连墙件与建筑结构拉结。

（19）脚手架安装、拆卸与使用：

1）脚手架搭设与拆除施工前，应编制专项施工方案，对材料、构配件质量应进行检验，并应向作业人员进行施工安全技术交底。

2）脚手架的搭设或拆除应按顺序施工，应符合下列要求：

① 剪刀撑、斜杆、连墙件等架体加固件应随架体同步搭设或拆除，严禁滞后安装或先行拆除；

② 架体的安装应符合构造要求；

③ 升降脚手架的升降作业，应实行统一指挥，严密监视其运行情况。

3）脚手架在使用过程中，应经常进行检查，并进行必要的维护。

4）脚手架在使用过程中遇有下列情况时，应进行检查，确认安全后方可继续使用：

① 遇有 8 级以上大风或大雨过后，升降脚手架遇有 6 级以上大风或大雨过后；

② 停用超过 1 个月；

③ 架体遭受外力撞击等作用后；

④ 架体部分拆除；

⑤ 其他特殊情况。

5）脚手架在搭设或拆除过程中如遇停歇，应将浮搁的杆件、构配件固定或运走，防止坠落伤人。

（20）脚手架质量控制：

1）所采用的材料、构配件的品种、规格、型号、技术性能等质量特征，应符合有关标准的要求，应与专项施工方案设计相符。

2）周转使用的架体材料、构配件应制定维修检验标准，在每使用一个安装拆除周期后，应进行检验、分类、维修保养。

3）材料、构配件的现场检验可采用外观检验的方法检验，外观检验应符合下列要求：

① 材料、构配件按其品种、规格抽检比例为 1%~3%；

② 安全锁扣、防坠装置等保证安全的重要构件全数检验；

③ 经修复处理的材料、构配件抽检比例应增加一倍。

4）架体搭设的施工质量应在施工过程中、阶段使用前、搭设完工后按单位工程或施工段分批抽样检验。应符合下列要求：

① 作业脚手架每搭设 2 结构层高度、承重支架每搭设 4m 高度为一个检验批，每个检验批抽样检验数量不少于 5%；

② 升降脚手架每次升降作业前应对防倾、防坠、同步升降控制等安全装置应全数检验；

③ 悬挑脚手架的悬挑支承结构、吊篮的悬挂机构、升降脚手架的竖向主框架、水平桁架及支座应全数检验。

5）脚手架搭设质量验收时，应具备下列文件：

① 专项施工方案、设计计算书等技术文件；

② 材料、构配件合格证及检验记录；

③ 安全技术交底及搭设过程质量检验记录。

6）脚手架搭设质量合格判定，应符合下列要求：

① 验收文件齐全有效。

② 所使用的材料、构配件质量符合国家现行标准和专项施工方案设计要求。

③ 场地平整坚实，无积水，满足承载力要求；搭设在建筑结构上的架体经对建筑结构验算满足承载力要求或经验算采取了加固措施。

④ 架体的构造符合专业规范和专项施工方案设计的要求。

⑤ 架体的加固件齐全，位置正确，连接固定可靠。

⑥ 升降脚手架的防倾覆、防坠落、同步升降和超载失载控制装置齐全。

⑦ 测试和检验项目经测试或检验合格。

⑧ 安全防护设施齐全、可靠。

6.2.8 猫道安全检查

（1）猫道（图 6.2-10）检查评定**保证项目**应包括方案与交底、构配件和材质、猫道结构、猫道系统安装、检查验收、使用与监测。**一般项目**应包括猫道面层、安全防护、拆除。

图 6.2-10 猫道

（2）猫道**保证项目**的检查评定应符合下列规定：

1）猫道搭设前应编制专项施工方案；

2）猫道搭设前应编制完整的设计文件，并应对猫道系统结构、构件和附属设施进行设计，图纸和计算书应齐全；

3）专项施工方案应进行审核，审批；

4）猫道专项方案应组织专家论证；

5）专项施工方案实施前，应进行安全技术交底，并有文字记录。

（3）构配件和材质应符合下列规定：

1）猫道所用的各类钢丝绳和构配件应由专业化厂家生产、加工制作，并应有质量合格证、产品性能检测报告、材质证明，其品种、规格、型号、材质应符合设计要求；

2）猫道系统钢丝热铸锚头及所用的套筒应进行探伤检测，并应出具合格证明；

3）猫道所采用的精轧螺纹钢筋、锚具及索具（含销轴）应对原材料和加工成品件进行探伤检查和验收；

4）猫道系统所采用的液压或卷扬装置应有产品合格证；

5）构配件应无明显的变形、锈蚀及外观缺陷。

（4）猫道结构应符合下列规定：

1）猫道承重、门架支撑索在各工况下的安全系数均应符合设计要求，且小于3；

2）猫道的线型应控制在设计的范围之内；

3）猫道承重索、门架支撑索、扶手索规格、位置、间距和锚固方式应符合设计要求；

4）猫道扶手索、门架支撑索向鞍座均应按设计规定的平面位置、高程和构造方式进行设置；

5）塔顶门架、鞍部顶门架、变位钢架、回转支架、平衡重支架的构造应符合设计要求，并应牢固可靠；

6）放索场吊机、放索装置及转向滚轮锚固应符合设计要求；

7）猫道门架和横向天桥的规格、位置间距和锚固方式应符合设计要求。

（5）猫道系统安装应符合下列规定：

1）猫道系统架设应制定专项操作指导书；

2）猫道索安装应保证线形要求，并应采用猫道索上标记的位置进行辅助检查；

3）连续猫道索架设完成后，应在转索鞍处设置锁定装置进行锁定；

4）猫道承重索、扶手索、支撑索安装的过程中应无破损、无断丝等异常情况；

5）各类钢丝绳连接或锚固用卡环安装应符合设计要求，卡环数量、间距应通过计算确定；

6）猫道系统安装过程中应对塔顶位移实施监测，并应形成记录，确保塔柱底部应力在设计规定范围之内；

7）猫道系统安装过程中应监测风力变化，6级以上大风应停止安装作业；

8）猫道系统在改吊至主缆的体系转换前，应按设计要求进行后锚固系数调整。

（6）检查验收应符合下列规定：

1）猫道系统进场时应对各类钢丝绳和构配件规格、型号、尺寸和数量进行核对，检查钢丝绳、构件有无缺损，表面有无损坏和锈蚀，配件和专用工具是否齐备；

2）猫道承重索和面网施工完成后均办理专项验收手续；

3）猫道承重和面网施工完成后均应办理专项验收手续；

4）猫道系统施工完成后，应办理完工验收手续，全面建成其制作和安装质量；

5）各阶段检查验收采用经审批的表格形成记录，并应由相关责任人签字确定；

6）猫道验收合格后应在明显位置悬挂验收合格牌。

（7）猫道使用与监测应符合下列规定：

1）猫道使用中，钢丝绳、销轴、卡环、承重索锚固精轧螺纹钢筋及连接螺母应完好可靠；

2）猫道使用前，应在显著位置悬挂猫道安全使用规程；

3）主缆施工过程中应对称、平衡地将主缆放在猫道面层面层荷载不平衡不应超过设计规定；

4）猫道作业面上的施工荷载（含主缆架设计荷载）应符合设计规定；

5）在猫道转索鞍处应标记猫道承重的位置，并每日查看是否有位移；

6）猫道使用过程中应对猫道各部位的变形和位移进行监测并记录；

7）严禁在猫道承重索上进行电焊、搭火等作业；

8）严禁在猫道承重索上进行电焊、气割等作业；

9）雨雪天或风力超过猫道设计风力时，不得进行主缆架设施工；

10）施工现场应建立猫道安全技术资料档案。

（8）猫道**一般项目**的检查评定应符合下列规定：

1）猫道面层应符合下列规定：

① 猫道面层应严密、牢固铺设面网，面网孔眼内切圆直径不应大于 25mm；

② 猫道两侧的面层应按设计要求设置人行道，并应铺设防滑踏步。

2）安全防护应符合下列规定：

① 猫道应设置供人员上下专用通道，通道应与既有结构进行可靠连接；

② 猫道两侧应按临边作业要求设置防护栏杆，并应设置扶手绳、踢脚绳和侧网；

③ 跨（临）铁路、道路、航道的猫道应设置能防止穿透的防护棚。

3）猫道系统拆除应符合下列规定：

① 猫道拆除前，方案编制人员或项目技术负责人应向现场管理人员和作业人员进行安全技术交底。

② 猫道拆除过程中应设专人统一指挥；

③ 拆除作业应按专项施工方案中规定的拆除顺序实施；

④ 猫道拆除前应清理完猫道面层上面的杂物；

⑤ 当风力大于 6 级时，严禁实施猫道拆除作业；

⑥ 猫道拆除过程中垂直下方严禁人员施工，并应设置警示牌。

6.2.9 模板支撑架安全排查

（1）模板的设计、制作、安装和拆除除应满足本节内容要求外，尚应满足《建筑施工模板安全技术规范》JGJ 162—2008 的规定（图 6.2-11）。

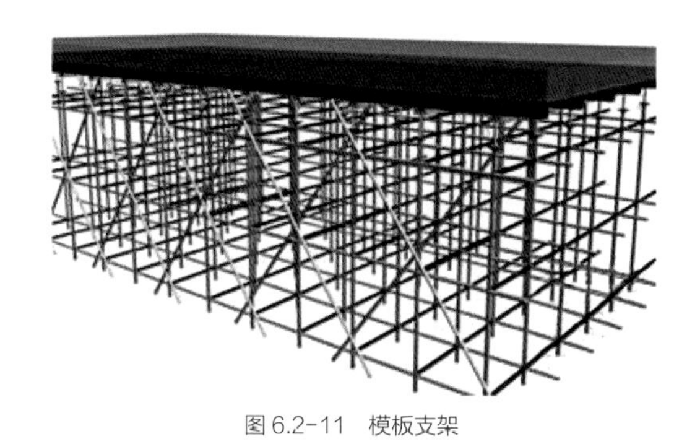

图 6.2-11 模板支架

（2）模板支架施工应编制专项施工方案。高大模板工程专项施工方案必须通过专家技术论证。

（3）模板支撑架高宽比不宜大于 3，当高宽比大于 3 时，应增设缆风绳或连柱（墙）件等架体整体稳定性加强措施。

（4）当有既有结构时，模板支撑架应与既有结构可靠连接，并宜符合下列规定：

1）竖向连接间隔不宜超过 2 步，宜布置在水平剪刀撑或水平斜杆层处；

2）水平方向连接间隔不宜超过 8m；

3）附柱（墙）拉结杆件距支撑结构主节点宜不大于 300mm；

4）当遇柱时，宜采用抱柱连接措施。

（5）承重杆件、连接件等材料进场后，应对产品合格证检验报告进行复核，并进行抽样检验。

（6）模板支撑系统的地基承载力、沉降等应满足专项施工方案设计要求。如遇松软土、回填土，应根据设计要求进行平整、夯实，并采取防水、排水措施。在模板支撑立柱底部应采用具有足够强度和刚度的垫板，必要时可采取压板试验的方法确定地基承载力。当承受荷载较大、立杆需加密时，加密区的水平杆应向非加密区延伸至少 2 跨。

（7）采用扣件式钢管模板支架时，单根立杆的轴力标准值不应大于 12kN，高大模板支撑架单根立杆的轴力标准值不应大于 10kN。

（8）模板支撑架的搭拆人员必须取得建筑脚手架特种作业人员操作证。

（9）模板支撑架搭拆前，项目部技术负责人必须对现场管理人员、作业人员进行安全技术交底。

（10）模板支撑架搭设完毕后应组织验收，验收不合格的，不得浇筑混凝土。

（11）当存在下列情况时，应对模板支撑架进行预压或监测：

1）承受重载或设计有特殊要求时；

2）特殊支撑结构或需了解其内力和变形时；

3）地基为不良的地质条件时；

4）跨空和悬挑支撑结构；

5）其他危险性较大的重要临时支撑结构。

（12）模板支撑架使用过程中，严禁拆除构配件。

（13）模板支撑架和架空输电线应保持安全距离，接地防雷措施等应符合《施工现场临时用电安全技术规范》JGJ 46—2005 的相关规定。

（14）模板支撑系统应为独立的系统，不得与脚手架、卸料平台、物料提升机及施工升降机等连接。

（15）模板支撑架构造安全排查：

1）扣件式钢管模板支撑架除应满足本节内容要求外，尚应满足《建筑施工扣件式钢管脚手架安全技术规范》JGJ 130—2011 的规定。

2）扣件式钢管模板支撑架构造应符合下列规定：

① 扫地杆、水平拉杆、剪刀撑宜采用 ø48.3mm×3.6mm 钢管，用扣件与钢管立杆扣牢；扫地杆、水平杆宜采用搭接，剪刀撑应采用搭接，搭接长度不得少于 1000mm，并应采用不少于两个旋转扣件固定。端部扣件盖板的边缘至杆端不应少于 100mm。

② 立杆接长不得采用搭接，相邻两立杆的对接接头不得在同步内，且对接接头沿竖向错开的距离不宜小于 500mm，各接头中心距主节点不宜大于步距的 1/3；严禁将上段的钢管立杆与下段钢管立杆错开固定在水平拉杆上。

③ 扣件式钢管模板支撑架必须设置纵横向扫地杆。纵向扫地杆应采用直角扣件固定在距钢管底端不大于 200mm 处的立杆上，横向扫地杆应采用直角扣件固定在紧靠纵向扫地杆下方的立杆上。

④ 当在立杆底部或顶部设置可调托座时，可调托座与钢管交接处应设置横向水平杆，托座距水平杆高度不应大于 300mm，其调节螺杆的伸缩长度不应大于 200mm，调节螺杆插入钢管内长度不得小于 150mm。

⑤ 立杆的纵横距离不应大于 1200mm；对高度超过 8m，或跨度超过 18m，或施工荷载大于 15kN/m^2，或集中线荷载大于 20kN/m 的模板支架，立杆的纵横水平杆距离除满足设计要求外，且不应大于 900mm。

⑥ 主节点处必须设置纵、横向水平杆，用直角扣件扣接且严禁拆除；每步的纵、横向水平杆应双向拉通。

⑦ 模板支撑架应按下列规定设置剪刀撑：

（A）模板支撑架四周应满布竖向剪刀撑（图 6.2-12），中间每隔四排立杆设置一道纵、横向竖向剪刀撑，由底至顶连续设置；

（B）模板支撑架四边与中间每隔四排立杆从顶层开始向下每隔 2 步设置一道水平剪刀撑。

图 6.2-12　竖向剪刀撑

⑧ 钢管立柱底部应设厚度不小于 50mm 的垫木和底座，顶部宜采用 U 形可调支托，U 形支托与托梁两侧间隙应楔紧，其螺杆伸出钢管顶部不得大于 200mm，螺杆外径与立柱钢管内径的间隙不得大于 3mm，螺杆插入钢管的长度不应小于 150mm。

⑨ 当立杆基础不在同一高度时，必须将高处的纵向扫地杆应向低处延长两跨与立杆固定；靠边坡上方的立杆轴线到边坡的距离不得小于 500mm。

3）门式钢管模板支撑架除应满足本节内容要求外，尚应满足《建筑施工门式钢管脚手架安全技术规范》JGJ 128—2010 的规定。

4）门式钢管模板支撑架的构造应符合下列规定：

① 门架的跨距和间距应根据支撑架的高度、荷载计算和构造要求确定，跨距不宜大于 1.5m，净间距不宜大于 1.2m。

② 模板手架高宽比不应大于 3，搭设高度不宜大于 24m。

③ 门架立杆上宜设置托座和托梁；支撑架宜采用调节架、可调托座调整高度；可调托座调节螺杆高度不宜大于 300mm，调节杆插入门架立杆的长度不应小于 150mm。

④ 支撑架底部应设置纵、横向扫地杆，在每步门架两侧立杆应设置纵、横向水平加固杆，并应采用扣件与门架立杆扣紧。

⑤ 支撑架在四周和内部纵横向应与结构柱、墙进行刚性连接，连接点应设在水平剪刀撑或水平加固杆设置层，并应与水平杆连接。

⑥ 支撑架应设置剪刀撑对架体进行加固（图 6.2-13）。在支架的外侧周边及内部纵横向每隔 6~8m，应由底至顶设置连续竖向剪刀撑；搭设高度 8m 及以下时，在顶层应设置连续的水平剪刀撑；搭设高度超过 8m 时，在顶层和竖向每隔 4 步及以下应设置连续的水平剪刀撑；水平剪刀撑宜在竖向剪刀撑斜杆交叉层设置。

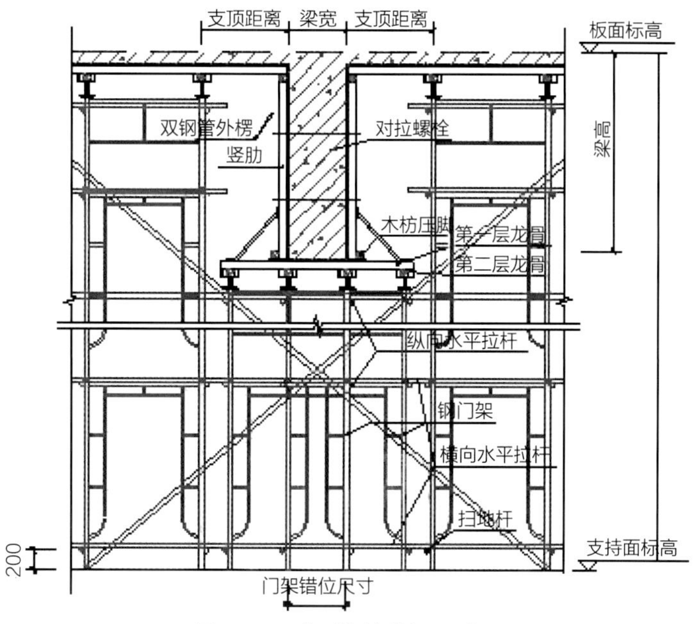

图 6.2-13 剪刀撑对架体加固示意图

5）碗扣件式钢管模板支撑架除应满足本节内容要求外，尚应满足《建筑施工碗扣式钢管脚手架安全技术规范》JGJ 166—2016 的规定。

6）碗扣件式钢管模板支撑架的构造应符合下列规定：

① 模板支撑架应根据所承受的荷载选择立杆的间距和步距。底层纵、横向水平杆作为扫地杆时，距地面高度不应大于 350mm；立杆底部应设置可调底座或固定底座；立杆上端可调螺杆伸出顶层水平杆的长度不应大于 500mm。

② 模板支撑架高宽比应不大于 2，当高宽比大于 2 时，应可采取扩大下部架体尺寸或其他构造加强措施。

③ 支架立杆上端应采用 U 形托撑，支撑应在主楞（梁）底部。

④ 碗扣件式钢管模板支撑架剪刀撑、斜杆设置应符合下列规定：

（A）当立杆间距大于 1.5m 时，应在拐角处设置通高专用斜杆，中间每排每列应设置通高八字形斜杆或剪刀撑。

（B）当立杆间距小于或等于 1.5m 时，模板支撑架四周从底部到顶部连续设置竖向剪刀撑；中间纵、横向由底部至顶部连续设置竖向剪刀撑，其间距应不大于 4.5m。

（C）剪刀撑的斜杆与地面夹角应在 45° ~60° ，斜杆应每步与立杆扣接。

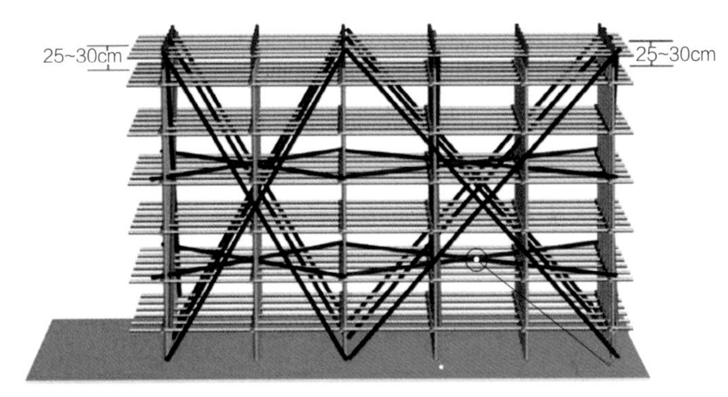

图 6.2-14　水平剪刀撑设置

⑤ 当模板支撑架高度大于 4.8m 时，顶端和底部必须设置水平剪刀撑（图 6.2-14），中间水平剪刀撑设置间距应不大于 4.8m。

7）承插型盘扣式钢管模板支撑架除应满足本节内容要求外，尚应满足《建筑施工承插型盘扣式钢管支架安全技术规程》JGJ 231—2011 的规定。

8）承插型盘扣式钢管模板支撑架的构造应符合下列规定。

① 模板支撑架搭设高度不宜大于 24m，当大于时，应另行专项设计。

② 模板支撑架应根据施工方案计算得出的立杆排架尺寸选用定长的水平杆，并应根据支撑高度组合套插的立杆段、可调托座和可调底座。

③ 模板支撑架剪刀撑、斜杆设置应符合《建筑施工承插型盘扣式钢管支架安全技术规程》JGJ 231—2011 的规定。

④ 高大模板支撑架架体最顶层的水平杆的步距应比标准步距缩小一个盘扣间距。

⑤ 模板支撑架应设置水平扫地杆，可调底座调节螺母离地高度不得大于 300mm，作为扫地杆的水平杆离地高度应小于 550mm；当单肢立杆荷载设计值不大于 40kN 时，底层的水平杆步距按标准步距设置，且应设置竖向斜杆；当单肢立杆荷载设计值大于 40kN 时，底层的水平杆应比标准步距缩小一个盘扣间距，且应设置竖向斜杆。

⑥ 模板支撑架可调托座伸出顶层水平杆或双槽钢托梁的悬臂长度严禁超过 650mm，且丝扣外露长度不得大于 400mm，可调托座插入立杆长度不得小于 150mm。

（16）支架的安装与拆卸安全排查：

1）模板及支撑体系安装拆除顺序及安全措施应按施工专项方案进行施工。支模应按规定的作业程序进行，模板未固定前不得进行下一道工序。严禁在连接件和支撑件上攀登，并严禁在同一垂直面安装拆除模板。

2）支撑架基础承载力应满足设计要求，并应有排水措施。垫板和底座应有足够强度和支撑面积，且应中心承载。

3）模板及其支架在安装过程中，必须设置有效防倾覆的临时固定措施。

4）当模板安装高度大于 3m 时，必须搭设脚手架或操作平台。

5）搭设悬挑形式的模板时，应有稳定的立足点。搭设临空构筑物模板时，应搭设支架。模板上有预留洞时，应在安装后将洞覆盖牢固。

6）施工荷载应符合设计要求。模板支撑架不得与脚手架、操作架等混搭。严禁在模板支撑架上固定、架设混凝土泵、泵管及起重设备等。

7）模板支撑拆除前，混凝土强度必须达到设计要求，并经过项目技术负责人和监理工程师审批同意后，才能进行。

8）拆除高处作业时，应配备登高用具或搭设支架，严禁拆除人员将安全带挂在即将拆除的模板或支撑上。

9）模板和支撑架的拆除顺序宜采取先支的后拆、后支的先拆、非承重模板先拆、承重模板后拆，并应从上而下进行拆除，严禁上下同时作业。分段拆除高差不应大于 2 步。

10）模板的拆除作业区应设围栏。作业区内不得有其他工程作业，并设专人监护。严禁其他作业人员入内。

11）拆下的模板、杆件等应及时运至地面，严禁抛扔，不得集中堆放在未拆的架体上。

（17）支撑架检查验收和使用：

1）模板支撑架及其基础应在下列阶段进行检查验收：

① 支架基础完工后及支架搭设前；

② 作业层上施加荷载前；

③ 每搭设完 4~6m 高度后；

④ 达到设计高度后；

⑤ 遇到 6 级以上大风、大雨后施工前；

⑥ 停用超过 1 个月恢复使用前；

⑦ 架体受到外力撞击后；

⑧ 架体部分拆除后。

2）模板支撑架检查验收应符合下列规定：

① 支撑系统搭设前，应由项目技术负责人组织对需处理或加固的地基、基础进行验收，并留存记录。

② 模板支撑架投入使用前，应由监理单位组织验收。监理工程师、项目负责人、项目技术负责人和相关人员参加模板支撑架验收；高大模板支撑架检查验收按住建部《危险性较大的分部分项工程安全管理办法》实施。

③ 应有支架产品标识、主要技术参数、使用说明书和质量合格证；

④ 模板支撑架验收应根据专项施工方案，检查现场实际搭设与方案的符合性；施工过程中检查项目应符合下列要求：

（A）立柱底部基础应回填夯实；

（B）垫木应满足设计要求；

（C）底座位置应正确，顶托螺杆伸出长度应符合规定；

（D）立柱的规格尺寸和垂直度应符合要求，不得出现偏心荷载，立柱应无悬空；

（E）扫地杆、水平拉杆、剪刀撑等设置应符合规定，固定可靠；

（F）安装后的扣件螺栓扭紧力矩应达到 40~65N · m，抽检数量应符合规范要求；

（G）水平杆扣件接头与立杆连接盘的插销应击紧至所需插入深度的标志刻度；

（H）上碗扣应锁紧。

3）模板支撑架使用应符合下列规定：

① 在使用过程中，立柱底部不得松动悬空，不得任意拆除任何杆件，不得用作缆风绳的拉结。

② 当模板支撑架基础或相邻处有设备基础、管沟时，在支架使用期间不得开挖，否则必须采取加固措施。

③ 施工中应避免模板支撑架产生偏心、振动和冲击。

④ 混凝土浇筑应符合专项施工方案要求，并确保支撑系统受力均匀；混凝土浇筑过程中，应均匀浇筑，不得超高堆置，不得采用使支撑架产生偏心荷载是浇筑顺序；作业层上的施工荷载应符合设计要求，不得超载；采用泵送混凝土时，应随浇捣随平整，混凝土不得堆积在泵送管口。

⑤ 支撑系统搭设、拆除及混凝土浇筑过程中，应设专人检查看护；发现险情，应立即停止施工并采取应急措施。

4）作业面位于孔洞及临边作业时，必须佩戴安全带，并设置可靠安全带挂点。

5）在支模时，操作人员不得站在支撑杆件上操作，应铺设脚手板；在模板上运送混凝土，应设置走道板，并安装牢固。

6）在模板上施工时，堆物不应过多，不应集中堆放。严禁临边堆放。

7）当架体基础为斜面时，应有防止支撑架立杆滑移措施；倾斜结构的模板支撑架应增加斜撑等加固措施。

（18）支撑架监测：

1）模板支撑架应按相关规定编制监测方案。监测方案应包括测点布置、监测方法、监测人员及主要仪器设备、监测频率和监测报警值等。

2）监测的内容应包括支撑结构的位移监测和内力监测。

3）位移监测点的布置可分为基准点和位移监测点。其布设应符合下列规定：

① 每个支撑结构应设基准点；

② 在支撑结构的顶层、底层及每 5 步设置位移监测点；

③ 监测点应设在角部和四边的中部位置。

4）当支撑结构需进行内力监测时，其测点布置宜符合下列规定：

① 宜在单元框架或单元桁架中受力大的立杆布置测点；

② 宜在单元框架或单元桁架的角部立杆布置测点；

③ 高度区间内测点数量不应少于 3 个。

5）监测点应稳固、明显，应设监测装置和监测点的保护措施。

6）监测项目的监测频率应根据支撑结构规模、周边环境、自然条件、施工阶段等确定。位移监测频率不应少于 1 次 /d，内力监测频率不应少于 1 次 /2h。监测数据变化量较大或速率加快时，应提高监测频率。

7）当出现下列情况之一时，应立即启动安全应急预案：

① 监测数据达到报警值时；

② 支撑结构的荷载突然发生意外变化时；

③ 周边场地出现突然较大沉降或严重开裂的异常变化时。

8）监测报警值应采用监测项目的累积变化量和变化速率值进行控制，并应满足表 6.2-1 规定。

监测报警值 **表6.2-1**

监测指标	限值
内力	设计计算值
	近 3 次读数平均值的 1.5 倍
位移	水平位移：H/300
	近 3 次读数平均值的 1.5 倍

9）高大模板支撑系统宜委托专业检测机构进行支撑架监测。监测内容应包括架体基础变形、立杆垂直度、水平挠度、立杆轴力等。

6.2.10 高处作业安全排查

（1）高处作业除应满足本节内容要求外，尚应满足《建筑施工高处作业安全技术规范》JGJ 80—2016 的规定。

（2）在施工组织设计或施工技术方案中应按相关规定并结合工程特点编制包括临边与洞口作业、攀登与悬空作业、操作平台、交叉作业及安全网搭设的安全防护技术措施等内容的高处作业安全技术措施。

（3）高处施工作业前，应对安全防护设施进行检查、验收，验收合格后方可进行作业。

（4）高处作业施工前，应对作业人员进行安全技术教育及交底，并应配备相应防护用品。

（5）高处作业施工前，应检查高处作业的安全标志、安全设施、工具、仪表、防火设施、电气设施和设备，确认其完好，方可进行施工。

（6）高处作业人员应按规定正确佩戴和使用高处作业安全防护用品、用具，并应经专人检查。

（7）对施工作业现场所有可能坠落的物料，应及时拆除或采取固定措施。高处作业所用的物料应堆放平稳，不得妨碍通行和装卸。工具应随手放入工具袋；作业中的走道、通道板和登高用具，应随时清理干净；拆卸下的物料及余料和废料应及时清理运走，不得任意放置或向下丢弃。传递物料时不得抛掷。

（8）当遇有6级以上（风速10.8m/s）强风、浓雾等恶劣气候，不得进行露天攀登与悬空高处作业。台风暴雨后，应对高处作业安全设施进行检查，当发现有松动、变形、损坏或脱落等现象时，应立即修理完善，维修合格后再使用。

（9）需要临时拆除或变动安全防护设施时，应采取能代替原防护设施的可靠措施，作业后应立即恢复。

（10）安全防护设施验收资料应包括下列主要内容：

1）施工组织设计中的安全技术措施或专项方案；

2）安全防护用品用具产品合格证明；

3）安全防护设施验收记录；

4）预埋件隐蔽验收记录；

5）安全防护设施变更记录及签证。

（11）安全防护设施验收应包括下列主要内容：

1）防护栏杆立杆、横杆及挡脚板的设置、固定及其连接方式；

2）攀登与悬空作业时的上下通道、防护栏杆等各类设施的搭设；

3）操作平台及平台防护设施的搭设；

4）防护棚的搭设；

5）安全网的设置情况；

6）安全防护设施构件、设备的性能与质量；

7）各类设施所用的材料、配件的规格及材质；

8）设施的节点构造及其与建筑物的固定情况，扣件和连接件的紧固程度。

（12）安全防护设施的验收应按类别逐项检查，验收合格后方可使用，并应形成验收记录。

（13）各类安全防护设施，应建立定期、不定期的检查和维修保养制度，发现隐患应及时采取整改措施。

（14）安全帽、安全网、安全带

1）施工现场使用的安全帽、安全网、安全带应抽样检测合格方可使用。

2）进入施工现场作业区必须戴好安全帽。安全帽应正确使用，扣好帽带。不得使用缺衬、缺带及破损的安全帽。

3）安全帽必须有产品质量合格证和检测报告。严禁使用无证不合格产品。其材质应符合《安全帽》GB 2811—2007的规定，性能应符合《安全帽测试方法》GB/T 2812—2006的规定。

4）施工现场应根据使用部位和使用需要，选择符合现行标准要求的、合适的密目式安全立网、立网和平网。严禁用密目式安全立网、立网代替平网使用。

5）密目式安全网必须采用 2000 目 /100mm × 100mm 的安全网。规格为 1.8m × 6m，单张网重量应不少于 3kg。

6）安全网必须有产品生产许可证、质量合格证和检测报告，其材质和性能应符合《安全网》GB 5725—2009 的规定。

7）密目式安全网宜挂在杆件内侧。安全网应绷紧、扎牢，拼接严密，相邻网之间应紧密结合或重叠，空隙不得超过 80mm，绑扎点间距不得大于 500mm。不得使用破损的安全网。

8）施工现场高处作业应系安全带，宜使用速差式（可卷式）安全带。

9）安全带应做到高挂低用，挂在牢固可靠处，不准将绳打结使用。

10）安全带必须有产品生产许可证、质量合格证和检测报告，其材质应符合《安全带》GB 6095—2009 的规定，性能应符合《安全带测试方法》GB/T 6096—2009 的规定。安全带使用 2 年后应做批量抽检。

6.2.11 临边与洞口作业安全排查

（1）坠落高度基准面 2m 及以上进行临边作业时，应在临空一侧设置防护栏杆，并应采用密目式安全立网或工具式栏板封闭。

（2）分层施工的楼梯口、楼梯平台和梯段边，应安装防护栏杆；外设楼梯口、楼梯平台和梯段边还应采用密目式安全立网封闭。

（3）建筑物外围边沿处，应采用密目式安全立网进行全封闭，有外脚手架的工程，密目式安全立网应设置在脚手架外侧立杆上，并与脚手杆紧密连接；没有外脚手架的工程，应采用密目式安全立网将临边全封闭。

（4）施工升降机、龙门架和井架物料提升机等各类垂直运输设备设施与建筑物间设置的通道平台两侧边，应设置防护栏杆、挡脚板，并应采用密目式安全立网或工具式栏板封闭。

（5）各类垂直运输接料平台口应设置高度不低于 1.80m 的防护门，并应设置防外开装置；多笼井架物料提升机通道中间，应分别设置隔离设施。

（6）在洞口作业时，应采取防坠落措施，并应符合下列规定：

1）当垂直洞口短边边长小于 500mm 时，应采取封堵措施；当垂直洞口短边边长大于或等于 500mm 时，应在临空一侧设置高度不小于 1.2m 的防护栏杆，并应采用密目式安全立网或工具式栏板封闭，设置挡脚板；

2）当非垂直洞口短边尺寸为 25~500mm 时，应采用承载力满足使用要求的盖板覆盖，盖板四周搁置应均衡，且应防止盖板移位；

3）当非垂直洞口短边边长为 500~1500mm 时，应采用专项设计盖板覆盖，并应采取固定措施；

4）当非垂直洞口短边长大于或等于 1500mm 时，应在洞口作业侧设置高度不小于 1.2m 的防护栏杆，并应采用密目式安全立网或工具式栏板封闭；洞口应采用安全平网封闭。

5）施工现场通道附近的洞口、坑、沟、槽、高处临边等危险作业处，应悬挂安全警示标志外，夜间应设灯光警示。

6）边长不大于 500mm 洞口所加盖板，应能承受不小于 1.1kN/m^2 的荷载。

7）临边作业的防护栏杆应由横杆、立杆及不低于 180mm 高的挡脚板组成，并应符合下列规定：

① 防护栏杆应为两道横杆，上杆距地面高度应为 1.2m，下杆应在上杆和挡脚板中间设置。当防护栏杆高度大于 1.2m 时，应增设横杆，横杆间距不应大于 600mm；

② 防护栏杆立杆间距不应大于 2m。

8）防护栏杆立杆底端应固定牢固，并应符合下列规定：

① 当在基坑四周土体上固定时，应采用预埋或打入方式固定。当基坑周边采用板桩时，如用钢管作立杆，钢管立杆应设置在板桩外侧；

② 当采用木立杆时，预埋件应与木杆件连接牢固。

9）护栏杆杆件的规格及连接，应符合下列规定：

① 当采用钢管作为防护栏杆杆件时，横杆及栏杆立杆应采用脚手钢管，并应采用扣件、焊接、定型套管等方式进行连接固定；

② 当采用其他型材作防护栏杆杆件时，应选用与脚手钢管材质强度相当规格的材料，并应采用螺栓、销轴或焊接等方式进行连接固定。

10）栏杆立杆和横杆的设置、固定及连接，应确保防护栏杆在上下横杆和立杆任何处，均能承受任何方向的最小 1kN 外力作用，当栏杆所处位置有发生人群拥挤、车辆冲击和物件碰撞等可能时，应加大横杆截面或加密立杆间距。

11）防护栏杆应张挂密目式安全立网（图 6.2-15）。

6.2.12 攀登与悬空作业安全检查

（1）施工技术方案中应明确施工中使用的登高和攀登设施，人员登高应借助建筑结构或脚手架的上下通道、梯子及其他攀登设施和用具。

（2）攀登作业所用设施和用具的结构构造应牢固可靠；作用在踏步上的荷载在踏板上的荷载不应大于 1.1kN，当梯面上有特殊作业，重量超过上述荷载时，应按实际情况验算。

（3）不得两人同时在梯子上作业。在通道处使用梯子作业时，应有专人监护或设置围栏。脚手架操作层上不得使用梯子进行作业。

（4）便携式梯子制作和使用，应符合现行国家标准《便携式金属梯安全要求》

图 6.2-15　防护栏杆张挂密目式安全立网

GB 12142—2007 和《便携式木折梯安全要求》GB 7059—2007。

（5）固定式直梯制作和使用，符合现行国家标准《固定式钢梯及平台安全要求 第 1 部分：钢直梯》GB 4053.1—2009 的规定。

（6）当安装钢柱或钢结构时，应使用梯子或其他登高设施。当钢柱或钢结构接高时，应设置操作平台。当无电焊防风要求时，操作平台的防护栏杆高度不应小于 1.2m；有电焊防风要求时，操作平台的防护栏杆高度不应小于 1.8m。

（7）深基坑施工，应设置扶梯、入坑踏步及专用载人设备或斜道等，采用斜道时，应加设间距不大于 400mm 的防滑条等防滑措施。严禁沿坑壁、支撑或乘运土工具上下。

（8）悬空作业应设有牢固的立足点，并应配置登高和防坠落的设施。

（9）构件吊装和管道安装时的悬空作业应符合下列规定：

1）钢结构吊装，构件宜在地面组装，安全设施应一并设置；吊装时，应在作业层下方设置一道水平安全网（图 6.2-16）。

2）吊装钢筋混凝土梁、柱等大型构件前，应在构件上预先设置登高通道、操作立足点等安全设施；

3）在高空安装大模板、吊装第一块预制构件或单独的大中型预制构件时，应站在作业平台上操作；

4）当吊装作业利用吊车梁等构件作为水平通道时，临空面的一侧应设置连续的栏杆等防护措施。当采用钢索作安全绳时，钢索的一端应采用花篮螺栓收紧；当采用钢丝绳作安全绳时，绳的自然下垂度不应大于绳长的 1/20，并应控制在 100mm 以内；

5）钢结构安装施工宜在施工层搭设水平通道，水平通道两侧应设置防护栏杆，当利用钢梁作为水平通道时，应在钢梁一侧设置连续的安全绳，安全绳宜采用钢丝绳；

6）钢结构、管道等安装施工的安全防护设施宜采用标准化、定型化产品。

（10）严禁在未固定、无防护的构件及安装中的管道上作业或通行。

（11）模板支撑体系搭设和拆卸时的悬空作业，应符合下列规定：

1）模板支撑应按规定的程序进行，不得在连接件和支撑件上攀登上下，不得在上下同一垂直面上装拆模板；

图 6.2-16 钢结构安全网设置

2）在 2m 以上高处搭设与拆除柱模板及悬挑式模板时，应设置操作平台；

3）在进行高处拆模作业时应配置登高用具或搭设支架。

（12）绑扎钢筋和预应力张拉时的悬空作业应符合下列规定：

1）绑扎立柱和墙体钢筋，不得站在钢筋骨架上或攀登骨架；

2）在 2m 以上的高处绑扎柱钢筋时，应搭设操作平台；

3）在高处进行预应力张拉时，应搭设有防护挡板的操作平台。

（13）混凝土浇筑与结构施工时的悬空作业应符合下列规定：

1）浇筑高度 2m 以上的混凝土结构构件时，应设置脚手架或操作平台；

2）悬挑的混凝土梁、檐、外墙和边柱等结构施工时，应搭设脚手架或操作平台，并应设置防护栏杆，采用密目式安全立网封闭。

6.2.13 操作平台安全检查

（1）操作平台应进行设计计算，架体构造与材质应满足相关现行标准规定。面积、高度或荷载超过规定的，应编制专项施工方案。

（2）操作平台的架体应采用钢管、型钢等组装，并应符合现行标准《钢结构设计标准》GB 50017—2017 及相关脚手架标准规定。平台面铺设的钢、木或竹胶合板等材质的脚手板，应符合强度要求，并应平整满铺及可靠固定。

（3）操作平台的临边应按规定设置防护栏杆，单独设置的操作平台应设置供人上下、踏步间距不大于 400mm 的扶梯。

（4）操作平台投入使用时，应在平台的内侧设置标明允许负载值的限载牌，物料应及时转运，不得超重与超高堆放。

（5）移动式操作平台的面积不应超过 $10m^2$，高度不应超过 5m，高宽比不应大于 3：1，施工荷载不应超过 $1.5kN/m^2$。

（6）移动式操作平台在移动时，操作平台上不得站人（图 6.2-17）。

（7）落地式操作平台的架体构造应符合下列规定：

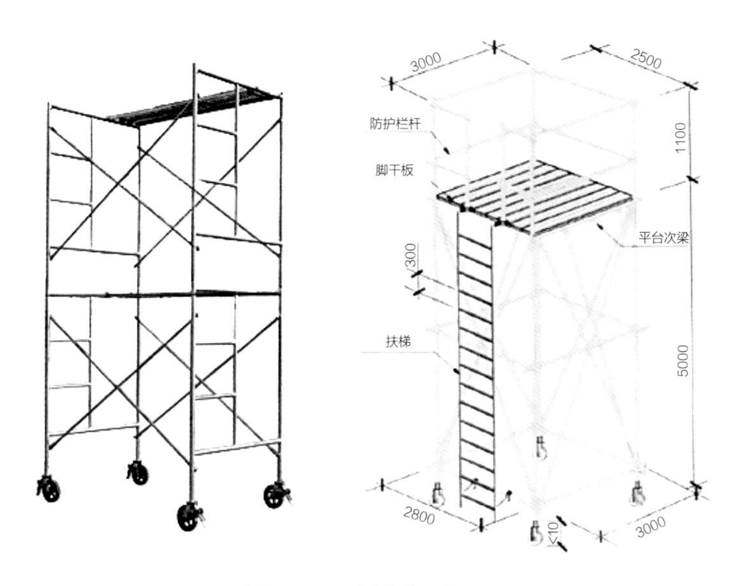

图 6.2-17　移动作业平台

1）落地式操作平台的面积不应超过 $10m^2$，高度不应超过 15m，高宽比不应大于 2.5：1；

2）施工平台的施工荷载不应超过 $2.0kN/m^2$，接料平台的施工荷载不应超过 $3.0kN/m^2$；

3）落地式操作平台应独立设置，并应与建筑物进行刚性连接，不得与脚手架连接；

4）用脚手架搭设落地式操作平台时其结构构造应符合相关脚手架规范的规定，在立杆下部设置底座或垫板、纵向与横向扫地杆，在外立面设置剪刀撑或斜撑；

5）落地式操作平台应从底层第一步水平杆起逐层设置连墙件且间隔不应大于 4m，同时应设置水平剪刀撑。连墙件应采用可承受拉力和压力的构造，并应与建筑结构可靠连接。

（8）落地式操作平台的搭设材料及搭设技术要求应符合相关脚手架规范的规定。

（9）落地式操作平台应按相关脚手架规范的规定计算受弯构件强度、连接扣件抗滑承载力、立杆稳定性、连墙杆件强度与稳定性及连接强度、立杆地基承载力等。

（10）落地式操作平台一次搭设高度不应超过相邻连墙件以上两步。

（11）落地式操作平台的拆除应由上而下逐层进行，严禁上下同时作业，连墙件应随工程施工进度逐层拆除。

（12）落地式操作平台应符合有关脚手架规范的规定，检查与验收应符合下列规定：

1）搭设操作平台的钢管和扣件应有产品合格证；

2）搭设前应对基础进行检查验收，搭设中应随施工进度按结构层对操作平台进行检查验收；

3）遇 6 级以上大风、雷雨等恶劣天气及停用超过一个月恢复，使用前应进行检查；

4）操作平台使用中，应定期进行检查。

（13）悬挑式操作平台的设置应符合下列规定：

1）悬挑式操作平台的搁置点、拉结点、支撑点应设置在主体结构上，且应可靠连接；

2）未经专项设计的临时设施上，不得设置悬挑式操作平台；

3）悬挑式操作平台的结构应稳定可靠，且其承载力应符合使用要求。

（14）悬挑式操作平台的悬挑长度不宜大于 5m，承载力需经设计验收。

（15）采用斜拉方式的悬挑式操作平台应在平台两边各设置前后两道斜拉钢丝绳，每一道均应做单独受力计算和设置。

（16）采用支承方式的悬挑式操作平台，应在钢平台的下方设置不少于两道的斜撑，斜撑的一端应支承在钢平台主结构钢梁下，另一端支承在建筑物主体结构。

（17）采用悬臂梁式的操作平台，应采用型钢制作悬挑梁或悬挑桁架，不得使用钢管，其节点应是螺栓或焊接的刚性节点，不得采用扣件连接。当平台板上的主梁采用与主体结构预埋件焊接时，预埋件、焊缝均应经设计计算，建筑主体结构需同时满足强度要求。

（18）悬挑式操作平台安装吊运时应使用起重吊环，与建筑物连接固定时应使用承载吊环。

（19）当悬挑式操作平台安装时，钢丝绳应采用专用的卡环连接，钢丝绳卡数量应与钢丝绳直径相匹配，且不得少于 4 个。钢丝绳卡的连接方法应满足规范要求。建筑物锐角利口周围系钢丝绳处应加衬软垫物。

（20）悬挑式操作平台的外侧应略高于内侧，外侧应安装固定的防护栏杆并应设置防护挡板完全封闭。

6.2.14 交叉作业安全检查

（1）施工现场立体交叉作业时，下层作业的位置，应处于坠落半径之外，模板、脚手架等拆除作业应适当增大坠落半径。当达不到规定时，应设置安全防护棚，下方应设置警戒隔离区。

（2）施工现场人员进出的通道口应搭设防护棚。

（3）处于起重设备的起重机臂回转范围之内的通道，顶部应搭设防护棚。

（4）操作平台内侧通道的上下方应设置阻挡物体坠落的隔离防护措施。

（5）防护棚的顶棚使用竹笆或胶合板搭设时，应采用双层搭设，间距不应小于 700mm；当使用木板时，可采用单层搭设，木板厚度不应小于 50mm，或可采用与木板等强度的其他材料搭设。防护棚的长度应根据建筑物高度与可能坠落半径确定。

（6）当建筑物高度大于 24m 并采用木板搭设时，应搭设双层防护棚，两层防护棚的间距不应小于 700mm。

（7）防护棚的架体构造、搭设与材质应符合设计要求。

（8）悬挑式防护棚悬挑杆的一端应与建筑物结构可靠连接。

（9）不得在防护棚棚顶堆放物料。

6.2.15 施工用电安全检查

1. 一般规定

（1）施工用电除应满足本节内容要求外，尚应满足《施工现场临时用电安全技术规范》JGJ 46—2005 的规定。

（2）建筑施工现场临时用电工程专用的电源中性点直接接地的 220/380V 三相四线制低压电力系统，必须符合下列规定：

1）采用三级配电系统；

2）采用 TN－S 接零保护系统；

3）采用二级漏电保护系统。

（3）施工现场临时用电设备在 5 台及以上或设备总容量在 50kW 及以上者，应编制用电组织设计；施工现场临时用电设备在 5 台以下和设备总容量在 50kW 以下者，应制定安全用电和电气防火措施。

（4）临时用电组织设计及变更时，必须履行“编制、审核、批准”程序，由电气工程技术人员组织编制，经相关部门审核及具有法人资格企业的技术负责人批准后实施。变更用电组织设计时应补充有关图纸资料。

（5）临时用电工程必须经编制、审核、批准部门和使用单位共同验收，合格后方可投入使用。

（6）电工必须经过按国家现行标准考核合格后，持证上岗工作；其他用电人员必须通过相关安全教育培训和技术交底，考核合格后方可上岗工作。

（7）安装、巡检、维修或拆除临时用电设备和线路，必须由电工完成，并应有人监护。电工等级应同工程的难易程度和技术复杂性相适应。

（8）施工现场临时用电必须建立安全技术档案，并应包括下列内容：

1）用电组织设计的全部资料；

2）修改用电组织设计的资料；

3）用电技术交底资料；

4）用电工程检查验收表；

5）电气设备的试、检验凭单和调试记录；

6）接地电阻、绝缘电阻和漏电保护器漏电动作参数测定记录表；

7）定期检（复）查表；

8）电工安装、巡检、维修、拆除工作记录。

（9）临时用电工程应定期检查。定期检查时，应复查接地电阻值和绝缘电阻值。

（10）临时用电工程定期检查应按分部、分项工程进行，对安全隐患必须及时处理，并应履行复查验收手续。

2. 外电保护

（1）在建工程不得在外电架空线路正下方施工、搭设作业棚、建造生活设施或堆放构件、架具、材料及其他杂物等。

（2）在建工程（含脚手架）的周边与外电架空线路的边线之间的最小安全操作距离应符合表 6.2-2 规定。

在建工程（含脚手架）的周边与架空线路的边线之间的最小安全操作距离　　表6.2-2

外电线路电压等级（kV）	<1	1~10	35~100	220	330~500
最小安全操作距离（m）	4.0	6.0	8.0	10	15

注：上、下脚手架的斜道不宜设在有外电线路的一侧。

（3）施工现场的机动车道与外电架空线路交叉时，架空线路的最低点与路面的最小垂直距离应符合表 6.2-3 规定。

施工现场的机动车道与架空线路交叉时的最小垂直距离　　表6.2-3

外电线路电压等级（kV）	<1	1~10	35
最小垂直距离（m）	6.0	7.0	7.0

（4）起重机严禁越过无防护设施的外电架空线路作业。在外电架空线路附近吊装时，起重机的任何部位或被吊物边缘在最大偏斜时与架空线路边线的最小安全距离电压应符合表 6.2-4 规定。

起重机与架空线路边线的最小安全距离电压（kV）　　表6.2-4

安全距离	<1	10	35	110	220	330	500
沿垂直方向	1.5	3.0	4.0	5.0	6.0	7.0	8.5
沿水平方向	1.5	2.0	3.5	4.0	6.0	7.0	8.5

（5）施工现场开挖沟槽边缘与外电埋地电缆沟槽边缘之间的距离不得小于 0.5m。

（6）当达不到本条第 2~4 条中的规定时，必须编制外电线路防护方案，采取绝缘隔离防护措施，并应悬挂醒目的警告标志。架设防护设施时，必须经有关部门批准，采用线路暂时停电或其他可靠的安全技术措施，并应有电气工程技术人员和专职安全人员监护。

（7）防护设施应坚固、稳定，且对外电线路的隔离防护应达到 IP30 级。

（8）当防护措施与外电线路之间最小安全距离达不到表 6.2-5 的规定时，必须与有关部门协商，采取停电、迁移外电线路或改变工程位置等措施，未采取上述措施的严禁施工。

防护措施与外电线路之间最小安全距离 表6.2-5

外电线路电压等级（kV）	≤10	35	110	220	330	500
最小安全距离（m）	1.7	2.0	2.5	4.0	5.0	6.0

（9）脚手架的上下斜道严禁搭设在有外电线路的一侧。

（10）现场临时设施搭设、建筑起重机械安装位置等应避开有外电线路一侧。

3. 接地与接零保护系统（图 6.2-18）

（1）在施工现场专用变压器的供电的 TN-S 接零保护系统中，电气设备的金属外壳必须与保护零线连接。保护零线应由工作接地线、配电室（总配电箱）电源侧零线或总漏电保护器电源侧零线处引出。

（2）施工现场与外电线路共用同一供电系统时，电气设备的接地、接零保护应与原系统保持一致。不得一部分设备做保护接零，另一部分设备做保护接地。 采用 TN 系统做保护接零时，工作零线（N 线）必须通过总漏电保护器，保护零线（PE 线）必须由电源进线零线重复接地处或总漏电保护器电源侧零线处，引出形成局部 TN-S 接零保护系统。

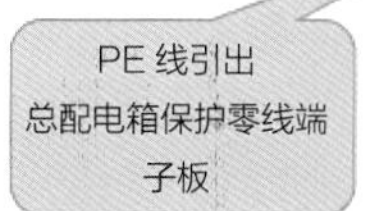

图 6.2-18 连续接地

（3）在 TN 接零保护系统中，通过总漏电保护器的工作零线与保护零线之间不得再做电气连接。

（4）在 TN 接零保护系统中，PE 零线应单独敷设。重复接地线必须与 PE 线相连接，严禁与 N 线相连接。

（5）施工现场的临时用电电力系统严禁利用大地作相线或零线。

（6）PE 线所用材质与相线、工作零线（N 线）相同时，其最小截面应符合表 6.2-6 的规定。PE 线的绝缘颜色为绿 / 黄双色。PE 线截面与相线截面的关系见表 6.2-6。

PE线截面与相线截面的关系 **表6.2-6**

相线截面S（mm^2）	PE线最小截面（mm^2）
$S \leqslant 16$	S
$16 < S \leqslant 35$	16
$S > 35$	$S/2$

（7）保护零线必须采用绝缘导线。配电装置和电动机械相连接的 PE 线应为截面不小于 2.5mm^2 的绝缘多股铜线。手持式电动工具的 PE 线应为截面不小于 1.5mm^2 的绝缘多股铜线。

（8）PE 线上严禁装设开关或熔断器，严禁通过工作电流，且严禁断线。

（9）配电箱金属箱体、施工机械、照明器具、电气装置的金属外壳及支架等不带电的外露导电部分应做保护接零，与保护零线的连接应采用铜鼻子连接。

（10）城防、人防、隧道等潮湿或条件特别恶劣施工现场的电气设备必须采用保护接零。

（11）单台容量超过 100kVA 或使用同一接地装置并联运行且总容量超过 100kVA 的电力变压器或发电机的工作接地电阻值不得大于 4Ω。

（12）TN 系统中的保护零线除必须在配电室或总配电箱处做重复接地外，还必须在配电系统的中间处和末端处做重复接地。在 TN 系统中，保护零线每一处重复接地装置的接地电阻值不应大于 10Ω。在工作接地电阻值允许达到 10Ω 的电力系统中，所有重复接地的等效电阻值不应大于 10Ω。

（13）在 TN 系统中，严禁将单独敷设的工作零线再做重复接地。

（14）每一接地装置的接地线应采用 2 根及以上导体，在不同点与接地体做电气连接。不得采用铝导体作接地体或地下接地线。垂直接地体宜采用角钢、钢管或光面圆钢，不得采用螺纹钢。接地可利用自然接地体，但应保证其电气连接和热稳定。

（15）做防雷接地机械上的电气设备，所连接的 PE 线必须同时做重复接地，同一台机械电气设备的重复接地和机械的防雷接地可共用同一接地体，但接地电阻应符合重复接地电阻值的要求。

4. 变配电管理（图 6.2-19）

图 6.2-19　电箱设置

（1）配电室应靠近电源，并应设在灰尘少、潮气少、振动小、无腐蚀介质、无易燃易爆物及道路畅通的地方。

（2）配电室和控制室应能自然通风，并应采取防止雨水侵入和动物进入的措施。

（3）配电室布置应符合下列要求：

1）配电柜正面的操作通道宽度，单列布置或双列背对背布置不小于 1.5m，双列面对面布置不小于 2m；

2）配电柜后面的维护通道宽度，单列布置或双列面对面布置不小于 0.8m，双列背对背布置不小于 1.5m，个别地点有建筑物结构凸出的地方，则此点通道宽度可减少 0.2m；

3）配电柜侧面的维护通道宽度不小于 1m；

4）配电室的顶棚与地面的距离不低于 3m；

5）配电室内设置值班或检修室时，该室边缘距配电柜的水平距离大于 1m，并采取屏障隔离；

6）配电室内的裸母线与地向垂直距离小于 2.5m 时，采用遮栏隔离，遮栏下通道的高度不小于 1.9m；

7）配电室围栏上端与其正上方带电部分的净距不小于 0.075m；

8）配电装置的上端距顶棚不小于 0.5m；

9）配电室的建筑物和构筑物的耐火等级不低于 3 级，室内配置砂箱和可用于扑灭电气火灾的灭火器；

10）配电室的门向外开，并配锁；

11）配电室的照明分别设置正常照明和事故照明

（4）配电柜应装设电度表，并应装设电流、电压表。电流表与计费电度表不得共用一组电流互感器。

（5）配电柜应装设电源隔离开关及短路、过载、漏电保护电器。电源隔离开关分断时应有明显可见分断点。配电柜应编号，并应有用途标记。

（6）配电柜或配电线路停电维修时，应挂接地线，并应悬挂“禁止合闸、有人工作”停电标志牌。停送电必须由专人负责。

（7）配电定应保持整洁，不得堆放任何妨碍操作、维修的杂物。

（8）发电机组及其控制、配电、修理室等可分开设置；在保证电气安全距离和满足防火要求情况下可合并设置。

（9）发电机组的排烟管道必须伸出室外。发电机组及其控制、配电室内必须配置可用于扑火电气火灾的灭火器，严禁存放贮油桶。

（10）发电机组电源必须与外电线路电源连锁，严禁并列运行。

（11）发电机控制屏宜装设下列仪表：

1）交流电压表；

2）交流电流表；

3）有功功率表；

4）电度表；

5）功率因数表；

6）频率表；

7）直流电流表。

（12）发电机供电系统应设置电源隔离开关及短路、过载、漏电保护电器。电源隔离开关分断时应有明显可见分断点。

（13）发电机组并列运行时，必须装设同期装置，并在机组同步运行后再向负载供电。

5. 配电线路

（1）电缆中必须包含全部工作芯线和用作保护零线或保护线的芯线。需要三相四线制配电的电缆线路必须采用五芯电缆。五芯电缆必须包含淡蓝、绿/黄二种颜色绝缘芯线。淡蓝色芯线必须用作N线。绿/黄双色芯线必须用作PE线，严禁混用。

（2）电缆线路应采用埋地或架空敷设，严禁沿地面明设，并应避免机械损伤和介质腐蚀。埋地电缆路径应设方位标志。

（3）埋地敷设宜选用铠装电缆；当选用无铠装电缆时，应能防水、防腐。架空敷设宜选用无铠装电缆。

（4）电缆直接埋地敷设的深度不应小于0.7m，并应在电缆紧邻上、下、左、右侧均匀敷设不小于50mm厚的细砂，然后覆盖砖或混凝土板等硬质保护层。

（5）埋地电缆在穿越建筑物、构筑物、道路、易受机械损伤、介质腐蚀场所及引出地面从2.0m高到地下0.2m处，必须加设防护套管，防护套管内径不应小于电缆外径的1.5倍。

（6）埋地电缆与附近外电电缆和管沟的平行间距不得小于2m，交叉间距不得小于1m。

（7）埋地电缆的接头应设在地面上的接线盒内，接线盒应能防水、防尘、防机械损伤，并应远离易燃、易爆、易腐蚀场所。

（8）架空电缆应沿电杆、支架或墙壁敷设，并采用绝缘子固定，绑扎线必须采用绝缘线，固定点间距应保证电缆能承受自重所带来的荷载，敷设高度应符合架空线路敷设高度的要求，但沿墙壁敷设时最大弧垂距地不得小于2.0m。

（9）架空电缆严禁沿脚手架、树木或其他设施敷设。

（10）在建工程内的电缆线路必须采用电缆埋地引入，严禁穿越脚手架引入。电缆垂直敷设应充分利用在建工程的竖井、垂直孔洞等，并宜靠近用电负荷中心，固定点每结构层不得少于一处。电缆水平敷设宜沿墙或门口刚性固定，最大弧垂距地不得小于 2.0m。

（11）室内配线应根据配线类型采用瓷瓶、瓷（塑料）夹、嵌绝缘槽、穿管或钢索敷设。潮湿场所或埋地非电缆配线必须穿管敷设，管口和管接头应密封；当采用金属管敷设时，金属管必须做等电位连接，且必须与 PE 线相连接。室内配线必须采用绝缘导线或电缆。

6. 配电箱及开关箱

（1）配电系统应设置配电柜或总配电箱、分配电箱、开关箱，实行三级配电、三级保护，各级配电箱中均应安装漏电保护器（图 6.2-20）。

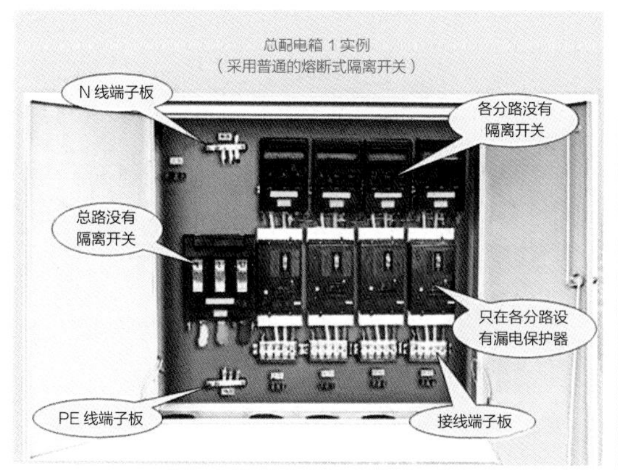

图 6.2-20 配电箱开关箱

（2）总配电箱以下可设若干分配电箱，分配电箱以下可设若干开关箱。总配电箱应设在靠近电源的区域，分配电箱应设在用电设备或负荷相对集中的区域，分配电箱与开关箱的距离不得超过 30m，开关箱与其控制的固定式用电设备的水平距离不宜超过 3m。

（3）每台用电设备必须有各自专用的开关箱，严禁用同一个开关箱直接控制 2 台及 2 台以上用电设备（含插座）。

（4）动力配电箱与照明配电箱、动力开关箱与照明开关箱均应分设。

（5）配电箱、开关箱应装设在干燥、通风及常温场所，不得装设在有严重损伤作用的瓦斯、烟气、潮气及其他有害介质中，亦不得装设在易受外来固体物撞击、强烈振动、液体浸溅及热源烘烤场所。否则，应予清除或做防护处理。

（6）配电箱、开关箱周围应有足够 2 人同时工作的空间和通道，不得堆放任何妨碍操作、维修的物品，不得有灌木、杂草。

（7）配电箱、开关箱应装设端正、牢固。固定式配电箱、开关箱的中心点与地面的垂直距离应为 1.4~1.6m。移动式配电箱、开关箱应装设在坚固、稳定的支架上。其中心点与地面的垂直距离宜为 0.8~1.6m。

（8）配电箱的电器安装板上必须分设 N 线端子板和 PE 线端子板。N 线端子板必须与金属电器安装板绝缘；PE 线端子板必须与金属电器安装板做电气连接。进出线中的 N 线必须通过 N 线端子板连接； PE 线必须通过 PE 线端子板连接。

（9）配电箱、开关箱的金属箱体、金属电器安装报板以及电器正常不带电的金属底座、外壳等必须通过 PE 线端子板与 PE 线做电气连接，金属箱门与金属箱体必须通过采用编织软铜线做电气连接。

（10）配电箱、开关箱中导线的进线口和出线口应设在箱体的下底面。配电箱、开关箱的进、出线口应配置固定线卡，进出线应加绝缘护套并成束卡固在箱体上，不得与箱体直接接触。移动式配电箱、开关箱的进、出线应采用橡皮护套绝缘电缆，不得有接头。

（11）配电箱、开关箱外形结构应能防雨、防尘。

（12）配电箱、开关箱内的电器必须可靠、完好，严禁使用破损、不合格的电器。

（13）总配电箱的电器应具备电源隔离，正常接通与分断电路，以及短路、过载、漏电保护功能。电器设置应符合下列原则：

1）当总路设置总漏电保护器时，还应装设总隔离开关、分路隔离开关以及总断路器、分路断路器或总熔断器、分路熔断器。当所设总漏电保护器是同时具备短路、过载、漏电保护功能的漏电断路器时，可不设总断路器或总熔断器。

2）当各分路设置分路漏电保护器时，还应装设总隔离开关、分路隔离开关以及总断路器、分路断路器或总熔断器、分路熔断器。当分路所设漏电保护器是同时具备短路、过载、漏电保护功能的漏电断路器时，可不设分路断路器或分路熔断器。

3）隔离开关应设置于电源进线端，应采用分断时具有可见分断点，并能同时断开电源所有极的隔离电器。如采用分断时具有可见分断点的断路器，可不另设隔离开关。

4）熔断器应选用具有可靠灭弧分断功能的产品。

5）总开关电器的额定值、动作整定值应与分路开关电器的额定值、动作整定值相适应。

（14）分配电箱位装设总隔离开关、分路隔离开关以及总断路器、分路断路器或总熔断器、分路熔断器。

（15）开关箱必须装设隔离开关、断路器或熔断器，以及漏电保护器。

（16）配电箱、开关箱应有名称、用途、分路标记及系统接线图。

（17）配电箱、开关箱应定期检查、维修。检查、维修人员必须是专业电工；检查、维修时必须按规定穿绝缘鞋、戴手套，必须使用电工绝缘工具，并应做检查、维修工作记录。

（18）对配电箱、开关箱进行定期维修、检查时，必须将其前一级相应的电源隔离开关分闸断电，并悬挂“禁止合闸、有人工作”停电标志牌，严禁带电作业。

（19）施工现场停止作业 1h 以上时，应将动力开关箱断电上锁。

（20）配电箱、开关箱内不得放置任何杂物，并应保持整洁，不得随意拉接其他用电设备。

（21）配电箱、开关箱内的电器配置和接线严禁随意改动。熔断器的熔体更换时，严禁采用不符合原规格的熔体代替。漏电保护器每天使用前应启动漏电试验按钮试跳一次，试跳不正常时严禁继续使用。

7. 现场照明

（1）照明器的选择必须按下列环境条件确定：

1）正常湿度一般场所，选用开启式照明器；

2）潮湿或特别潮湿场所，选用密闭型防水照明器或配有防水灯头的开启式照明器；

3）含有大量尘埃但无爆炸和火灾危险的场所，选用防尘型照明器；

4）有爆炸和火灾危险的场所，按危险场所等级选用防爆型照明器；

5）存在较强振动的场所，选用防振型照明器；

6）有酸碱等强腐蚀介质场所，选用耐酸碱型照明器。

（2）照明器具和器材的质量应符合国家现行有关强制性标准的规定，不得使用绝缘老化或破损的器具和器材。

（3）下列特殊场所应使用安全特低电压照明器：

1）隧道、人防工程、高温、有导电灰尘、比较潮湿或灯具离地面高度低于 2.5m 等场所的照明，电源电压不应大于 36V；

2）潮湿和易触及带电体场所的照明，电源电压不得大于 24V；

3）特别潮湿场所、导电良好的地面、锅炉或金属容器内的照明，电源电压不得大于 12V。

（4）使用行灯应符合下列要求：

1）电源电压不大于 36V；

2）灯体与手柄应坚固、绝缘良好并耐热耐潮湿；

3）灯头与灯体结合牢固，灯头无开关；

4）灯泡外部有金属保护网；

5）金属网、反光罩、悬吊挂钩固定在灯具的绝缘部位上。

（5）照明变压器必须使用双绕组型安全隔离变压器，严禁使用自耦变压器。

（6）照明系统宜使三相负荷平衡，其中每一单相回路上，灯具和插座数量不宜超过 25 个，负荷电流不宜超过 15A。

（7）照明灯具的金属外壳必须与 PE 线相连接，照明开关箱内必须装设隔离开关、短路与过载保护电器和漏电保护器。

（8）室外 220V 灯具距地面不得低于 3m，室内 220V 灯具距地不得低于 2.5m。

普通灯具与易燃物距离不宜小于 300mm；聚光灯、碘钨灯等高热灯具与易燃物距离不宜小于 500mm，且不得直接照射易燃物。

（9）灯具内的接线必须牢固，灯具外的接线必须做可靠的防水绝缘包扎。

（10）灯具的相线必须经开关控制，不得将相线直接引入灯具。

（11）对夜间影响飞机或车辆通行的在建工程及机械设备，必须设置醒目的红色信号灯，其电源应设在施工现场总电源开关的前侧，并应设置外电线路停止供电时的应急自备电源。

8. 电器装置

（1）配电箱、开关箱内的电器必须可靠、完好，严禁使用破损、不合格的电器。

（2）开关箱必须装设隔离开关、断路器或熔断器，以及漏电保护器。隔离开关应采用分断时具有可见分断点，能同时断开电源所有极的隔离电器，并应设置于电源进线端。容量大于 3.0kW 的动力电路应采用断路器控制，操作频繁时还应附设接触器或其他启动控制装置。

（3）开关箱中漏电保护器的额定漏电动作电流不应大于 30mA，额定漏电动作时间不应大于 0.1s。使用于潮湿或有腐蚀介质场所的漏电保护器应采用防溅型产品，其额定漏电动作电流不应大于 15mA，额定漏电动作时间不应大于 0.1s。

（4）总配电箱中漏电保护器的额定漏电动作电流应大于 30mA，定漏电动作时间应大于 0.1s，但其额定漏电动作电流与额定漏电动作时间的乘积不应大于 30mA · s。

（5）总配电箱和开关箱中漏电保护器的极数和线数必须与其负荷侧负荷的相数和线数一致。

（6）配电箱、开关箱的电源进线端严禁采用插头和插座做活动连接。

（7）对混凝土搅拌机、钢筋加工机械、木工机械、盾构机械等设备进行清理、检查、维修时，必须首先将其开关箱分闸断电，呈现可见电源分断点，并关门上锁。

6.2.16 起重机械设备安全检查

1. 一般规定

（1）起重机械设备的安全监督管理需符合《中华人民共和国特种设备安全法》《建设工程安全生产管理条例》和《建筑起重机械安全监督管理规定》等法律、法规的规定。

（2）起重机械设备的设计、制造、安装、改造、维修、使用、报废、检查等须符合《起重机械安全规程》GB 6067.1~6076.7—2010、《起重设备安装工程施工及验收规范》GB 50278—2010、《建筑机械使用安全技术规程》JGJ 33—2012、《施工现场机械设备检查技术规范》JGJ 160—2016 等规程、规范的相关规定。

（3）出租单位的建筑起重机械和使用单位购置、租赁、使用的建筑起重机械应当具有特种设备制造许可证、产品合格证、设备安装使用说明书，并向负责特种设备安全监督管理的部门办理使用登记，取得使用登记证书。

（4）从事建筑起重机械安装、拆卸活动的单位（以下简称安装单位）应依法取得建设行政主管部门颁发的相应资质和建筑施工企业安全生产许可证，并在其资质许可范围内承揽建筑起重机械安装、拆卸工程。安装拆卸的特种作业人员必须经过专门的安全作业培训，并取得特种作业操作的资格证书后，方可上岗作业。

（5）建筑起重机械租赁单位、安装单位和使用单位应明确各自的安全职责。承租方应向取得相应资质和安全生产许可证的租赁企业承租建筑起重机械，并签订租赁合同，合同中应明确双方的安全生产责任。实行施工单位总承包的，施工总承包单位应当与安装单位签订建筑起重机械安装、拆卸工程合同和安全生产协议书，并配备机械安全员，安装单位操作人员应持证上岗。

（6）安装单位应编制建筑起重机械安装、拆卸工程专项施工方案，并由本单位技术负责人签字和盖单位公章后报送总包单位和监理单位审核、审批。专项施工方案经审核、审批后方可进行安装、拆卸作业。安装单位应在安装、拆卸作业前 3 个工作日内，向工程所在地县级以上地方人民政府建设行政主管部门办理建筑起重机械安装、拆卸告知手续。

（7）安装单位作业人员进入施工现场作业前，总包单位应对作业人员进行验证和安全教育，并督促安装单位对其作业人员进行安全技术交底。安装单位应当按照建筑起重机械安装、拆卸工程专项施工方案及安全操作规程组织安装、拆卸作业，并派专业技术人员，专职安全管理人员进行现场监督。总包单位应派专职安全管理人员和专业技术人员对安装、拆卸作业进行全过程监控。监理单位应派专业监理工程师对安装、拆卸作业进行旁站监理。

（8）建筑起重机械安装完毕后，安装单位应当出具安装自检合格证明，并委托具有相应资质的检验检测机构进行检测。检验检测机构检测合格后，使用单位应当组织出租、安装、监理等有关单位进行验收，经验收合格后方可投入使用。

（9）出租单位应当向使用单位提供建筑起重机械使用说明书并进行安全使用说明。建筑起重设备使用单位应当在设备投入使用前或者投入使用后 30 日内，向负责特种设备安全监督管理的部门办理使用登记，取得使用登记证书。登记标志应当置于该建筑设备的显著位置。

（10）使用单位应当对在用的建筑起重机械的安全附件及其安全保护装置、吊具、索具进行经常性维护保养和定期自行检查，并按要求进行定期校验、检修并做好记录。建筑起重机械租赁合同对建筑起重机械的检查、维护和保养另有约定的，应遵从其约定。

（11）出租单位自出租建筑起重机械给使用单位，使用单位应当建立建筑起重机械安全技术档案。安装单位应当建立建筑起重机械安装、拆卸工程档案。

（12）安装单位、使用单位、施工总承包单位、监理单位应当按照相关规定的要求履行各自的安全生产职责。建筑起重机械特种操作人员应当持有效相应特种设备作业证进行建筑起重设备操作，操作人员应遵守建筑机械安全操作规程和安全管理制度，在作业中有权拒绝违章指挥和强令冒险作业。有权在发生危及人身安全的紧急情况时立即停止作业或采取必要的应急措施后撤危险区域。

（13）提倡建筑起重机械安装视频监控系统，保证设备的使用安全。

（14）进入施工现场的建筑起重机械必须是完好设备，建筑起重机械的变幅限位器、力矩限制器、起重量限制器、防坠安全器、钢丝绳防脱装置、防脱钩装置以及各种行程限位开关等安全保护装置，必须齐全有效，严禁随意调整或拆除。严禁利用限制器和限位装置代替操纵机构。

（15）施工现场应提供符合起重机械作业要求的通道和电源等工作场地和作业环境。基础与地基承载能力应满足起重机械的安全使用要求。

（16）建筑起重机械安装工、司机、信号司索工作业时应密切配合，按规定的指挥信号执行。当信号不清或错误时，操作人员应拒绝执行。操作人员在作业前应对行驶道路、架空电线、建（构）筑物等现场环境以及起吊重物进行全面了解。

2. 塔式起重机

（1）塔式起重机须符合《塔式起重机安全规程》GB 5144—2006 及《塔式起重机》GB/T 5031—2008 的相关规定。塔式起重机安装、使用、拆卸除时，尚须符合《建筑施工塔式起重机安装、使用、拆卸安全技术规程》JGJ 196—2010 的相关规定（图 6.2-21）。

图 6.2-21　塔式起重机

（2）安装、拆卸、验收与使用：

1）安装、拆卸单位应具有相应起重设备安装工程专业承包资质和安全生产许可证。

2）确定塔式起重机的安装位置应考虑塔式起重机能否按产品说明书的拆卸方法正常拆卸，若不能正常拆卸，应有特殊的方法，并在方案中加以说明。

3）安装、拆卸应制订专项施工方案，并经过审核、审批。

4）安装、拆卸作业人员不得少于 8 人，其中安装拆卸工 4 人，信号、司索工 2 人，塔吊司机 1 人，电工 1 人；安装拆卸工、起重司机、起重信号工、司索工等特种作业操作人员应具有建筑施工特种作业操作资格证书。

5）顶升过程中，每顶升完一节后，应将标准节与回转下支座可靠连接后，才能吊运另一标准节。

6）安装完毕应履行验收程序，验收报告记录应由责任人签字确认；安装单位自检合格后，应经有关相应资质的检验检测机构检测合格后，方可使用。

7）塔式起重机班组人员配备应相对固定，每班 3 人，其中指挥工 2 名，双班作业每台机班组应配备 6 人。

8）塔式起重机作业前应按规定进行例行检查，并应填写检查记录；实行多班作业时，应按规定填写交接班记录。

9）自升式塔式起重机进行升降作业时，应先对液压系统进行检查和试机，应在空载的情况下对液压缸活塞进行伸缩 3~4 次，检查无误后方可进行标准节的升降作业。每降一节标准节，应将回转下支座与塔身标准节可靠连接后，才能吊运拆出的标准节。

10）塔式起重机的力矩限制器、重量限制器、变幅限位器、行走限位器、高度限位器等安全保护装置不得随意调整和拆除，严禁用限位装置代替操纵机构。

11）在塔式起重机的安装、使用及拆卸阶段，进入现场的作业人员必须佩戴安全帽、防滑鞋、安全带等防护用品，无关人员严禁进入作业区域内。在安装、拆卸作业期间应设警戒区。

（3）多塔作业：

1）多塔作业并可能相互干涉时，应制订群塔作业的专项施工方案并经过审批。

2）任意两台塔式起重机之间的最小架设距离应符合下列规定

① 低位塔式起重机的起重臂端部与另一台塔式起重机的塔身之间的距离不得小于 2m；

② 高位塔式起重机的最低位置的部件（或吊钩升至最高点或平衡重的最低部位）与低位塔式起重机中处于最高位置部件之间的垂直距离不得小于 2m。

（4）基础与轨道：

1）塔式起重机基础应按国家现行标准和产品说明书所规定的要求进行设计、施工、检测和验收。

2）基础应设置排水措施。

3）板式基础应进行抗倾覆稳定性和地基承载力验算。

4）预埋螺栓应冒出锁紧螺帽 2~3 倍螺距。

5）路基箱或枕木铺设应符合产品说明书及规范要求。

6）轨道铺设应符合产品说明书及规范要求。

（5）结构设施：

1）主要结构件的变形、锈蚀应在规范允许范围内。

2）平台、走道、梯子、护栏的设置应符合规范要求。

3）高强螺栓、销轴、紧固件的紧固、连接应符合规范要求，高强螺栓应使用力矩扳手或专用工具固紧。

4）禁止擅自在塔式起重机上安装非原制造厂制造的标准节。

（6）附着装置与夹轨器：

1）当塔式起重机高度超过产品说明书规定时，应安装附着装置，附着装置安装应符合产品说明书及规范要求。

2）当附着装置的水平距离不满足产品说明书要求时，应进行设计计算和审批。

3）安装内爬式塔式起重机的建筑承载结构应进行受力计算。

4）附着前塔身垂直度不应大于 4/1000，附着后塔身垂直度不应大于 2/1000。

5）着装置的构件和预埋件应由原制造厂家或由具有相应能力的企业制作。

6）行走式塔式起重机必须安装夹轨器，保证起重机在非工作状态风荷载和外力作用下能保持静止。

（7）荷载限定装置：

1）塔式起重机应安装起重量限制器并应灵敏可靠。当起重量大于相应挡位的额定值小于该额定值的 110% 时，应切断上升方向的电源，但机构可做下降方向的运动。

2）塔式起重机应安装起重力矩限制器并应灵敏可靠。当起重力矩大于相应工况下的额定值并小于该额定值的 110% 时，应切断上升和幅度增大方向的电源，但机构可做下降和减小幅度方向的运动。

3）塔式起重机的力矩限制器应不超过 3 个月进行一次检测，检测应吊标准重量进行测试。

（8）行程限位装置：

1）塔式起重机应安装起升高度限位器，起升高度限位器的安全越程应符合规范要求，并应灵敏可靠。

2）小车变幅的塔式起重机应安装小车行程限位开关。动臂变幅的塔式起重机应安装臂架幅度限位开关，并应灵敏可靠。

3）回转部分不设集电器的塔式起重机应安装回转限位器，并应灵敏可靠。

4）行走式塔式起重机应安装行走限位器，并应灵敏可靠。

（9）保护装置：

1）小车变幅的塔式起重机，应安装断绳保护及断轴保护装置，并应符合规范要求。

2）行车和小车变幅的轨道行程末端均应安装缓冲器及止挡装置，并应符合规范要求。

3）起重臂根部铰点高度大于 50m 的塔式起重机应安装风速仪，并应灵敏可靠。

4）当塔式起重机顶部高度大于 30m 且高于周围建筑物时，应安装障碍指示灯。

（10）吊钩、滑轮、卷筒与钢丝绳：

1）吊钩应安装钢丝绳防脱钩装置并应完整可靠，吊钩的磨损、变形应在规定允许范围内。

2）滑轮、卷筒均应安装钢丝绳防脱装置并应完整可靠，滑轮、卷筒的磨损、变形应在规定允许范围内。

3）钢丝绳的磨损、变形、锈蚀应在规定允许范围内，钢丝绳的规格、固定、缠绕应符合说明书及规范要求；钢丝绳固定在转筒上的安全圈数不应少于 3 圈。

（11）电气与避雷：

1）塔式起重机应采用 TN-S 接零保护系统供电。

2）塔式起重机与架空线路的安全距离和防护措施应符合规范要求。

3）塔式起重机应安装避雷接地装置，并应符合规范要求。

4）电缆的使用及固定应符合规范要求。

（12）塔式起重机连接件及其防松防脱件严禁用其他代用品代用。连接件及其防松防脱件应使用力矩扳手或专用工具紧固连接螺栓。

（13）有下列情况之一的塔式起重机严禁使用：

1）国家明令淘汰的产品；

2）超过规定使用年限经评估不合格的产品；

3）不符合国家现行相关标准的产品；

4）没有完整安全技术档案的产品。

（14）塔式起重机在安装前和使用过程中，发现有下列情况之一的，不得安装和使用：

1）结构件上有可见裂纹和严重锈蚀的；

2）主要受力构件存在塑性变形的；

3）连接件存在严重磨损和塑性变形的；

4）钢丝绳达到报废标准的；

5）安全装置不齐全或失效的。

（15）塔式起重机的使用年限不得超过以下规定：

1）出厂年限超过 10 年的 630kN · m 以下塔式起重机；

2）出厂年限超过 15 年的 630~1250kN · m 以下塔式起重机；

3）出厂年限超过 20 年的 1250kN · m 以下塔式起重机。

（16）出厂期限满 5 年的塔式起重机，对结构主要受力部位进行无损检测。超过 5 年的，每满 2 年应检测一次。

3. 高处作业吊篮

（1）施工现场使用的吊篮除应符合本节内容要求外，尚须符合《高处作业吊篮》GB/T 19155—2017 的规定（图 6.2-22）。

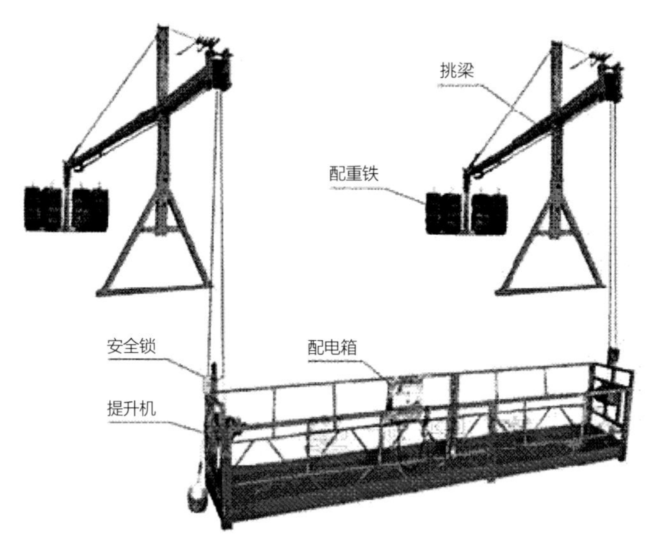

图 6.2-22 高处吊篮

（2）施工方案：

1）吊篮安装、拆卸作业应编制专项施工方案，悬挂吊篮的支撑结构承载力应经过验算。

2）吊篮安装、拆卸的专项施工方案应按规定进行审批。

（3）安全装置：

1）吊篮应安装防坠安全锁，并应灵敏有效。

2）防坠安全锁必须在有效标定期限内使用，有效标定期限不大于 1 年。

3）吊篮应安装上行程限位装置，并应灵敏可靠。

4）吊篮必须设有在断电时使悬吊平台平稳下降的手动滑降装置，并应灵敏可靠。

（4）悬挂机构：

1）悬挂机构前支架严禁支撑在女儿墙上、女儿墙外或建筑物外挑檐边缘。

2）悬挂机构前梁外伸长度应符合产品说明书规定。

3）前支架应与支撑面垂直且脚轮不应受力。

4）前支架调节杆应固定在上支架与悬挑梁连接的结点处。

5）严禁使用破损的配重件或其他替代物。

6）配重件的重量应符合产品说明书规定。

（5）钢丝绳：

1）钢丝绳磨损、断丝、变形、锈蚀应在规范允许范围内。

2）钢丝绳应单独设置，型号规格应与工作钢丝绳一致。

3）吊篮运行时，安全绳应张紧悬垂。

4）利用吊篮进行电焊作业应对钢丝绳应采取保护措施。

（6）安装：

1）吊篮应使用经检测合格的提升机。

2）吊篮平台的组装长度应符合产品说明书的要求。

3）吊篮所用的构配件应是同一厂家的产品。

（7）升降操作：

1）升降操作必须由经过培训合格的人员操作吊篮升降。

2）吊篮内的作业人员不应超过 2 人。

3）吊篮内作业人员应将安全带使用安全锁扣正确挂置在独立设置的专用安全绳上。

4）吊篮正常工作时，人员应从地面进入吊篮内。

（8）交底与验收：

1）吊篮安装、使用前应对作业人员进行安全技术交底。

2）吊篮安装完毕，应按规范要求进行验收，验收记录应由责任人签字确认。

3）每天班前、班后应对吊篮进行检查。

（9）安全防护：

1）吊篮平台周边的防护栏杆、挡脚板的设置应符合规范要求。多层吊篮作业时应设置顶部防护板。

2）吊篮应设置作业人员专用的挂设安全绳或安全锁扣，安全绳应固定在建筑物可靠位置上，并不得与吊篮上的任何部位有链接。

3）吊篮的电源电缆线应有保护措施，固定在设备上，防止插头受力，引起断路、短路。电缆线悬吊长度超过 100m 时，应采取电缆抗拉保护措施。

4）电器箱的防水、防振、防尘措施应可靠。吊篮停用时电器箱门应上锁。

5）施工范围下方如有道路、通道时，必须设置警示线或安全护栏，并且在周围设置醒目的警示标志并派专人监护。

（10）吊篮稳定：

1）吊篮作业时应采取防止摆动的措施。

2）吊篮的任何部位与高压输电线的安全距离不应小于 10m。

3）吊篮与作业面距离应在规定要求范围内。

（11）荷载：

1）吊篮施工荷载应满足设计要求。

2）吊篮施工荷载应均匀分布。

3）严禁利用吊篮作为垂直运输设备。

4. 履带式起重机

（1）起重机除应符合本节内容要求外，尚应符合《履带起重机》GB/T 14560—2010 的规定（图 6.2-23）。

（2）起重机应在平坦坚实的地面上作业、行走和停放。在作业时，工作坡度不得大于 5%，并应与沟渠、基坑保持安全距离。

（3）起重机启动前应重点检查以下项目，并符合下列要求：

1）各安全防护装置及各指示仪表齐全完好；

2）钢丝绳及连接部位符合规定；

3）燃油、润滑油、液压油、冷却水等添加充足；

4）各连接件无松动。

图 6.2-23 履带式起吊机

（4）起重机启动前应将主离合器分离，各操纵杆放在空挡位置。

（5）内燃机启动后，应检查各仪表指示值，待运转正常再接合主离合器，进行空载运转，按顺序检查各工作机构及其制动器，确认正常后，方可作业。

（6）作业时，起重臂的最大仰角不得超过出厂规定。当无资料可查时，不得超过 78° 。

（7）起重机变幅应缓慢平稳，严禁在起重臂未停稳前变换挡位。

（8）在起吊载荷达到额定起重量的 90% 及以上时，升降动作应慢速进行，严禁同时进行两种及以上动作，严禁下降起重臂。

（9）起吊重物时应先稍离地面试吊，当确认重物已挂牢，起重机的稳定性和制动器的可靠性均良好，再继续起吊。在重物升起过程中，操作人员应把脚放在制动踏板上，密切注意起升重物，防止吊钩冒顶。当起重机停止运转而重物仍悬在空中时，即使制动踏板被固定，仍应脚踩在制动踏板上。

（10）采用双机抬吊作业时，应选用起重性能相似的起重机进行。抬吊时应统一指挥，动作应配合协调，载荷应分配合理，起吊重量不得超过两台起重机在该工况下允许起重量总和的 75%，单机的起吊载荷不得超过允许载荷的 80%。在吊装过程中，两台起重机的吊钩滑轮组应保持垂直状态。

（11）当起重机带载行走时，起重量不得超过相应工况额定起重量的 70%，行走道路应坚实平整，起重臂位于行驶方向正前方向，载荷离地面高度不得大于 200mm，并应拴好拉绳，缓慢行驶。

（12）起重机行走时，转弯不应过急；当转弯半径过小时，应分次转弯。

（13）起重机上下坡道时应无载行走，上坡时应将起重臂仰角适当放小，下坡时应将起重臂仰角适当放大。严禁下坡空挡滑行。严禁在坡道上带载回转。

（14）起重机工作时，在起升、回转、变幅三种动作中，只允许同时进行其中两种动作的复合操作。

（15）作业结束后，起重臂应转至顺风方向，并降至 40°~60° ，吊钩应提升到接近顶端的位置，应关停内燃机，将各操纵杆放在空挡位置，各制动器加保险固定，操纵室和机棚应关门加锁。

5. 汽车、轮胎式起重机

（1）起重机除应符合本节内容要求外，尚应符合《汽车起重机和轮胎起重机试验规范》GB/T 6068—2008 的规定（图 6.2-24）。

图 6.2-24　汽车起吊机

（2）起重机工作的场地应保持平坦坚实，地面松软不平时，支腿应用垫木垫实；起重机应与沟渠、基坑保持安全距离。

（3）起重机启动前应重点检查以下项目，并符合下列要求：

1）各安全保护装置和指示仪表齐全完好；

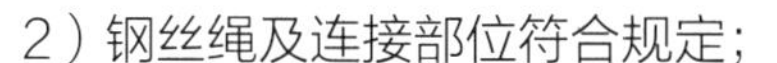
2）钢丝绳及连接部位符合规定；

3）燃油、润滑油、液压油及冷却水添加充足；

4）各连接件无松动；

5）轮胎气压符合规定。

（4）起重机启动前，应将各操纵杆放在空挡位置，手制动器应锁死。在怠速运转 3~5min 后中高速运转，检查各仪表指示值，运转正常后接合液压泵，液压达到规定值，油温超过 30℃时，方可开始作业。

（5）作业前，应全部伸出支腿，调整机体使回转支撑面的倾斜斜度在无载荷时不大于 1/1000（水准居中）。支腿有定位销的必须插上。底盘为弹性悬挂的起重机，插支腿前应先收紧稳定器。

（6）作业中严禁扳动支腿操纵阀。调整支腿必须在无载荷时进行，并将起重臂转至正前或正后方可再行调整。

（7）应根据所吊重物的重量和提升高度，调整起重臂长度和仰角，并应估计吊索和重物本身的高度，留出适当空间。

（8）起重臂伸缩时，应按规定程序进行，在伸臂的同时应下降吊钩。当制动器发出警报时，立即停止伸臂。起重臂缩回时，仰角不宜太小。

（9）起重臂伸出后，或主副臂全部伸出后，变幅时不得小于各长度所规定的仰角。

（10）汽车式起重机起吊作业时，汽车驾驶室内不得有人，重物不得超越驾驶室上方，且不得在车的前方起吊。

（11）起吊重物达到额定起重量的 50% 及以上时，应使用低速挡。

（12）作业中发现起重机倾斜、支腿不稳等异常现象时，应立即使重物下降至安全的地方，下降中严禁制动。

（13）重物在空中需要较长时间停留时，应将起升卷筒制动锁住，操作人员不得离开操纵室。

（14）起吊重物达到额定起重量的 90% 以上时，严禁下降起重臂，严禁同时进行两种及以上的操作动作。

（15）起重机带载回转时，操作应平稳，避免急剧回转或停止，换向应在停稳后进行。

（16）当轮胎式起重机带载行走时，道路必须平坦坚实，载荷必须符合出厂规定，重物离地面不得超过 500mm，并应拴好拉绳，缓慢行驶。

（17）作业后，应将起重臂全部缩回放在支架上，再收回支腿。吊钩专用钢丝绳挂牢；应将车架尾部两撑杆分别撑在尾部下方的支座内，并用螺母固定；应将阻止机身旋转的销式制动器插入销孔，并将取力器操纵手柄放在脱开位置，最后应锁住起重操纵室门。

6. 桥式、门式起重机与电动葫芦

（1）桥式、门式起重机与电动葫芦除应符合本节内容要求外，尚应符合《通用桥式起重机》GB/T 14405—2011、《通用门式起重机》GB/T 14406—2011 和《电动葫芦桥式起重机》JB/T 3695—2008、《电动葫芦门式起重机》JB/T 5663—2008 与《钢丝绳电动葫芦第 1 部分：型式与基本参数、技术条件》JB/T 90081—2014 的规定。

（2）起重机路基和轨道的铺设应符合出厂规定，轨道接地电阻不应大于 4Ω。

（3）使用电缆的门式起重机，应设有电缆卷筒，配电箱应设置在轨道中部。

（4）用滑线供电的起重机，应在滑线的两端标有鲜明的颜色，滑线应设置防护装置，防止人员及吊具钢丝绳与滑线意外接触。

（5）轨道应平直，鱼尾扳连接螺栓应无松动，轨道和起重机运行范围内应无障碍物。门式起重机运行前应松开夹轨器。

（6）起重机作业前的重点检查项目应符合下列要求：

1）机械结构外观正常，各连接件无松动；

2）钢丝绳外表情况良好，绳卡牢固；

3）各安全限位装置齐全完好。

（7）操作室内应垫木板或绝缘板，接通电源后应采用试电笔测试金属结构部分，确认无漏电方可上机；上、下操纵室应使用专用扶梯。

（8）作业前，应进行空载运转，在确认各机构运转正常，制动可靠，各限位开关灵敏有效后，方可作业。

（9）开动前，应先发出音响信号示意，重物提升和下降操作应平稳匀速，在提升大件时不得用快速，并应拴拉绳防止摆动。

（10）重物的吊运路线严禁从人上方通过，亦不得从设备上面通过，空车行走时，吊钩应离地面 2m 以上。

（11）吊起重物后应慢速行驶，行驶中不得突然变速或倒退。两台起重机同时作业时，应保持 5m 距离。严禁用一台起重机顶推另一台起重机。

（12）起重机行走时，两侧驱动轮应同步，发现偏移应停止作业，调整好后方可继续使用。

（13）作业中，严禁任何人从一台桥式起重机跨越到另一台桥式起重机上去。

（14）操作人员由操纵室进入桥架或进行保养检修时，应有自动断电连锁装置或事先切断电源。

（15）露天作业的门式、桥式起重机，当遇风速大于 10.8m/s 大风时，应停止作业，并锁紧夹轨器。对于沿海风力较强的区域，应设置缆风绳以加强门桥式起重机的抗风能力。

（16）起重机的主梁挠度超过规定值时，必须修复后方可使用。

（17）作业后，门式起重机应停放在停机线上，用夹轨器锁紧；桥式起重机应将小车停放在两条轨道中间，吊钩提升到上部位置。吊钩上不得悬挂重物。

（18）作业后，应将控制器拨到零位，切断电源，关闭并锁好操纵室门窗。

（19）电动葫芦使用前应检查设备的机械部分和电气部分，钢丝绳、吊钩、限位器等应完好，电气部分应无漏电，接地装置应良好。

（20）电动葫芦应设缓冲器，轨道两端应设挡板。

（21）作业开始第一次吊重物时，应在吊离地面 100mm 时停止，检查电动葫芦制动情况，确认完好后方可正式作业。露天作业时，电动葫芦应设有防雨棚。

（22）电动葫芦严禁超载起吊。起吊时，手不得握在绳索与物体之间，吊物上升时应严防冲撞。

（23）起吊物件应捆扎牢固。电动葫芦吊重物行走时，重物离地不宜超过 1.5m 高。工作间歇不得将重物悬挂在空中。

（24）电动葫芦作业中发生异味、高温等异常情况，应立即停机检查，排除故障后方可继续使用。

（25）使用悬挂电缆电气控制开关时，绝缘应良好，滑动应自如，人的站立位置后方应有 2m 空地并应正确操作电钮。

（26）在起吊中，由于故障造成重物失控下滑时，必须采取紧急措施，向无人处下放重物。

（27）在起吊中不得急速升降。

（28）电动葫芦在额定载荷制动时，下滑位移量不应大于 80mm。

（29）作业完毕后，应停放在指定位置，吊钩升起，并切断电源，锁好开关箱。

7. 卷扬机

（1）卷扬机除应符合本节内容要求外，尚应符合《建筑卷扬机》GB/T 1955—2008 的规定。

（2）卷扬机安装时，基面平稳牢固、周围排水畅通、地锚设置可靠，并应搭设工作棚。

（3）操作人员的位置应在安全区域，并能看清指挥人员和拖动或起吊的物件。

（4）卷扬机设置位置必须满足：卷筒中心线与导向滑轮的轴线位置应垂直，且导向滑轮的轴线应在卷筒中间位置，卷筒轴心线与导向滑轮轴心线的距离：对光卷筒不应小于卷筒长度的 20 倍；对有槽卷筒不应小于卷筒长度的 15 倍。

（5）作业前，应检查卷扬机与地面的固定，弹性联轴器不得松旷，并应检查安全装置、防护设施、电气线路、接零或接地线、制动装置和钢丝绳等，全部合格后方可使用。

（6）卷扬机至少装有一个制动器，制动器必须是常闭式的。

（7）卷扬机的传动部分及外露的运动件均应设防护罩。

（8）卷扬机应装设能在紧急情况下迅速切断总控制电源的紧急断电开关，并安装在司机操作方便的地方。

（9）钢丝绳卷绕在卷筒上的安全圈数应不少于 3 圈。钢丝绳末端固定应可靠，在保留 2 圈的状态下，应能承受 1.25 倍的钢丝绳额定拉力。

（10）钢丝绳不得与机架、地面摩擦，通过道路时，应设过路保护装置。

（11）施工现场不得使用摩擦式卷扬机。

（12）卷筒上的钢丝绳应排列整齐，当重叠或斜绕时，应停机重新排列，严禁在转动中用手拉脚踩钢丝绳。

（13）作业中，操作人员不得离开卷扬机，物件或吊笼下面严禁人员停留或通过。休息时应将物件或吊笼降至地面。

（14）作业中如发现异响、制动失灵、制动带或轴承等温度剧烈上升等异常情况时，应立即停机检查，排除故障后方可使用。

（15）作业中停电时，应将控制手柄或按钮置于零位，并切断电源，将提升物件或吊笼降至地面。

（16）作业完毕，应将提升吊笼或物件降至地面，并应切断电源，锁好开关箱。

8. 架桥机

（1）架桥机除应符合本节内容要求外，尚须符合《市政架桥机安全使用技术规程》JGJ 266—2011 的规定（图 6.2-25）。

图 6.2-25 架桥机

（2）架桥机应具有特种设备制造许可证、产品合格证、使用说明书、制造监督检验证明和备案证明。

（3）从事架桥机的安、拆企业必须具备建设主管部门颁发的起重设备安装工程专业承包资质和施工企业安全生产许可证，架桥机的特种作业人员必须持由国家认可具有培训资格部门签发的操作资格证书上岗。

（4）施工单位应根据工程情况选用架桥机类型，并应制定作业计划、编制架桥机装拆和使用的施工方案。施工方案应通过专家论证，并应经监理单位批准后方可实施。必须严格按施工方案组织施工，不得擅自修改和调整施工方案。

（5）架桥机主电源必须采用三相五线制，且电缆使用前必须经过检查，不合格的电缆禁止使用，并须符合《施工现场临时用电安全技术规范》JGJ 46—2005 的相关规定。

（6）架桥机的动力与电气装置须符合《建筑机械使用安全技术规程》JGJ 33—2012 的相关规定。

（7）架桥机应明确架桥机的工作状态和非工作状态的风力限制，允许使用的环境温度、湿度范围和供电要求。

（8）安拆、调试与验收：

1）架桥机安装、拆卸时应做好安全警戒防护，采取必要的技术和管理措施，保证不受外来因素的影响而产生安全隐患。

2）架桥机安装单位应在现场配备项目负责人、安全负责人、机械管理员、专业技术人员和特种作业人员。

3）架桥机的安装和拆卸必须严格按照专项方案的要求进行。如果由于条件发生变化，必须重新编制架桥机安装或拆卸专项方案的，应经施工单位企业技术负责人、项目总监理工程师和建设单位项目负责人签字后方可实施。

4）在恶劣天气条件下严禁安装、拆卸作业，已经安装或尚未拆除的部分必须有临时固定措施，并达到安全状态，同时切断电源。

5）安装架桥机主梁时，前后主梁临时支承应能保证主梁结构的稳定性。桥面纵坡调整支腿伸缩高度，高差应不大于 1.5%；横坡调整支腿下部的垫板，高差不大于 0.5%。

6）架桥机安装后必须进行调试：

① 机械、电气设备、液压系统等设备及元器件的检验；

② 各油缸支腿伸缩试验；

③ 纵移试验；

④ 整机横移运行及制动试验；

⑤ 运行试验。

7）架桥机下列安全防护装置应可靠有效：

① 高度限位器；

② 行车警报；

③ 行程限位器；

④ 风速仪、夹轨钳、锚定装置等防风装置；

⑤ 缓冲器、端部止挡；

⑥ 便于接近操作的紧急断电开关；

⑦ 通道口连锁保护；

⑧ 防护罩、栏。

8）架桥机全部拼装调整完毕，必须进行架桥机试运行，检验架桥机横向、纵向移动，平车纵向移动，平车起吊设备运行及架桥机所有制动系统、液压电气系统是否正常，一切正常后方可正式起吊。

9）架桥机安装完成后，应以不小于现场实际起重量进行试吊。

10）架桥机安装完毕后，使用单位应当组织出租、安装、监理等有关单位进行验收，委托具有相应资质的检验检测机构进行检测，并出具检验报告。架桥机经验收合格后方可投入使用，未经验收或者验收不合格的不得使用。

（9）使用：

1）施工单位应当严格按照架桥机施工专项方案组织施工，不得擅自修改、调整专项方案。如因设计、结构、外部环境等因素发生变化确须修改的，修改后的专项方案应重新审核，经批准后方可实施。

2）架桥机各行走机构轨道，必须安装轨道两头的挡块和限位开关，并随时检查限位开关是否正常。

3）架桥机作业必须明确人员分工，统一指挥，并应设专职操作人员、专职电工和专职安全检查员，同时有严格的施工组织及措施，确保施工安全。

4）架桥机工作环境与周边设施安全距离应符合规范要求。

5）钢丝绳的端部固定连接和安装、维护应符合规范要求。

6）架桥机横移轨道应和运行车轮相适应，表面应光滑，无毛刺、无裂纹，轨道及轨道梁应垫实，不得悬空。

7）起重量大于 320t 的起升机构应设置限速装置。

8）转跨和吊梁时，严禁用液压缸承重。

9）架梁施工的每班作业前应做常规检查，确认无误后方可开始工作。架桥机在每次吊梁作业前必须先出示警报信号，听从指示；架桥机提升小车空车运行或停放时，吊钩的高度不得低于 2m，确认可靠后方可作业。

10）架桥机施工作业时，操作场所禁止闲杂人员入内，构件、重物在起吊和落吊的过程中，吊件下方禁止人员停留或通过。

11）起吊构件时，吊钩中心应垂直通过构件的重心，构件吊离地面 20cm 时，须停车检查起重机的稳定性、制动器的可靠性、构件的平稳性、绑扎的牢靠性。

12）必须建立架桥机过孔、喂梁、提梁、落梁、变跨等各作业工序操作流程或工序控制卡，各级指挥人员、作业人员严格按操作流程作业，每道流程中每个工序都须制定专人负责，认真检查，上道工序工作没有完成严禁进行下道工序工作；上道流程工作没有完成，不得进入下道流程工作。

13）架梁作业时应设置风速风向仪，监视风力和风向。当风速达到 13m/s 以上时严禁作业，必须用索具稳固架桥机和起吊天车，并切断电源。

14）架桥机首跨、末跨、变跨、转跨作业应符合规范要求。

（10）维护和保养：

1）架桥机应制定定期保养和检定制度，保持良好状态，并按规定进行试吊、试运检查以及刹车试验，合格后方可使用。

2）对辅助机械的主要受力结构件、安全附件、安全保护装置、运行机构、控制系统等应进行日常维护保养，并做出记录。

3）应配备符合安全要求的索具、吊具，加强日常安全检查和维护保养，保证索具、吊具安全使用。

4）每架设一孔均须检查连接螺栓及销轴等；每架两孔，检查起重天车上所有紧固件及连结件等部位，异常时及时处置。

5）对架桥机液压润滑系统的油位，每班均须观察，并及时补充或更换。液压管线的接头，应无任何渗漏现象。

6）架桥机须要更换紧固件及销轴等配件时，要求其强度等级不低于原装。

（11）架桥机使用状态的安全评估：

1）当架桥机使用到接近设计寿命、故障频度增加及定期检查时其工作状况明显老化时，应当进行架桥机使用状态的安全评估。

2）架桥机达到下列条件之一时，应进行使用状态安全评估：

① 达到设计规定的架梁片数；

② 安装拆卸转场次数达到 5 次；

③ 出厂年限达到 5 年。

3）使用状态的安全评估应包括所有可能影响架桥机安全使用的结构件、零部件及电气件，并应包括承载结构、机械系统、液压系统、电气系统、安全系统等部件。

4）架桥机使用单位应保留用来确定架桥机接近设计寿命的使用记录，除制造厂提供的有关资料外，还应包括维护、检查、意外事件、故障、修理和改装等记录。

6.2.17　地下施工机械安全检查

1. 一般规定

（1）地下施工机械除应符合本节内容要求外，尚应符合《建筑机械使用安全技术规程》JGJ 33—2012 的规定。

（2）地下施工机械选型和功能应满足施工所处的地质条件和环境安全要求。

（3）地下施工机械及配套设施应在专业厂家制造，其质量必须符合设计要求。整机制造完成后应经总装调试合格方可出厂，并应提供质量保证书。

（4）作业前应充分了解施工作业周边环境，对邻近建（构）筑物、地下管网等进行监测，应制定建筑物、地下管线安全的保护技术措施。

（5）作业中，应对作业环境进行有害气体测试及通风设备检测，以满足安全标准要求。

（6）作业中，应随时监视机械各部位的运转及仪表指示值，如发现异常，应立即停机检修。

（7）气动设备作业的，应按照相关设备使用说明书和气动设备的操作技术要求进行施工。

（8）应根据现场作业条件，合理选择水平及垂直运输设备，并按相关规范执行。

（9）地下施工机械施工时必须确保开挖面土体稳定。

（10）地下施工机械施工过程中当停机时间较长时，必须维持开挖面稳定。

（11）地下施工机械使用前，应确认其状态良好，满足作业要求。使用过程中应按使用说明书的要求进行保养、维修、并应及时更换受损的零件。

（12）掘进过程中，遇到施工偏差过大、设备故障、意外地质变化等情况时，必须暂停施工，经处理后再继续。

（13）地下施工机械设备的安装、拆卸应按使用说明书的规定进行，并制定专项施工方案，由专业队伍进行施工，安装、拆卸过程中应有专业技术和安全人员监护。

2. 顶管施工机械

（1）顶管机（图 6.2-26）:

1）顶管机的选择应根据管道所处土层性质、管径、地下水位、附近地上与地下建筑物、构筑物和各种设施等因素，经技术经济比较后确定。

2）顶管机正式起吊前应进行试吊，试吊中检查全部机具、场地受力情况，系好溜绳，平稳起吊，吊装人员不能站立在吊臂和顶管机下方。

3）顶管机下放至距离导轨 50cm 时，调整顶管机的吊放位置，并使顶管机的刀盘超出导轨，然后缓慢放下。

4）顶管机顶进前应进行调试，调试应符合下列要求：

① 连接顶管机与操作台的各种电缆，检查顶管机的各数据显示归零；

图 6.2-26　顶管机

② 正、反转动刀盘应平稳，电机转动电流无突变；

③ 纠偏系统的动作应反应及时，纠偏动作伸缩量应与操作台的数值一致；

④ 检查刀盘的外径，刀盘外径应符合所应用地层的要求；

⑤ 检查尾部变形情况，确保与管节插口密封。

（2）导轨的安装应符合下列规定：

1）导轨宜选用钢轨及槽钢组合焊接制作，刚度和强度应符合施工要求。

2）导轨应顺直、平行、等高，安装的纵向坡度应与管道设计坡度一致。

3）导轨应安装牢固，使用过程中应不产生位移，施工过程中应经常检查。

（3）千斤顶（图 6.2-27）支架的安装应符合下列要求：

1）千斤顶支架应牢固安装在工作井底板上，两边支架应平行、等高、对称，安装轴线应与管道设计轴线一致；

2）玻璃纤维增强塑料管顶管支架安装应使主顶千斤顶的合力中心与管道中心重合，其余管道的千斤顶合力中心宜在管道中心下方。

（4）主顶千斤顶的安装及调试应符合下列要求：

1）主顶千斤顶必须并联工作；

2）每台千斤顶应设置油路断路开关；

图 6.2-27　顶管机千斤顶布置

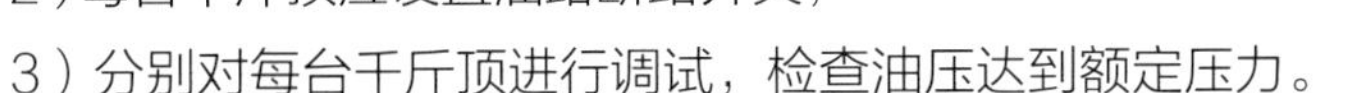

3）分别对每台千斤顶进行调试，检查油压达到额定压力。

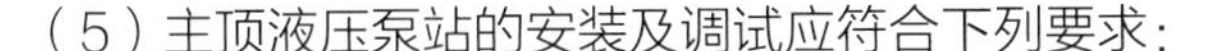

（5）主顶液压泵站的安装及调试应符合下列要求：

1）主顶液压泵站的油箱容积总和应为千斤顶用油量总和的 2~3 倍，油管直径应与千斤顶的大小和数量匹配；

2）主顶液压泵站安放的场地应平整压实、通风、防雨，必要时配备降温措施；

3）主顶液压泵站应靠近千斤顶安装。设定工作压力不得超出液压泵的最高额定压力，且不能长时间在额定压力下连续工作；

4）油管的承压能力不小于液压泵站最高压力的 1.5 倍，安装时应顺直，不宜使用过长的油管。

（6）顶铁：

1）混凝土管及玻璃纤维增强塑料管使用环形顶铁，钢管采用马蹄形顶铁或 U 形顶铁。环形顶铁应具有足够的刚度，顶管轴向高度与外径之比应为 10%~15%。

2）土压平衡顶管顶铁应采用 U 形顶铁，其初始长度应符合运泥车吊出空间的要求。泥水平衡顶管顶铁可采用倒 U 形顶铁。

3）安装前应检查顶铁规格和完好性，不同规格的顶铁不宜混用。

（7）顶进施工：

1）混凝土顶管应在管节混凝土强度达到设计强度的 90% 后进行。

2）钢管运输时管节两端头应有支撑措施，现场拼接时应用楔形块打尖对齐，焊接时应有足够的作业空间，外防腐应在焊缝降温达到要求后进行，内侧防腐可在贯通后统一进行。

3）管材堆放场地应平整坚实，堆放时应垫稳，防止滚动，不宜多层叠放。

4）多条平行管道采用顶管法施工的，施工顺序宜先深后浅、先大后小。

5）穿越河道时，应复测河床，并进行施工阶段管道抗浮复核，必要时采取抗浮措施。

6）单个顶铁的长度应比主顶千斤顶行程小 100~150mm。顶铁的总长度与主顶千斤顶行程的总和应比单节管长度长 150mm 以上。

7）管道内照明应符合下列要求：

① 与动力电源分开，设置独立照明电源控制；

② 采用低压照明，电压不宜大于 36V。

8）应根据顶进长度、施工方法采用鼓风或压缩空气方式进行管内通风，压缩空气通风时应设油烟过滤装置，下列情况应进行通风作业：

① 施工人员进入管道前 30min 以及在管道内作业时；

② 水汽、烟雾对测量激光束有影响时。

9）施工时，工作面、井内与地面的通信应保持畅通。

10）顶管施工宜连续作业，但出现下列情况时，应停止顶进：

① 顶管机遇障碍；

② 井体破坏；

③ 设备损坏或故障；

④ 管线偏差过大或纠正无效；

⑤ 顶力突变超过管节的允许顶力。

⑥ 后背墙变形严重；

⑦ 顶铁发生扭曲现象；

⑧ 接缝中漏泥浆；

⑨ 地层、邻近建（构）筑物、管线等周围环境的变形量超出控制允许值。

11）顶管过程中停滞时间超过 48h，且顶进距离达到设计距离的 50% 时，应重新进行起动顶力验算，并配备足够的主顶千斤顶。

12）顶管穿越铁路或公路时，尚应符合铁路或公路行业的相关技术和安全规定。

（8）管材吊装：

1）吊装设备的选用应根据工作场地条件和管节的重量和尺寸确定，宜用汽车吊或龙门吊。

2）安装护口铁等措施保护好管口。

3）第一节管下到导轨上时，应测量管的中线及前后端管底高程，校核导轨安装的准确性。

（9）使用中继间应符合下列规定：

1）中继间的制作强度、规格以及安装时应满足顶管施工的要求；

2）中继间有专职人员进行操作，同时随时观察有可能发生的问题；

3）中继间使用时，油压、顶力不宜超过设计油压顶力，避免引起中继间变形；

4）中继间安装行程限位装置，单次推进距离必须控制在设计允许距离内；

5）穿越中继间的高压进水管、排泥管等软管应与中继间保持一定距离，避免中继间往返时损坏管线。

6）长距离顶管施工时，中继间的止水橡胶应可更换。

3. 盾构机

（1）盾构机组装之前应对推进千斤顶、拼装机、调节千斤顶试验验收。

（2）盾构机组装之前，应将防止盾构后退的推进系统平衡阀、调节拼装机的回转平衡阀的二次溢流压力调到设计压力值。

（3）盾构机组装之前，应将液压系统各非标制品的阀组按设计要求进行密闭性试验。

（4）盾构机组装完成后，应先对各部件、各系统进行空载、负载调试及验收，最后进行整机空载和负载调试及验收。

（5）盾构机始发、接收前，必须做好盾构机的基座稳定措施。

（6）盾构机应在空载调试运转正常后，方能开始盾构始发施工。在盾构始发阶段，应检查各部位润滑并记录油脂消耗情况；初始推进过程中，应对推进情况进行监测，并对监测反馈资料进行分析，不断调整盾构掘进施工参数。

（7）盾构掘进中，每环掘进结束及中途停止掘进时，应按规定程序操作各种机电设备。

（8）盾构掘进中，遇下列情况之一时，应立即暂停施工，并应及时处理：

1）盾构位置偏离设计轴线过大；

2）管片严重碎裂和渗漏水；

3）开挖面发生坍塌或严重的地表隆起、沉降现象；

4）遭遇地下不明障碍物或意外的地质变化；

5）盾构旋转角度过大，影响正常施工；

6）盾构扭矩或顶力异常。

（9）盾构暂停掘进时，应按程序采取稳定开挖面的措施，确保暂停施工后盾构姿态稳定不变。暂停掘进时，应检查并确认推进液压系统不得有渗漏现象。

（10）双圆盾构掘进时，双圆盾构两刀盘必须相向旋转，并保持转速一致，避免接触和碰撞。

（11）盾构带压开仓更换刀具时，应确保工作面稳定，并应进行持续充分的通风及毒气测试合格后，进行作业。地下情况较复杂时，作业人员应戴防毒面具。更换刀具时，应按专项施工方案和安全规定执行。

（12）盾构切口离到达接收井距离小于 10m 时，必须控制盾构推进速度、开挖面压力、排土量，以减小洞口地表变形。

（13）盾构推进到冻结区域停止推进时，应每隔 10min 转动刀盘一次，每次转动时间不少于 5min，防止刀盘被冻住。

（14）当盾构全部进入接收井内基座上后，应及时做好管片与洞圈间的密封。

（15）盾构调头时必须有专人指挥，专人观察设备转向状态，避免方向偏离或设备碰撞。

（16）管片拼装操作应按下列规定执行：

1）管片拼装必须落实专人负责指挥，拼装机操作人员必须按照指挥人员的指令操作，严禁擅自转动拼装机；

2）举重臂旋转时，必须鸣号警示，严禁施工人员进入举重臂活动半径内，拼装工在全部定位后，方可作业。在施工人员未能撤离施工区域时，严禁启动拼装机；

3）拼装管片时，拼装工必须站在安全可靠的位置，严禁将手脚放在环缝和千斤顶的顶部，以防受到意外伤害；

4）举重臂必须在管片固定就位后，方可复位，封顶拼装就位未完毕时，人员严禁进入封顶块的下方；

5）举重臂拼装头必须拧紧到位，不得松动，发现磨损情况，应及时更换，不得冒险吊运；

6）管片在旋转上升之前，必须用举重臂小脚将管片固定，以防止管片在旋转过程中晃动；

7）拼装头与管片预埋孔不能紧固连接时，必须制作专用的拼装架，拼装架设计必须经技术部门认可，经过试验合格后方可使用；

8）拼装管片必须使用专用的拼装销子，拼装销必须有限位；

9）装机回转时严禁接近；

10）管片吊起或升降架旋回到上方时，放置时间不应超过 3min。

（17）盾构机的保养与维修应坚持“预防为主、经常检测、强制保养、并修并重”的原则，并应由专业人员进行保养与维修。

（18）盾构机拆除退场应按下列规定执行：

1）机械结构部分应先按液压、泥水、注浆、电气系统顺序拆卸，最后拆卸机械结构件；

2）吊装作业时，须仔细检查并确认盾构机各连接部位与盾构机已彻底拆开分离，千斤顶全部缩回到位，所有注浆、泥水系统的手动阀门关闭；

3）大刀盘按要求位置停放，在井下分解后吊装上地面；

4）拼装机按要求位置停，举重钳缩到底；提升横梁应烧焊固定马脚，同时在拼装机横梁底部加焊接支撑，防止下坠。

6.2.18 施工机具安全检查

1. 一般规定

（1）施工机具安全使用除应符合本节内容要求外，尚应符合《建筑机械使用安全技术规程》JGJ 33—2012 和《施工现场机械设备检查技术规范》JGJ 160—2016 的规定。

（2）特种设备操作人员应经过专业培训、经考核合格取得建设行政主管部门颁发的操作证，并经过安全技术交底后持证上岗。

（3）机械必须按照出厂使用说明书规定的技术性能、承载能力和使用条件，正确操作，合理使用，严禁超载、超速作业或任意扩大使用范围。

（4）机械上的各种安全防护及保险装置和各种安全信息装置必须齐全有效，并定期进行检查维护。

（5）机械作业前，操作人员应熟悉作业环境和施工条件，听从指挥，遵守现场安全管理规定。在工作中操作人员和配合作业人员必须按规定穿戴劳动保护用品。

（6）实行多班作业的机械，应执行交接班制度，认真填写交接班记录表；接班人员经检查确认无误后，方可进行工作。

（7）机械设备的基础承载能力必须满足作业安全使用要求，机械安装完成后，必须经机械、安全管理人员共同验收合格后，方可投入使用。

（8）排除故障或更换部件过程中，要切断电源和锁上开关箱，并由专人监护。

（9）机械集中停放的场所，应有专人看管，并应设置消防器材及工具；大型内燃机械应配备灭火器；机房、操作室及机械四周不得堆放易燃、易爆物品。

（10）变配电所、乙炔站、氧气站、空气压缩机房、发电机房、锅炉房等易于发生危险的场所，应在危险区域界限处，设置围栅和警示标志，按要求配备灭火器，非工作人员未经批准不得入内。挖掘机、起重机、打桩机等重要作业区域 ，应设置警示标志和响应的安全措施。

（11）在机械产生对人体有害的气体、液体、尘埃、渣滓、放射性射线、震动、噪声等场所，应配置相应的安全保护设备、监测设备（仪器）、废品处理装置；在隧道、沉井、管道基础设施中，应采取措施、将有害物控制在规定的限度内。

（12）停用一个月以上或封存的机械，应认真做好停机或封存前的保养工作，并应采取预防风沙、雨淋、水泡、锈蚀等措施。

（13）机械使用的润滑油（脂）的品牌应符合出厂使用说明书的规定，并应按时进行更换。

（14）清洁、保养、维修机械或电气装置前，必须先切断电源，经确认机械停稳后再进行操作。严禁带电或采用预约停送电时间的方式进行检修。

2. 动力与电气装置

（1）电气设备的金属外壳应采用保护接地或保护接零，并应符合《施工现场临时用电安全技术规范》JGJ 46—2005 的规定

（2）在同一供电系统中，不得将一部分电气设备做保护接地，而将另一部分电气设备做保护接零。不得将煤气管、自来水管作为工作零线使用。

（3）在保护接零的零线上不得装设开关或熔断器，保护零线必须采用绿 / 黄双色线。

（4）不得利用大地作工作零线，不得借用机械本身金属结构作工作零线。

（5）电气设备的每个保护接地或保护接零点必须用单独的接地（零）线与接地干线（或保护零线）相连接。不得在一个接地（零）线中串接几个接地（零）点。大型设备必须设置独立的保护接零，高度超过 30m 的垂直运输设备要设置防雷接地保护。

（6）电气设备的额定工作电压与电源电压等级相符。

（7）电气装置遇跳闸时，不得强行合闸。应查明原因，排除故障后再行合闸。

（8）电气设备或线路发生火警时，应首先切断电源，在未切断电源之前，不得使身体接触导线或电气设备，不得用水或泡沫灭火机进行灭火。

（9）内燃机、发电机、电动机、10kV 以下配电装置等使用必须符合《建筑机械使用安全技术规程》JGJ 33—2012 的相关规定。

3. 土石方机械

（1）作业前，应查明施工场地明、暗铺设的各类管线等设施，并应采用明显记号表示。严禁在离地下管线、承压管道 1m 距离以内进行大型机械作业。

（2）作业中，应随时监视机械各部位的运转及仪表指示值，如发现异常，应立即停机检修。

（3）机械运行中，严禁接触转动部位和进行检修。

（4）机械与架空输电线路的安全距离应符合《施工现场临时用电安全技术规范》JGJ 46—2005 的规定。

（5）机械回转作业时，配合人员必须应在机械回转半径以外工作。当需在回转半径以内工作时，必须将机械停止回转并制动。

（6）雨期施工时，机械应停放在地势较好的坚实位置。

（7）机械作业不得破坏基坑支护系统。

（8）在行驶或作业中的机械，除驾驶室外的任何地方不得乘员。

（9）单斗挖掘机、挖掘装载机、推土机、拖式铲运机、自行式铲运机、静作用压路机、振动压路机、平地机、轮胎式装载机、蛙式夯实机、振动冲击夯、强夯机械等使用必须

符合《建筑机械使用安全技术规程》JGJ 33—2012 的相关规定。

4. 运输机械

（1）各类运输机械应有完整的机械产品合格证以及相关的技术资料。

（2）装载物品应与车厢捆绑稳固牢靠，并注意控制整车重心高度，轮式机具和圆形物件装运应采取防止滚动的措施。

（3）运输机械不得人货混装，运输过程中，料斗内不得载人。

（4）运输机械水温未达到 70℃时，不得高速行驶。行驶中，变速时应逐级增减挡位，正确使用离合器，不得强推硬拉，使齿轮撞击发响。前进和后退交替时，应待车停稳后，方可换挡。

（5）运输机械运行时不得超速行驶，并应保持安全距离，进入施工现场应沿规定的路线行进。

（6）车辆上、下坡应提前换入低速挡，不得中途换挡。下坡时，应以内燃机阻力控制车速，必要时，可间歇轻踏制动器。严禁空挡滑行。

（7）车辆停放时，应将内燃机熄火，拉紧手制动器，关锁车门。在坡道上停放时，下坡停放应挂上倒挡，上坡停放应挂上一挡，并应使用三角木楔等塞紧轮胎。

（8）载重汽车、自卸汽车、平板拖车、机动翻斗车、散装水泥车、皮带运输机等使用必须符合《建筑机械使用安全技术规程》JGJ 33—2012 的相关规定。

5. 桩工机械

（1）施工现场应按桩机使用说明书的要求进行整平压实，地基承载力应满足桩机的使用要求。在基坑和围堰内打桩，应配置足够的排水设备。

（2）桩机作业区内应无妨碍作业的高压线路、地下管道和埋设电缆。作业区应有明显标志或围栏，非工作人员不得进入。

（3）作业前，应由项目负责人向作业人员做详细的安全技术交底。

（4）水上打桩时，应选择排水量比桩机重量大 4 倍以上的作业船或牢固排架，打桩机与船体或排架应可靠固定，并采取有效的锚固措施。当打桩船或排架的偏斜度超过 3°时，应停止作业。

（5）桩机吊桩、吊锤、回转或行走等动作不应同时进行。吊桩时，应在桩上拴好拉绳，避免桩与桩锤或机架碰撞。桩机在吊有桩和锤的情况下，操作人员不得离开岗位。

（6）桩成型后，当暂时不浇注混凝土时，孔口应及时封盖。

（7）遇风速 12.0m/s 级及以上大风和雷雨、大雾等恶劣气候时，应停止作业。当风速达到 13.9m/s 及以上时，应将桩机顺风向停置，并应增设缆风绳，或将桩架放倒。桩机应有防雷措施，遇雷电时，人员应远离桩机。

（8）柴油打桩锤、振动桩锤、锤式打桩机、静力压桩机、转盘钻孔机、螺旋钻孔机、全套管钻机、旋挖钻机、深层搅拌机、地下连续墙施工成槽机、冲孔桩机械等使用必须符合《建筑机械使用安全技术规程》JGJ 33—2012 的相关规定。

6. 混凝土机械

（1）液压系统的溢流阀、安全阀齐全有效，调定压力应符合说明书要求。系统无泄漏，工作平稳无异响。

（2）机械设备的工作机构、制动及离合装置，各种仪表及安全装置齐全完好。

（3）电气设备作业应符合《施工现场临时用电安全技术规范》JGJ 46—2005 的有关规定。插入式、平板式振捣器的漏电保护器应采用防溅型产品，其额定漏电动作电流不应大于 15mA；额定漏电动作时间不应大于 0.1s。

（4）混凝土泵在开始或停止泵送混凝土前，作业人员应与出料软管保持安全距离。作业人员不得在出料口下方停留。出料软管不得埋在混凝土中。

（5）混凝土泵工作时不得进行维修作业。

（6）混凝土搅拌机、混凝土搅拌站、混凝土搅拌运输车、混凝土输送泵、混凝土泵车、插入式振捣器、附着式、平板式振捣器、混凝土振动台、混凝土喷射机、液压滑升设备、混凝土布料机等使用必须符合《建筑机械使用安全技术规程》JGJ 33—2012 的相关规定。

7. 钢筋加工机械

（1）机械的安装应坚实稳固；固定式机械应有可靠的基础；移动式机械作业时应楔紧行走轮。

（2）室外作业应设置机棚，机旁应有堆放原料、半成品、成品的场地。

（3）钢筋调直切断机、钢筋切断机、钢筋弯曲机、钢筋冷拉机、预应力钢丝拉伸设备、冷镦机、钢筋冷拔机、钢筋冷挤压连接机、钢筋螺纹成型机、钢筋除锈机等使用必须符合《建筑机械使用安全技术规程》JGJ 33—2012 的相关规定。

8. 木工机械

（1）木工机械操作人员应穿紧身衣裤，束紧长发，不得系领带和戴手套。

（2）木工机械设备电源的安装和拆除、机械电气故障的排除，应由专业电工进行，木工机械只准使用单向开关，不准使用倒顺双向开关。

（3）木工机械安全装置必须齐全有效，传动部位必须安装防护罩，各部件连接紧固。

（4）工作场所应备有齐全可靠的消防器材。不得在工作场所吸烟和有其他明火，并不得存放易燃易爆物品。

（5）机械的皮带轮、锯轮、刀轴、锯片、砂轮等高速转动部件应在安装时做平衡试验。

（6）加工前，应从木料中清除铁钉、铁丝等金属物。

（7）装设有除尘装置的木工机械，作业前应先启动排尘风机，保持排尘管道不变形、不漏风。

（8）不得在机械运行中测量工件尺寸和清理机械上面和底部的木屑、刨花和杂物。

（9）带锯机、圆盘锯、平面刨（手压刨）、压刨床（单面和多面）、木工车床、木工铣床（裁口机）、开榫机、打眼机、锉锯机、磨光机等使用必须符合《建筑机械使用安全技术规程》JGJ 33—2012 的相关规定。

9. 焊接机械

（1）焊接（切割）前必须先进行动火审查，确认焊接（切割）现场防火措施符合要求，并配备灭火器材和落实监护人员后，开具动火证。

（2）焊接设备应有完整的防护外壳，一、二次接线柱处应有保护罩。

（3）焊接操作及配合人员必须按规定穿戴劳动防护用品，并必须采取防止触电、高空坠落、中毒和火灾等事故的安全措施。

（4）焊割现场及高空作业下方，严禁堆放油类、木材、氧气瓶、乙炔发生器等易燃、易爆物品。

（5）电焊机绝缘电阻不得小于 0.5MΩ，电焊机导线绝缘电阻不得小于 1MΩ，电焊机接地电阻不得大于 4Ω。

（6）电焊机导线和接地线不得搭在易燃、易爆及带有热源的和有油的物品上；不得利用建筑物的金属结构、管道、轨道或其他金属物体搭接起来形成焊接回路，并不得将电焊机和工件双重接地；严禁使用氧气、天然气等易燃易爆气体管道作为接地装置。

（7）对承压状态下的压力容器和装有剧毒、易燃、易爆物品的容器，严禁进行焊接和切割作业。

（8）交直流焊机、氩弧焊机、点焊机、二氧化碳气体保护焊机、埋弧焊机、对焊机、竖向钢筋电渣压力焊机、气焊（割）设备等使用必须符合《建筑机械使用安全技术规程》JGJ 33—2012 的相关规定。

10. 其他中小型机械

（1）中小型机械应安装稳固，接地或接零及漏电保护器齐全有效。

（2）中小型机械上的传动部分和旋转部分应设有防护罩，作业时，不得拆卸。

（3）咬口机、剪板机、折板机、卷板机、坡口机、法兰卷圆机、套丝切管机、弯管机、小型台钻、喷浆机、柱塞式、隔膜式灰浆泵、挤压式灰浆泵、水磨石机、切割机、通风机、离心水泵、潜水泵、深井泵、泥浆泵、真空泵手持电动工具（电钻、冲击钻或电锤、角向磨光机、电剪、射钉枪、拉铆枪、云石机等）等使用必须符合《建筑机械使用安全技术规程》JGJ 33—2012 的相关规定。

6.2.19 爆破工程安全检查

1. 一般规定

（1）爆破工程除应符合本节内容要求外，尚应符合《爆破安全规程》GB 6722—2014 和《土方与爆破工程施工及验收规范》GB 50201—2012 的规定。

（2）承接爆破工程的企业，必须具有建设行政主管部门审（批）核发的爆破施工企业资质证书、相关部门核发的《爆破作业单位许可证》《爆炸物品使用许可证》。

（3）爆破从业人员必须满足《爆破作业人员资格条件和管理要求》GA 53—2015 的规定，爆破从业人员应持有爆破工程技术人员安全作业证、爆破员证、安全员证和保管员证，并按核定的作业级别、作业范围持证上岗。

（4）爆破工程技术人员不得同时担任两个及以上爆破作业项目技术负责人。初次取得《爆破作业人员许可证》的爆破员，应在有经验的爆破员指导下实习 3 个月后，方可独立进行爆破作业。

（5）爆破工程施工组织设计由施工单位编写，编写负责人所持“爆破工程技术人员安全作业证”的等级和作业范围应与施工工程相符合。

爆破工程施工组织设计应包括的内容：施工组织机构及职责；施工准备工作及施工平面布置图；施工人、材、机的安排及安全、进度、质量保证措施；爆破器材管理、使用安全保障；文明施工、环境保护、预防事故的措施及应急预案。

（6）爆破工程应根据地质条件、周围环境、工程规模、施工技术力量和设备，编制与施工方案相适应的爆破方案、爆破设计书或爆破说明书，报经所在辖区公安部门批准后，方可进行爆破作业。

（7）在城区交通干道、居民聚居地、风景名胜区、重要工程设施地、高压线、重要通信设施地、地下洞库、水油气管道、化工管道和有沼气地方等附近进行爆破施工时，必须采取相应的安全技术措施和保护、监测措施，编制安全专篇和应急救援预案，经所在辖区公安部门批准后，方可进行爆破作业。

（8）爆破作业前应对爆区周围的自然条件和环境状况进行调查，了解危及安全的不利环境因素，并采取必要的安全防范措施。

（9）露天和水下爆破装药前，应与当地气象、水文部门联系，及时掌握气象、水文资料。遇以下恶劣气候和水文情况时，应停止爆破作业，所有人员应立即撤到安全地点：

1）热带风暴或台风即将来临时；

2）雷电、暴雨雪来临时；

3）大雾天，能见度不超过 100m 时；

4）现场风力超过 8 级，浪高大于 1.0m 时，水位暴涨暴落时。

（10）爆破作业和爆破器材的采购、运输、储存等应按照现行《民用爆炸物品安全管理条例》和《爆破安全规程》GB 6722—2014 执行（图 6.2-28）。

图 6.2-28 炸药存放库

（11）爆破工程所用的爆破器材，应根据使用条件选用，并符合国家标准或行业标准。严禁使用过期爆破器材，严禁擅自配制炸药。

（12）在爆破危险区域内有两个以上单位（作业组）同时作业时，必须由业主负责统一指挥，明确责任。

（13）采用电爆网路时，应对高压电、射频电等进行调查，对杂散电进行测试；发现存在危险，应立即采取预防或排除措施。

（14）浅孔爆破应采用湿式凿岩，深孔爆破凿岩机应配收尘设备；在残孔附近钻孔时应避免凿穿残留炮孔，在任何情况下不应钻残孔。

2. 施工准备

（1）爆破前，必须建立指挥机构，明确爆破人员的职责和分工，并严格按爆破设计与施工组织计划实施，确保工程安全。

（2）经审批的爆破作业项目，爆破作业单位应于施工前 3 天发布公告，并在作业地点张贴，施工公告内容应包括：工程名称、建设单位、设计施工单位、安全评估单位、安全监理单位、工程负责人及联系方式、爆破作业时限等。

（3）装药前 1 天应发布爆破公告并在现场张贴，内容包括：爆破地点、每次爆破时间、安全警戒范围、警戒标识、起爆信号等。

（4）爆破工程施工前，应根据爆破设计文件要求和场地条件，对施工场地进行规划，并开展施工现场清理与准备工作。

（5）爆破项目部应与爆破施工现场、起爆站、主要警戒哨建立并保持通信联络。

（6）爆破作业必须设警戒区和警戒人员，起爆前必须撤出人员并按规定发出声、光等警示信号。

（7）爆炸源与人员、其他保护对象的安全距离应按地震波、冲击波和飞散物三种爆破效应分别计算，取最大值。

（8）装药前应对炮孔、硐室逐个进行测量验收，做好记录并保存。

（9）爆破工程使用的炸药、雷管、导爆管、导爆索、电线、起爆器、量测仪表均应做现场检测，检测合格后方可使用。

（10）多药包起爆应连接成电爆网路、导爆管网路、导爆索网路、混合网路或电子雷管网路起爆。起爆网络连接工作应由工作面向起爆站依次进行。

3. 装药

（1）装药前应对作业场地、爆破器材堆放场地进行清理，装药人员应对准备装药的全部炮孔、药室进行检查。

（2）从炸药运入现场开始，应划定装药警戒区，警戒区内禁止烟火，并不得携带火柴、打火机等火源进入警戒区域；采用普通电雷管起爆时，不得携带手机或其他移动式通信设备进入警戒区。

（3）炸药运入警戒区后，应迅速分发到各装药孔口或装药硐口，不应在警戒区临时集中堆放大量炸药，不应将起爆器材、起爆药包和炸药混合堆放。

（4）各种爆破作业都应做好装药原始记录。记录应包括装药基本情况、出现的问题及其处理措施。

（5）钻孔装药应拉稳药包提绳，配合送药杆进行。在雷管和起爆药包放入之前发生卡塞时，应用非金属长送药杆处理，装入起爆药包后，不得使用任何工具冲击和挤压。

（6）在装药过程中，不应拔出或硬拉起爆药包中的导爆管、导爆索和电雷管脚线。

（7）硐室、深孔和浅孔爆破装药后都应进行填塞，禁止使用无填塞爆破。

（8）装药警戒范围由爆破技术负责人确定；装药时应在警戒区边界设置明显标识并派出岗哨。

4. 爆破

（1）露天爆破作业时，应建立避炮掩体，避炮掩体应设在冲击波危险范围之外；掩体结构应坚固紧密，位置和方向应能防止飞石和有害气体的危害；通达避炮掩体的道路不应有任何障碍。

（2）露天岩土爆破严禁采用裸露药包。

（3）深孔爆破孔深一般应限制在 20m 之内，并严格控制钻孔偏差。

（4）露天浅孔、深孔、特种爆破，爆后应超过 5min，方准许检查人员进入爆破作业地点，如不能确认有无盲炮，应经 15min 后才能进入爆区检查。

（5）露天浅孔开挖应采用台阶法爆破。

（6）建（构）筑物岩石基础邻近保护层开挖爆破时，应按要求控制单段爆破药量、一次爆破总装药量和起爆排数。

（7）硐室爆破应重点考虑以下几个方面的安全问题：

1）爆破对周围地质构造、边坡以及滚石等的影响；

2）爆破对水文地质、溶洞、采空区的影响；

3）爆破对周围建（构）筑物的影响；

4）在狭窄沟谷进行硐室爆破时空气冲击波、气浪可能产生的安全问题；

5）大量爆堆本身的稳定性；

6）地下硐室爆破在地表可能形成的塌陷区；

7）爆破产生的大量气体窜入地下采矿场和其他地下空间带来的安全问题；

8）大量爆堆入水可能造成的环境破坏和安全问题。

（8）地下爆破后，应进行充分通风，检查处理边帮、顶板安全，做好支护，确认地下爆破作业场所空气质量合格、通风良好、环境安全后方可进行下一循环作业。

（9）非长大隧道掘进时，起爆站应设在硐口侧面 50m 以外；长大隧道在硐内的避车洞中设立起爆站时，起爆站距爆破位置应不小于 300m，并能防飞石、冲击波、噪声等对人员的伤害。

（10）水下爆破施工中，爆区附近有重要建（构）筑物、水生物需保护时，一次爆破药量应由小逐渐加大，并对水中冲击波、涌浪、爆破振动等进行监测和观察。

（11）拆除爆破及城镇浅孔爆破严禁采用裸露爆破及孔外导爆索起爆网路。

（12）拆除爆破，应等待倒塌建（构）筑物和保留建筑物稳定之后，方准许人员进入现场检查。

（13）桥梁爆破拆除设计应将桥梁桩柱（桥墩）间节点处的钻爆方案作为重点，确保爆后连接部分解体充分。

（14）高耸建（构）筑物拆除爆破的振动安全允许距离包括建（构）筑物塌落触地振动安全距离和爆破振动安全距离。

（15）在复杂环境中多次进行爆破作业时，应从确保安全的单响药量开始，逐步增大到允许药量，并控制一次爆破规模。

（16）大型地下开挖工程爆破后，经通风吹排烟、检查确认井下空气合格、等待时间超过 15min 后，方准许作业人员进入爆破作业地点。

（17）爆破后应检查的内容有：

1）确认有无盲炮；

2）露天爆破爆堆是否稳定，有无危坡、危石、危墙、危房及未炸倒建（构）筑物；

3）地下爆破有无瓦斯及地下水突出、有无冒顶、危岩，支撑是否破坏，有害气体是否排除；

4）在爆破警戒区内公用设施及重点保护建（构）筑物安全情况。

（18）盲炮检查应在爆破 15min 后实施，发现盲炮应立即安全警戒，及时报告并由原爆破人员处理。电力起爆发生盲炮时应立即切断电源，爆破网络应置于短路状态。

（19）爆破工程应进行爆破效应监测。监测项目由设计和安全评估单位提出，监理单位监督实施。

（20）爆破工程监测项目涉及：爆破地震效应、空气或水中冲击波、动水压力、涌浪、爆破噪声、飞散物、有害气体、瓦斯以及可能引起次生灾害的危险源。

6.2.20 拆除工程安全检查

1. 一般规定

（1）拆除工程除符合本节内容要求的要求外，尚应符合《建筑拆除工程安全技术规范》JCJ 147—2016 和《城市梁桥拆除工程安全技术规范》CJJ 248—2016 的规定。

（2）拆除工程必须由具备爆破或拆除专业承包资质的单位施工，不得将工程非法转包。

（3）施工单位应全面了解拆除工程的图纸和资料，进行现场勘察，编制施工组织设计或安全专项施工方案。

（4）拆除工程施工区域应设置硬质封闭围挡及醒目警示标志，围挡高度不应低于1.8m，非施工人员不得进入施工区。当临街的被拆除建筑与交通道路的安全距离不能满足要求时，必须采取相应的安全隔离措施。

（5）拆除工程必须制定生产安全事故应急救援预案。

（6）拆除施工严禁立体交叉作业。

（7）作业人员使用手持机具时，严禁超负荷或带故障运转。

（8）根据拆除工程施工现场作业环境，应制定相应的消防安全措施。施工现场应设置消防车通道，保证充足的消防水源，配备足够的灭火器材。

2. 施工准备

（1）拆除工程的建设单位与施工单位在签订施工合同时，应签订安全生产管理协议，明确双方的安全管理责任。建设单位、监理单位应对拆除工程施工安全负检查督促责任；施工单位应对拆除工程的安全技术管理负直接责任。

（2）建设单位应向施工单位提供下列资料：

1）拆除工程的有关图纸和资料；

2）拆除工程涉及区域的地上、地下建筑及设施分布情况资料。

（3）建设单位应负责做好影响拆除工程安全施工的各种管线的切断、迁移工作。当建筑外侧有架空线路或电缆线路时，应与有关部门取得联系，采取防护措施，确认安全后方可施工。

（4）当拆除工程对周围相邻建筑安全可能产生危险时，必须采取相应保护措施，对建筑内的人员进行撤离安置。

（5）在拆除作业前，施工单位应检查建筑内各类管线情况，确认全部切断后方可施工。

（6）在拆除工程作业中，发现不明物体，应停止施工，采取相应的应急措施，保护现场，及时向有关部门报告。

3. 安全施工管理

（1）进行人工拆除作业时，作业人员应站在稳定的结构或脚手架上操作，被拆除的构件应有安全的放置场所。

（2）人工拆除施工应从上至下、逐层拆除分段进行，不得垂直交叉作业。作业面的孔洞应封闭。

（3）人工拆除建筑墙体时，严禁采用掏掘或推倒的方法。

（4）拆除建筑的栏杆、楼梯、楼板等构件，应与建筑结构整体拆除进度相配合，不得先行拆除。建筑的承重梁、柱，应在其所承载的全部构件拆除后，再进行拆除。

（5）拆除梁或悬挑构件时，应采取有效的下落控制措施，方可切断两端的支撑。

（6）拆除柱子时，应沿柱子底部剔凿出钢筋，使用手动倒链定向牵引，再采用气焊切割柱子三面钢筋，保留牵引方向正面的钢筋。

（7）拆除管道及容器时，必须在查清残留物的性质，并采取相应措施确保安全后，方可进行拆除施工。

（8）拆除施工使用机械设备应符合施工组织设计要求，严禁超载作业或任意扩大使用范围。供机械设备使用的场地必须保证足够的承载力。

（9）采用机械拆除建筑时，应从上至下、分段进行；应先拆除非承重结构，再拆除承重结构。拆除框架结构建筑，应按楼板、次梁、主梁、柱子的顺序进行施工。进行局部拆除的建筑，影响结构安全的必须先加固、分离后进行拆除。

（10）机械拆除时，应保证机械设备前端工作装置的作业高度超过被拆除物高度，保证施工安全。

（11）进行高处拆除作业时，对较大尺寸的构件或沉重物料，应采用起重机具及时吊下。拆卸下来的各种材料应及时清理，分类堆放在指定场所，严禁向下抛掷。

（12）拆除桥梁时，应先拆除桥面系及附属结构，再拆除主体。

（13）爆破拆除作业应按照本节爆破内容的要求和《爆破安全规程》GB 6722—2014 的规定执行。

（14）爆破拆除的预拆除施工，不得影响建筑结构安全和稳定。预拆除作业应在装药前全部完成，严禁预拆除与装药交叉作业。

（15）建筑物、构筑物的整体拆除或拆除承重构件，均不得采用静力破碎的方法。

（16）采用静力破碎剂作业时，灌浆人员必须佩戴防护手套和防护眼镜。

（17）孔内注入破碎剂后，作业人员应保持安全距离，不得在注孔区域行走、停留。

（18）静力破碎剂不得和其他材料混放，应保存在干燥场所，不得受潮。

4. 防护及消防措施

（1）对地下的各类管线，施工单位应在地面上设置明显标志。对检查井、污水井应采取相应的保护措施。

（2）拆除工程施工时，设专人向被拆除的部位洒水降尘。

（3）拆除工程完工后，应及时将施工渣土清运出场。

（4）施工单位必须落实防火安全责任制，建立义务消防组织，明确责任人，负责施工现场的日常防火安全管理工作。

（5）根据拆除工程施工现场作业环境，应制定相应的消防安全措施；并应保证充足的消防水源，配备足够的灭火器材。

（6）施工现场应建立健全用火管理制度。施工作业用火时，必须履行用火审批手续，经现场防火负责人审查批准，领取用火证后，方可在指定时间、地点作业。作业时应配备专人监护，作业后必须确认无火源危险后方可离开作业地点。

（7）拆除建筑时，当遇有易燃、可燃物及保温材料时，严禁明火作业。

（8）施工现场应设置消防车道，并应保持畅通。

6.2.21 施工现场消防安全检查

1. 一般规定

（1）施工现场消防除符合本标准的要求外，尚应符合《建设工程施工现场消防安全技术规范》GB 50720—2011 的规定。

（2）施工单位应针对施工现场可能导致火灾发生的施工作业及其他活动，制定消防安全管理制度、编制施工现场防火技术方案、施工现场灭火及应急疏散预案。

（3）施工单位应根据建设项目规模、现场消防安全管理的重点，在施工现场建立消防安全管理组织机构及义务消防组织，并应确定消防安全负责人和消防安全管理人员，同时应落实相关人员的消防安全管理责任。

（4）施工现场应在醒目位置布置消防平面布置图，明确逃生路线。

（5）施工人员进场时，施工现场的消防安全管理人员应向施工人员进行消防安全教育和培训。

（6）施工作业前，施工现场的施工管理人员应向作业人员进行消防安全技术交底。

（7）施工过程中，施工现场的消防安全负责人应定期组织消防安全管理人员对施工现场的消防安全进行检查。

（8）施工单位应依据灭火及应急疏散预案，定期开展灭火及应急疏散的演练。

（9）施工单位应做好并保存施工现场消防安全管理的相关文件和记录，并应建立现场消防安全管理档案。

（10）施工现场应设置临时消防车道，临时消防车道与在建工程、临时用房、可燃材料堆场及其加工厂的距离不宜小于 5m，且不宜大于 40m，消防车道的净宽和净空高度分别不应小于 4m，并保证临时消防车道的畅通，禁止在临时消防车道上堆物、堆料或挤占临时消防车道。

（11）高层建筑外脚手架、既有建筑外墙改造时其外脚手架、临时疏散通道的安全防护网均应采用阻燃安全防护网。

（12）施工现场应建立健全动火管理制度。施工动火作业前，必须到项目部安全管理部门办理动火审批手续。领取动火证后，方可在指定时间、指定地点动火作业。作业时应配备劳保用品并由专人监护，作业后必须确认无火源危险后方可离开作业地点。

（13）施工现场作业场所应设置疏散指示标志，其指示方向应指向最近的临时疏散通道入口；作业层的醒目位置应设置安全疏散示意图。

（14）施工现场严禁吸烟。

2. 施工现场消防设施配置

（1）灭火器材配备的位置和数量等均应符合下列要求：

1）一般临建设施区，每 100m^2 配备 2 个 10L 灭火器。大型临建设施总面积超过 1200m^2 的，应配备有专供消防用的太平桶、积水桶、黄沙池、铁锹等器材，上述设施周围不得堆放其他物品。

2）临时木工房、钢筋房等。每 25m^2 应配置一个种类合适的灭火器，油库、危险品仓库等应配备足够数量、种类的灭火器。

3）仓库或堆料场内，应根据灭火对象的特性，分组布置酸碱、泡沫、二氧化碳等灭火器，每组灭火器不应小于 4 个。每组灭火器之间的距离，不应大于 30m。

（2）临时消防设施应与在建工程的施工同步设置。房屋建筑工程中，临时消防设施的设置与在建工程主体结构施工进度的差距不应超过 3 层。

（3）在建工程可利用已具备使用条件的永久性消防设施作为临时消防设施。当永久性消防设施无法满足使用要求时，应增设临时消防设施，并应符合《建设工程施工现场消防安全技术规范》GB 50720—2011 的有关规定。

（4）施工现场的消防栓泵应采用专用消防配电线路。专用消防配电线路应自施工现场总配电箱的总断路器上端接入，且应保持不间断供电。

（5）临时用房建筑面积之和大于 1000m^2 或在建工程单体体积大于 1000m^3 时，应设置临时室外消防给水系统。建筑高度大于 24m 或单体体积超过 30000m^3 的在建工程，应设置临时室内消防给水系统。临时消防给水系统的储水池、消防栓泵、室内消防竖管及水泵接合器等应设置相应的醒目标识。

（6）施工现场应设置独立的消防给水系统，临时室内消防竖管的管径不应小于DN100。

（7）施工现场应急照明应符合下列要求：

1）临时消防应急照明灯具宜选用自备电源的应急照明灯具，自备电源的连续供电时间不小于 60min；

2）作业场所应急照明照度不应低于正常工作所需照度的 90%，疏散通道的照度值不应小于 0.5lx。

3）隧道内的照明灯具应沿隧道一侧设置，其高度不宜低于 2m，间距不应大于30m，地面的水平照度值不应小于 0.5lx。

3. 施工现场电气设施防火

（1）建设工程施工现场的一切电气线路、设备应当由持有上岗操作证的电工安装、维修，并严格执行《建设工程施工现场供用电安全规范》GB 50194—2014 和《施工现场临时用电安全技术规范》JGJ 46—2005 的规范要求。

（2）施工现场动力线与照明电源线应分路或分开设置，并配备相应功率的保险装置，严禁乱接乱拉电气线路。

（3）室内外电线架设应有瓷管或瓷瓶与其他物体隔离，室内电线敷设在可燃物、金属物上时，应套防火绝缘线管。

（4）电气线路应具有相应的绝缘强度和机械强度，严禁使用绝缘老化或失去绝缘性能的电气线路，严禁在电气线路上悬挂物品。破损、烧焦的插座、插头应及时更换。电气设备与可燃、易燃易爆危险品和腐蚀性物品应保持一定的安全距离。

（5）普通灯具与易燃物的距离不宜小于 300mm，聚光灯、碘钨灯等高热灯具与易燃物的距离不宜小于 500mm。

（6）应定期对电气设备和线路的运行及维护情况进行检查。

4. 施工现场用气安全检查

（1）储装气体的罐瓶及其附件应合格、完好和有效，严禁使用减压器及其他附件缺损的氧气瓶，严禁使用乙炔专用减压器、回火防止器及其他附件缺损的乙炔瓶。

（2）气瓶应远离火源，与火源的距离不应小于 10m，并应采取避免高温，和防暴晒的措施。燃气储装瓶罐应设置防静电装置。

（3）气瓶应分类储存，库房内应通风良好并张贴相应安全标识；空瓶和实瓶同库存放时，应分开放置，空瓶和实瓶的间距不应小于 1.5m；不同类别气瓶的间距不应小于12m（图 6.2-29）。

（4）瓶装气体使用前，应先检查气瓶的阀门、气门嘴、连接气路的气密性，应采取避免气体泄漏的措施。

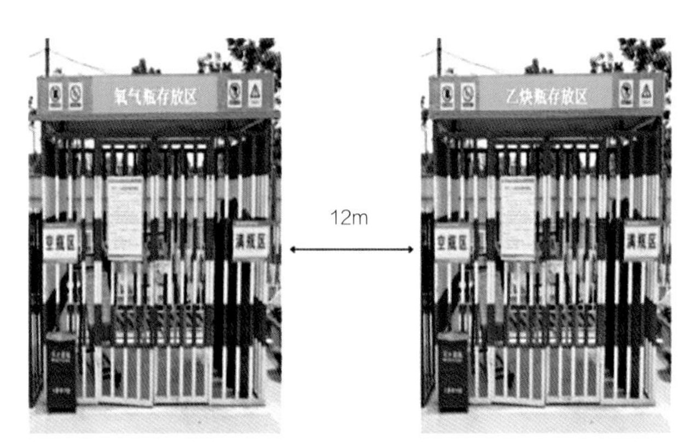

图 6.2-29　氧气乙炔存放

（5）氧气瓶与乙炔瓶的工作间距不应小于 5m；氧气瓶内剩余气体的压力不应小于 0.1MPa。

5. 可燃物及易燃、易爆危险品管理

（1）易燃易爆危险品库房与在建工程的防火间距不应小于 15m，可燃材料堆场及其加工厂、固定动火作业场与在建工程的防火间距不应小于 10m，其他临时用房、临时设施与在建工程的防火间距不应小于 6m。

（2）用于在建工程的保温、防水、装饰及防腐等材料的燃烧性能等级应符合设计要求。

（3）可燃材料及易燃易爆危险品应该按计划限量进场。进场后，可燃材料宜存放于库房内，露天存放时，应分类成垛存放，垛高不应超过 2m，单垛体积不应超过 $50m^3$。垛于垛之间的最小间距不应小于 2m，且应采用不燃或难燃材料覆盖；易燃易爆危险品应分类专库储存。库房内应通风良好，并应设置严禁明火等安全标识。

（4）室内使用油漆及其有机溶剂、乙二胺、冷底子油等易挥发产生易燃气体的物资作业时，应保持良好通风，作业场所严禁明火，并应避免产生静电。

（5）焊接、切割、烘烤或加热等动火作业前，应对作业现场的可燃物进行清理；作业现场及其附近无法移走的可燃物应采用不燃材料对其覆盖或隔离。

（6）5 级（含 5 级）以上风力时，应停止焊接、切割等室外动火作业；确需动火作业时应采取可靠的挡风措施。

（7）施工产生的可燃、易燃建筑垃圾或余料，应及时清理。

6. 临时用房防火安全检查

（1）临时用房的防火设计应根据其使用性质及火灾危险性等情况确定。

（2）宿舍、办公室用房等建筑构件的燃烧性能等级必须为 A 级。当采用金属夹芯板材时，其芯材的燃烧性能等级必须为 A 级。发电机房、变配电房、厨房操作间、锅炉房、可燃材料库以及易燃易爆危险品库房的建筑构件的燃烧性能等级必须为 A 级。

（3）宿舍、办公用房不应与厨房操作间、锅炉房、变配电房等组合建造。

（4）会议室、文化娱乐室等人员密集的房间应设置在临时用房的低层，其疏散门应向疏散方向开启。

6.2.22 道路施工作业安全检查

1. 一般规定

（1）道路施工作业除符合本节内容要求的要求外，尚应符合《城市道路施工作业交通组织规范》GA/T 900—2010 的规定。

（2）道路施工作业交通组织原则必须符合以下规定：

1）从时间上、空间上使交通流均衡分布；

2）提高施工点段、周围路网的通行能力；

3）依次优先保证行人、非机动车及公交车通行；

4）诱导为主，管制为辅。

（3）道路施工作业交通组织要求必须符合以下规定：

1）满足施工作业控制区沿线居民、单位工作人员的基本出行需求；

2）优先采取修建临时便道等方法，降低占道施工作业对交通的影响；

3）占道施工路段允许通行的车道或临时便道应满足交通通行的最小宽度要求；

4）根据情况调整公交线路、站点，临时公交站点应保障乘客安全上下车；

5）制定交通应急预案，降低交通事故或其他突发事件导致的交通拥堵发生。

（4）道路施工作业交通管理设施要求必须符合以下规定：

1）施工作业控制区周边道路应设置施工预告标志、绕行标志和其他临时指路标志，引导车辆通行；

2）临时标志可附着在路灯杆或设置在支架上，设置在支架上的临时交通标志应放置于路外易见处，并应固定牢固；

3）施工作业路段宜设置锥形交通路标、护栏等隔离设施，分离机动车、非机动车和行人交通；

4）施工路段及周边道路的适当位置设置临时可移动信号灯、减速垄、停车或让行标志标线等交通管理设施；

5）交通标志和标线的设置应符合相关规范的要求。

（5）专项施工方案的要求包括以下内容：

1）合理设置施工作业控制区，减少占道施工作业的影响；

2）作为建设工程替代或分流通道的道路不应安排在同一工期施工；

3）现状交通量较大、已经较为拥堵的道路，在施工工艺满足的情况下，宜部分封闭施工；

4）在主干道施工期间，统筹安排各相交道路的施工。

（6）道路施工作业前必须编制道路施工作业交通组织方案，交通组织方案应符合下列要求：

1）提出临时便道方案，不能修建便道的，提出分流方案；

2）根据流量变化提出交叉口的信号控制方案；

3）提出施工预告标志、绕行标志和其他临时指路标志设置方案；

4）方案成果图应包括交通组织方案图、交通管理设施设置图。

（7）道路施工作业交通组织设计方案应由项目建设单位委托具有交通工程设计资质的设计单位完成。交通组织设计方案应包括以下内容：

1）机动车交通组织；

2）行人和非机动车交通组织；

3）周边路网改善方案；

4）施工作业控制区交通组织；

5）交通管理设施设置方案；

6）交通管理应急预案；

7）公交线路和站点调整方案。

（8）道路施工作业交通组织方案设计完成后，由项目建设单位组织专家进行论证。

（9）通过道路施工作业交通组织方案论证后，报交通路政管理部门审批。

（10）施工作业时，应严格执行经批准后的道路施工作业交通组织方案。

（11）施工作业控制区交通管理设施设置必须符合《城市道路施工作业交通组织规范》GA/T 900—2010 附录的要求。

2. 施工作业

（1）道路施工作业除符合本节内容要求外，尚应符合《道路交通标志和标线》GB 5768.1~5768.3—2009 的规定。

（2）作业人员服装应符合下列要求：

1）作业人员在道路上进行流动作业时，白天应当穿着安全服或戴好安全帽，夜间必须同时穿着安全服并戴好安全帽；在道路上进行定点作业时，夜间必须穿着安全服；

2）安全服与安全帽的颜色应当符合相关规定的要求，并应具备反光或部分反光性能；

3）安全服反光部分最小宽度不应小于 5cm。

（3）作业车辆应符合下列要求：

1）专业作业车辆应当装饰明显的安全标志，喷涂符合相关规定的反光油漆，或粘贴规定颜色的工程级别的反光膜，并保持表面清洁；

2）作业车辆必须配置作业标志灯—黄色闪光警示灯；作业标志灯置于作业车辆顶部，夜间或遇雨、雾天施工时必须开启；开启时每分钟闪烁不低于 60 次、不高于 90 次，且自各个方向至少 100m 以外清晰可见；

3）作业车辆停放时，应当停放在作业区内，或经施工方案明确的其他允许停放车辆的场所，并按规定设立临时标志。

（4）道路作业必须符合下列要求：

1）除流动作业外，进行道路作业必须在作业现场划出作业区，制定交通组织方案，设置相应的标志与设施，以确保作业期间的交通安全；

2）在道路上进行不划定作业区的流动作业时，可以在路段上设置可移动的作业标志。

3）在道路上进行定点作业，白天不超过 2h、夜间不超过 1h 即可完工的，在有现场交通指挥人员指挥交通的情况下，只要作业区设置了完善的安全设施（即白天设置了锥形交通路标或路栏，夜间设置了锥形交通路标或路栏及道路作业警示灯），可以不设标志牌，但高速公路除外。

4）用于道路作业的工具、材料必须放置在作业区内或其他不影响正常交通的场所。

（5）道路作业的标志与设施必须符合《道路交通标志和标线 第 4 部分：作业区》GB 5768.4—2017 的相关要求。

（6）道路作业现场标志与设施的设置必须符合《道路交通标志和标线》GB 5768.1~5768.3—2009 的要求。

6.3 隐患整改要求

（1）项目负责人、技术负责人、专职安全员应对安全工作进行监督检查，关键工序应安排专职安全员对重点风险源进行现场监督检查和指导。

（2）发现施工中人的不安全行为、物的不安全状态、作业环境的不安全因素和管理缺陷，专职安全员采取针对性的纠正措施，及时制作违规指挥和违规作业，并督促整改直至消除隐患。

（3）对查出安全隐患要做到“五定”，即定整改负责人、定整改措施、定整改完成时间、定整改完成人、定整改验收人。

6.4 安全管理资料验收

（1）现场施工项目部应该安排专人建立并管理工程项目安全施工现场安全资料。

（2）现场安全资料因根据每个工地的特征按相关用表进行编写。

（3）现场安全资料要真实与现场对应。

（4）现场安全资料按照规定进行收集整理归档。

（5）安全资料验收:

1）安全教育要切合现场的实际情况，工人的签名要真实，禁止出现代签。

2）分部分项安全交底内容要根据现场以及施工方案进行交底。

3）安全检查评分表的内容要根据现场的实际情况进行评分编写。

4）特种作业证件要与现场作业人员对上。

5）施工用电验收要根据现场实际情况进行编写。

6）起重设备的安全检查表要根据现场所用的设备型号进行编写。

7）现场的安全资料应用相关规定的表格进行编写。

8）现场的安全资料应根据相关规定的要求进行编写。

第 7 章　市政工程文明施工管控

为加强建设工程文明施工和标准化管理，维护城市环境整洁，根据国家有关法律、法规的规定，各地文明施工和标准化管理措施遵守当地政府要求，本章内容以广州市地区为例，结合《广州市建设工程文明施工管理规定》（广州市人民政府令第 62 号），广州市住房和城乡建设委员会《关于印发广州市建设工程绿色施工围蔽指导图集（V1.0 试行版）的通知》（穗建质〔2018〕1953 号），制定相关措施。

7.1　市政工程施工围蔽

根据规定要求施工现场四周应当设置连续、封闭的围挡。管线工程、非全封闭的城市道路等工程应当使用路拦式围挡。施工现场设置的围挡要求连续、封闭、美观、整洁，同时保证稳定性及安全性。

7.1.1　选型原则

施工现场四周应设置连续、封闭的围蔽。围蔽设置的位置遵照广州市文明施工管理有关规定，临时设施修建标准，以及消防、防雷、安全、卫生等有关规定，根据工程现场环境对施工围蔽进行合理的平面布置，做到施工方便，整齐美观，与周围环境协调。根据工期、场地条件、施工所在区域的景观风貌要求，并结合现场施工组织等实际情况，选用合适的围蔽方式。

7.1.2　材料

原则上，位于城市重点区域、主城区内和城市主干道旁，以及各区行政所在地附近的工程，推荐采用装配式方钢结构围蔽和装配式 H 型钢结构围蔽；位于一般区域的工程，推荐采用装配式 H 型钢结构围蔽、装配式临时活动式围蔽等；临靠滨海、滨河、湖泊、公园、景点等工程，推荐采用装配式穿孔金属板围蔽。

7.1.3 适用范围

适用于广州市行政区域范围内的市政基础设施工程施工围蔽的选型、设计与施工（表 7.1-1）。

（1）工期在半年以上的市政基础设施工程，优先采用装配式方钢结构围蔽、装配式 H 型钢结构围蔽、装配式穿孔金属板等装配式围蔽，选择性使用再生混凝土围蔽；

（2）工期在半年以内的市政基础设施工程，可采用装配式方钢结构围蔽、装配式 H 型钢结构围蔽、装配式临时活动式围蔽等；

（3）工期在 1 个月以下的市政基础设施工程，可采用标准水马和密扣式铁马围栏等。

围蔽类型及选型表 **表7.1-1**

工期	类型	选型	围蔽示意图
工期在半年以上 I 类市政基础设施工程	装配式方钢结构围蔽	预制混凝土基础	
		立柱独立混凝土基础	
工期在半年以上 I、II 类市政基础设施工程	装配式 H 形钢结构围蔽	预制混凝土基础	
		立柱独立混凝土基础	

续表

工期	类型	选型	围蔽示意图
工期在半年以上市政基础设施工程	Ⅱ类地区	方钢结构，预制空心轻质墙板，条形钢筋混凝土基础	
		钢筋混凝土构造柱，再生材料砌体，条形基础	
	适用于Ⅰ类及有条件地区	特型围蔽	
工期在半年以上临靠滨海、滨河、湖泊、公园、景点等市政基础设施工程	装配式轻钢结构	预制混凝土基础	
		立柱独立混凝土基础	
适用于工期半年以内市政基础设施工程项目		装配式轻钢结构，混凝土配重块	

续表

工期	类型	选型	围蔽示意图
工期在 1 个月以下市政基础设施工程	适用于Ⅰ类、Ⅱ类地区	高水马	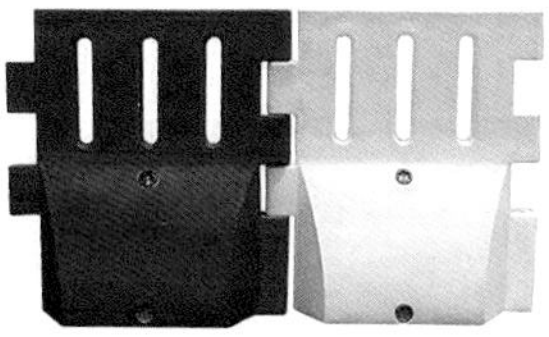
		常规水马	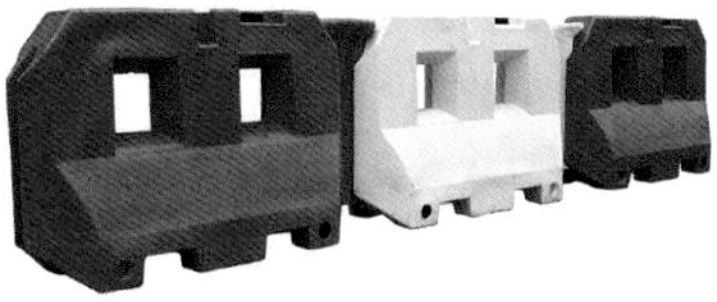
	适用于Ⅱ类地匙		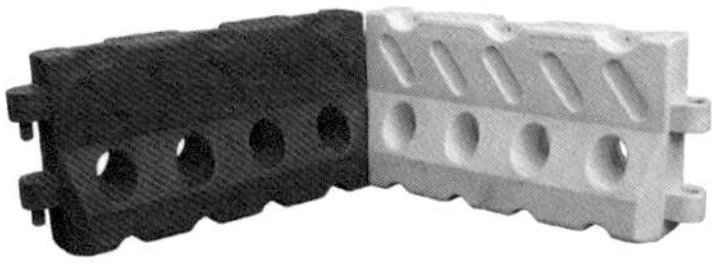
	适用于全市域范围	铁马（或塑料）	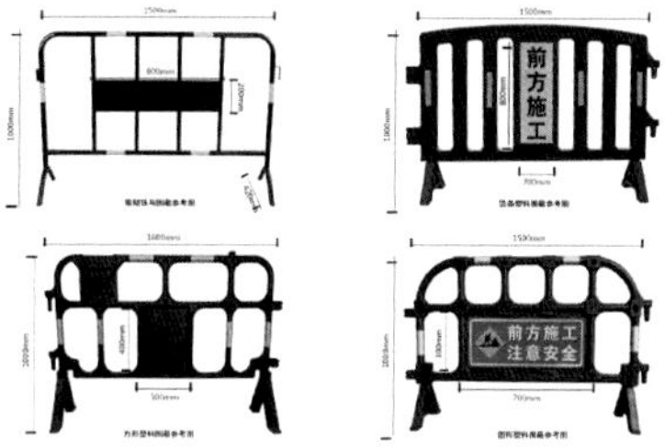

7.1.4 施工

（1）施工前应制定施工方案，施工方案内容应包括围蔽相关设计图纸、地基处理、排水施工、基础施工、围蔽的安装及拆卸、防台风措施、应急救援预案等。

（2）施工前应对围蔽结构的基础范围进行持力层承载力检测。如需使用起重吊装设备的，应在施工方案中对涉及吊装安全的参数，如场地承载力、吊索、吊具、起重性能等进行计算复核。

（3）具体施工要求可参照广州市住房和城乡建设委员会《关于印发广州市建设工程绿色施工围蔽指导图集（V1.0 试行版）的通知》（穗建质〔2018〕1953 号）。

7.1.5 广告设置

（1）根据《中华人民共和国广告法》、《广州市户外广告和招牌管理办法》（修订）等的有关规定，利用工地围墙设置公益广告免予办理《户外广告设置证》，但应当严格按照设置技术规范设置。各地区的户外广告和招牌管理办法按当地要求设置。

（2）公益广告：广告画幅大小统一，如需采用其他尺寸画幅应通过建设部门、宣传部门联合审查（图 7.1-1）。

我们的价值观

清雅系列

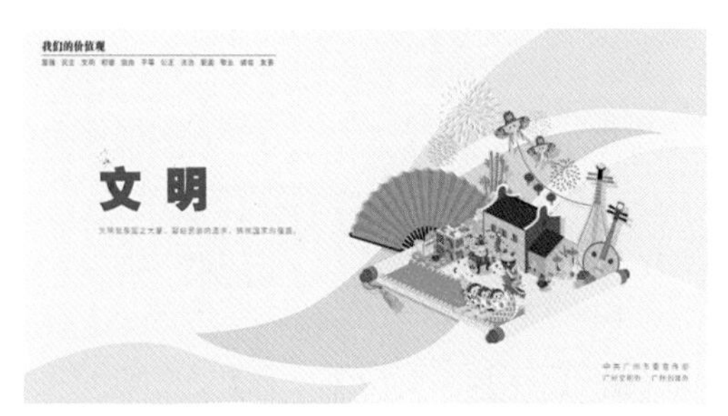

图 7.1-1 公益广告范例（社会主义核心价值观）

（3）工地建设单位和施工单位应加强日常巡查和维护，保持施工围蔽及广告设置安全、完好、整洁、美观；各区相关部门要建立和健全日常监督巡查机制和应急处置机制，发现围墙围挡或公益广告出现破损、涂污情况的，即通知其主管部门，由各主管部门落实建设业主和施工单位及时进行清理修补。

7.2 现场办公与住宿

7.2.1 场地选址

（1）项目经理部驻地房屋可采用自建活动板房，也可租用沿线合适的单位或民用房屋，但必须坚固、安全、耐用，并满足工作、生活要求。宿舍不得建在尚未竣工的建筑物内。

（2）自建用房的驻地选址应选在地质良好的地段，避免设在可能发生塌方、泥石流、水淹等地质灾害区域及高压电线下面（与高压线水平距离不小于 8m），同时确保有便利的交通条件和通电、通水、通信条件。

7.2.2 场地建设

（1）项目部建设前应编制临建施工方案，明确临建工程给排水设计及用电方案，消防、环（水）保、卫生等应满足相关规定及标准要求。项目部应采用封闭式管理，办公区和生活区应有明显划分，办公室、宿舍及车辆、机具停放区等应科学合理分开布局，场地及主要道路应用混凝土硬化处理，排水系统完善，庭院适当绿化，环境优美整洁，并设置功能分区平面示意图及指路导向牌（图 7.2-1、图 7.2-2）。

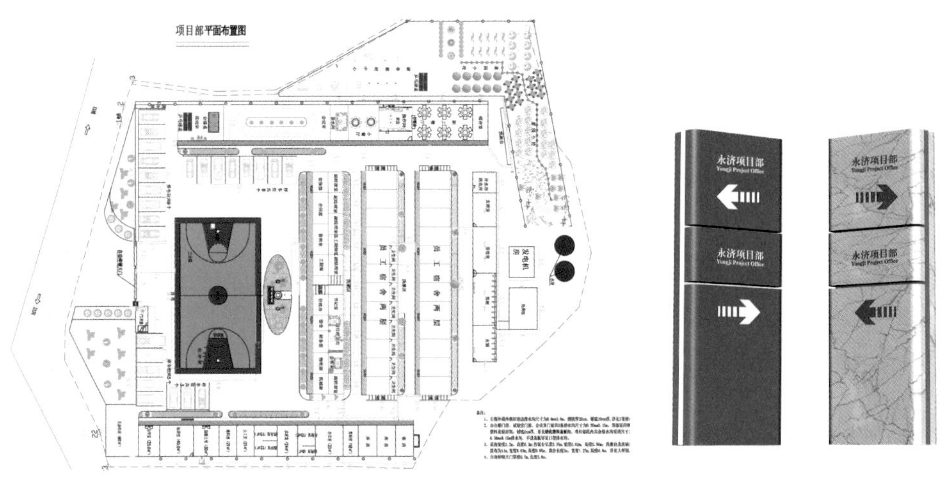

图 7.2-1　项目部平面布置示意图

图 7.2-2　指路导向牌示意图

（2）项目部内设置的临时设施统一采用整体装配式活动房或砖砌房屋（图 7.2-3）。现场使用的整体装配式活动房应具有产品合格证，并满足消防要求。砖砌临时设施统一采用砖墙、锌铁瓦盖。

图 7.2-3　项目部设施示意图

7.2.3　办公区

（1）办公用房和办公家具应满足办公规范化要求，办公区必须配置必要的消防安全器具，建立安全、卫生管理制度，落实专人维护和保洁。办公区应布局美观，一般要方正、对称，须满足安全、卫生、通风、绿化等要求，办公区外场地设置排水坡不小于3%，周围应有排水沟，排水通畅不积水（图7.2-4）。

（2）公共区域应设岗亭、宣传栏、停车区、吸烟区、旗台、视频监控等，院内适当种植花草，设置宣传图片标语（图7.2-5）。

旗杆

会议室

办公室

打印室

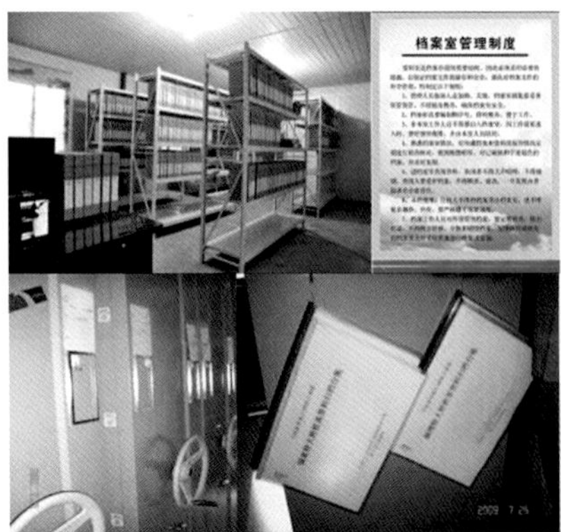

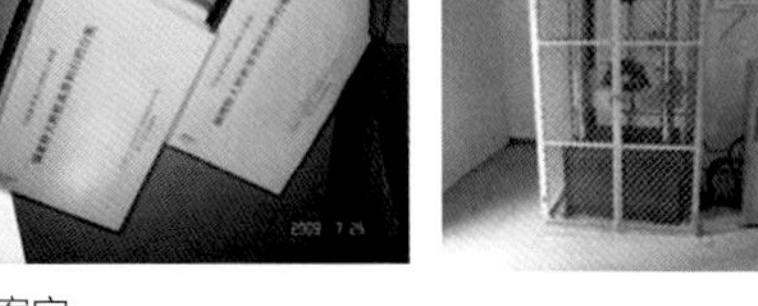

档案室

功能室

图7.2-4　办公区设施布置示意图

停车位　宣传栏

吸烟区　门卫岗亭

监控　视频监控室

围墙　绿化

图 7.2-5　办公区设施布置示意图

7.2.4　宿舍

（1）项目部宿舍区可自建或租用沿线合适的单位或民用房屋，但应坚固、安全、实用、美观，并满足工作、生活需求。自建房屋最低标准为活动板房，应当选择在通风、干燥的位置，防止雨水、污水流入。

（2）板房搭建不宜超过两层，每组最多不超过 12 栋，栋与栋之间的距离，满足通风和消防要求。宿舍应具备防潮、通风、采光性能，净高不小于 2.8m，通道宽度不小于 1.2m，每间宿舍不超过 10 人，宿舍设置统一床铺，严禁使用通铺，床铺应高于地面 0.3m，人均床铺面积不得小于 1.9m × 0.9m，宿舍内应设置生活用品专柜，个人物品摆放整齐，洗过的衣物不得随意晾晒，要有专门的晾衣处，晾衣棚要设置在有通风和日照处。宿舍地面应用水泥砂浆找平硬化，有条件的可铺砌瓷砖，宿舍楼二楼及以上走廊栏杆底部设置 20cm 踢脚板，防止杂物掉落（图 7.2-6）。

晾衣间

衣物柜

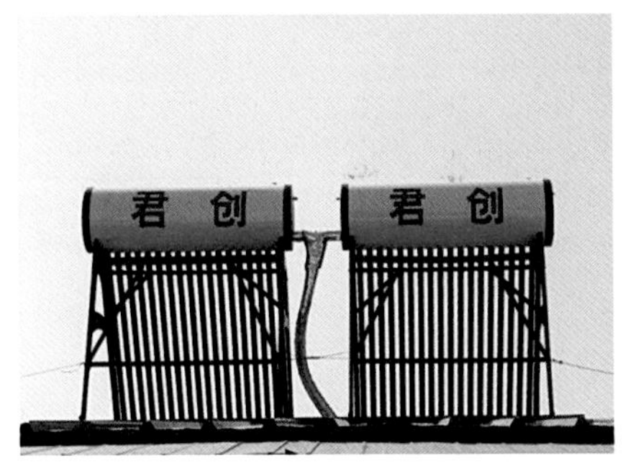

太阳能热水器

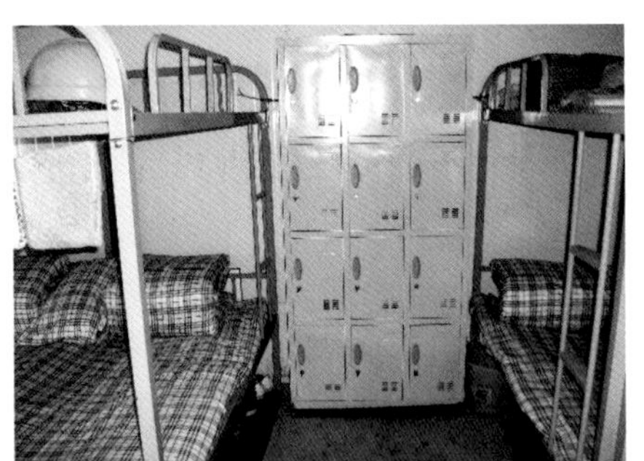

宿舍床位

图 7.2-6　宿舍区设施布置示意图

（3）宿舍区与食堂禁止连成整体，食堂与宿舍的间距不得小于 15m，宿舍内严禁有易燃、易爆物品，严禁在宿舍内生火做饭和使用大功率的电器设备。员工宿舍内部设施必须整齐清洁，生活用品分类统一存放。宿舍内要有管理制度，并落实治安、防火、卫生管理责任人。宿舍内要安装用电限流装置，配置足够的固定电插座，让员工使用电风扇或空调纳凉降温，并增设通风设备，严禁乱拉乱接电线。严禁在宿舍内吸烟。

（4）宿舍四周应设排水沟，平面超过 8 间时，二层必须设置两道楼梯，楼梯口必须设置一组灭火器。每个宿舍门口须设宿舍人员名单，并根据实际情况动态更新。

7.2.5　食堂

（1）食堂必须符合《中华人民共和国食品卫生法》的要求，食堂应选在上风口，远离厕所（不小于 30m）、垃圾站等有毒有害场所，有良好的通风和洁卫措施，平面布置应分储存间、制作间（生熟应分隔）、售菜间和餐厅，配备纱门、纱窗和纱罩等，门下方应设不低于 0.2m 的防鼠挡板，食堂外应设置密闭式泔水桶，并应及时清运，保持清洁。

（2）食堂制作间灶台及周边应贴瓷砖，瓷砖高度不小于 1.5m，地面应做好硬化和防滑处理，并按规定设置污水排放设施，污水排放出水口应按要求设置沉淀池和隔油措施（图 7.2-7）。食堂应按照当地政府有关建筑工地厨房卫生要求的规定，申办《卫生许可证》，食堂人员须持有效健康证，着工作服，《卫生许可证》和人员健康证应在显著位置张挂。食堂内外整洁卫生，在明显位置张挂食堂卫生责任制度并落实到人，炊具干净，洗、切、煮、卖、存等环节要设置合理，无腐烂变质食品，冰箱储存食物时应做到生熟分开，熟食要盖防蝇纱罩，应有灭蝇灭鼠灭蟑措施。食物要留样 72h，并有记录。餐具用后随即洗刷干净，并按规定消毒。

厨房

餐厅

图 7.2-7　食堂设施布置示意图

7.2.6　卫生间

卫生间应设置通风良好的可冲洗式厕所，男女卫生间必须分设，卫生间内墙裙应当铺贴高度不小于 1.5m 的白瓷片，便槽内底部和旁侧应铺贴白瓷片，地面、蹲台采用铺贴瓷片（图 7.2-8）。厕所蹲台宜高出地面 10~12cm 设置，并设置高度不小于 2m 的隔板，独立小便斗间距不小于 0.8m。卫生间内应当设置洗手槽、便槽自动冲洗设备、具有抗渗牙签的加盖化粪池，禁止将粪便直接排入下水道和河道。卫生间应张贴相关管理制度及保洁图牌，地面要按规定设置排水系统，落实专人负责日常清理工作，定期消毒，不得有异味，要保持清洁卫生，防止蝇蚊滋生，化粪池应及时清掏，要符合卫生要求。

图 7.2-8　卫生间设施布置示意图

7.2.7 盥洗处、淋浴房

盥洗处、淋浴房地面应做防滑处理，使用防水灯具及开关，应尽量使用绿色环保的热水设备，定时保障充足的冷、热水供给，浴室应排水通风良好，淋雨喷头数量应基本满足人员使用。淋浴室四周应设排水沟，确保地面无积水，应配备专门的卫生保洁员，随时保持清洁无异味，并挂设相应的管理制度及保洁图牌（图 7.2-9）。

盥洗池

淋浴间

图 7.2-9　盥洗处及淋浴房设施布置示意图

7.2.8 文体活动室及活动场地

文体活动室面积一般不小于 20m^2，具备活动、学习条件，通风、照明等设施良好，书籍、报纸、杂志等配备齐全。活动场地包括乒乓球场、篮球场、羽毛球场以及相关的健身、娱乐等活动场所（图 7.2-10）。

7.2.9 电单车充电区

项目部公共区域应设置电单车充电专区，并张挂相应管理制度及当心触电警示标志，充电区应搭设防晒棚，每个充电插座设置间距不小于 1m（图 7.2-11）。

图 7.2-10　文体活动场地示意图

图 7.2-11　电单车充电区示意图

7.3 施工场地与通道

7.3.1 预制场文明施工管控

1. 场地选址

（1）结合标段预制梁板的尺寸、数量和具体架设要求等选址。

（2）预制场除用地困难情况并由业主批准外，一般不应设在主线上，以方便、合理、安全、经济和满足工期为原则。

2. 场地布置

（1）预制场一般设置办公生活区、材料堆放区、钢筋加工区、混凝土拌制区、预制区、存梁区等。各施工区域布置应合理，场地占地面积应满足施工需要（图 7.3-1）。

图 7.3-1　预制场平面布置示意图

（2）在进入预制场路口处明显位置设指路牌 1 块；场内相应位置设场地平面图、工艺流程图（分预制、张拉、压浆等）、质量检验标识牌（分预制、钢筋、张拉等）、安全警示牌、安全操作规程（龙门吊、张拉机具等）、文明施工牌等各 1 块。在机械设备的醒目位置悬挂机械操作安全规定公示牌。

（3）吊装作业区、安全通道应设置禁止标志；龙门吊设置与高压线保持安全距离，司机岗位职责、岗位安全操作规程牌（0.8m × 0.55m）随机挂设，“施工重地，注意安全”警示牌（0.6m × 0.4m）置于龙门吊下。预制场的制梁区、存梁区、构件加工区等各生产区域应设置明示标示。钢筋绑扎区在明显位置应设置标识牌。张拉台座两端应设置指令标志，并设置防护板。台座两端设防护网和安全警示标志。

（4）预制场标准化建设的规模，应结合预制梁的数量和预制工期等参数来规定预制场规模和相关设备配备，具体要求见表 7.3-1。

预制场规模和相关设备配备表　　表7.3-1

内容	要求
预制梁片数量（片）	不少于 150 片
移动钢筋棚	至少一座
台座数量	应与预制时间相匹配，按 3 片 /（座 · 月）控制
吊装设备	满足起吊吨位需要，至少 2 台
模板数量	不少于台座数量的 1/3
自动喷淋养护设施	不少于 0.5× 台座数量
必备的施工辅助设施	横隔板钢筋定位架、钢筋骨架定位架、横隔板底模支撑架
其他施工设备	满足施工需要

7.3.2 场地建设

（1）桥梁预制场设置在填方路堤或线外填方场地时，为防止产生不均匀沉降变形而影响桥梁预制的质量，应对场地分层碾压密实，并对台座基础进行加固。

（2）钢筋加工区、混凝土拌制区均须设防雨棚，并使用 20cm 厚 C20 混凝土硬化，存梁区地面压实后铺设 10cm 石屑并设置 2%~3% 坡度，以利排水。运输便道采用 20cm 厚 C25 混凝土硬化。

（3）预制场应设 50cm × 50cm 砖砌排水沟排放施工废水、养护水、收集雨水并汇入沉淀池，沉淀池设置规格为长 4m、宽 3m、高 1m，污水处理达标后方能排放。

（4）钢筋加工区、集料存放区设防雨棚，高度满足施工需要。

（5）预制场所有的电器设备按安全生产的要求进行标准化安装，所有穿过施工便道的电线路采用从硬化地面下预埋管路穿过或架空穿越。采用由满足施工机械设备用电最大负荷要求的变电站供电，电力架设须满足三相五线制要求，同时设置 250kW 柴油发电机组作为备用电源。变压器设置的安全距离要符合相关规范规定。

7.3.3 台座布设

（1）台座基础采用框架式基础，不能用重力式，台座采用 C30 钢筋混凝土现浇，预制梁底板须采用不锈钢板；台座长度按每片梁设计长度每端头长出 10cm；台座横向做成水平，纵向按设计预设反拱。

（2）台座纵横向间距应充分考虑施工作业空间，纵向间距一般以 7m 为宜。

（3）存梁区台座混凝土标号采用 C25，存梁区混凝土台座尺寸采用 2m × 2m × 0.5m，根据预制梁大小可稍加调整，以满足使用要求。

（4）预制区设置自动喷淋养护设备，采用喷淋养生。场地内必须根据梁片养生时间及台座数量设置足够的梁体养生用的自动喷淋设施，喷淋水压加压泵应能保证提供足够的水压，确保梁片的每个部位均能养护到位，尤其是翼缘板底面及横隔板部位。在台座侧面预先设置直径 8cm 的养生供水管，设置与喷淋设施对接接头。空心板、小箱梁芯孔内应采用喷淋养护方式。

（5）养护用水需进行过滤，避免出现喷嘴堵塞现象，并且管道埋入地下。现场必须设置沉淀池、循环池、加压泵，养生的水必须循环利用。

7.3.4 材料存放

（1）不同规格砂石料场地需进行硬化，应分区存放，严格分档、用隔墙隔离堆放，严禁混堆，并设置防雨棚，高度满足施工需要。存放场应留有足够宽度的通道，便于装运。

（2）钢筋及预应力钢绞线存放区须设防雨棚；下部采用 20cm × 20cm 方木支垫，离地高 30cm。钢筋加工区与钢筋存放台相邻，便于材料取用。

（3）减水剂、压浆用水泥、锚垫板、预应力锚具均存放于材料库房内；减水剂和袋装水泥存放于库房内的存放台上。

（4）锚垫板和预应力锚具应按照不同规格型号分别存放于库房内的货架上，并做相应标识。按型号、类别登记入册，以便查询。

7.3.5 存梁管理

（1）梁板预制完成后，要及时对梁板喷涂统一标识和编号，标识内容包括预制时间、施工单位、梁体编号、部位名称等。

（2）梁板预制完成后，除了加强养护外，要保证稳固、安全存放，严禁拆模后将梁板（尤其是 T 梁）无支撑存放，必须设置稳固的支架，防止梁板侧倾；在存梁场存放也严格设置防倾托架。

（3）存梁区要确保干燥无积水，交通顺畅，吊装设备充足、完好，日常保养到位。

（4）存梁台座必须设置在稳固、干燥的地基上，如遇软基，要进行必要的加固处理，承重横（枕）梁必须设在经过承载力检算合格的基础上，周边排水设施完好，通道顺畅。枕梁必须有足够的强度和刚度，要连成整体，不要有横坡。

（5）空心板、小箱梁最多存放层数依据设计文件要求，文件无规定时，要求空心板不得多于 3 层，小箱梁、T 梁不得叠层堆放。

7.3.6 小型构件预制场施工管控

1. 布置原则

路基排水工程的水沟盖板、防护工程的各型预制块、隧道路基边沟盖板及其他设计要求的小型预制构件应集中预制。

2. 建设标准

（1）根据施工标段小型构件预制数量，规划小型构件预制场面积，一般不小于 2000m^2。预制场布置要符合工厂化生产的要求，道路和排水畅通，场地四周用砖砌围墙，场地全部采用 C20 混凝土进行硬化，混凝土厚度不小于 15cm。

（2）小型构件预制场场地硬化按照四周低，中心高的原则进行，面层排水坡度不应小于 1.5%，场地四周设置排水沟；在场地外侧合适位置设置沉砂井和污水过滤池，严禁将预制场内生产废水、污水直接排放。

3. 场地布置

根据小型预制构件特点，预制场需分生产区、养护区、成品区以及办公区等。各区域的划分用黄油漆隔离标识，并在各个区域设置标识牌，规划合理，交通流畅（图 7.3-2）。

（1）生产区

生产区根据标段设计图纸确定的预制构件的种类设置生产线，每条生产线必须设置振动台，同时配备小型拌合站一座（尽可能与既有拌合站一起设置）。

（2）养护区

养护区采用自动喷淋养护系统结合土工布覆盖对构件进行养护，确保构件处于湿润状态。混凝土要求覆盖养生 7d 以上。

（3）成品堆放区

成品按不同规格分层堆码（图 7.3-3）。对于预制块、片（如防护衬砌肋、盖板等）

图 7.3-2　小型预制构件布置示意图

图 7.3-3 成品堆放区

堆码不得超过二层，对于整体式预制件（如缝隙式水沟等）不得超过四层。层间需用土工布进行隔开，预制件养护期不得进行堆码存放，以防损伤，运输过程中应轻拿轻放，防止缺边掉角。

4. 设备配置

（1）小型构件预制可选用振动台，振动台电机功率应经过现场试验，对振动台的性能进行了分析与比选，确定振动台的电动机功率，一般为 1.2~1.5kW，振动台数量根据预制构件生产数量确定。

（2）混凝土可由就近大型拌合站集中供应，若单独设置拌合站，拌合站必须达到三仓式自动计量标准。

5. 模具要求

（1）模板必须使用钢模、高强度塑料模板，入模前应进行拼缝检查，对拼缝达不到要求的，辅以双面胶或泡沫剂，必须选用优质脱模剂，保证混凝土外观。在周转间隙必须有覆盖措施，防止雨淋、生锈、被污染。

（2）按照小型预制构件设计尺寸及要求，由专业生产厂家制作塑料模具的各种钢模母胎。钢模母胎制作完毕后，利用钢模母胎及塑性复合材料批量生产，加工成混凝土小型预制构件的高强度塑性模具，塑性模具的材料为聚丙乙烯、ABS 及部分添加剂经过一定的加工工艺而形成的一种复合材料。

7.3.7 弃渣场

（1）弃渣场位置不得随意更改，不得随意乱弃。任何弃渣场的设计变更需报原设计单位同意，未经批准不得擅自更改弃渣场场址及扩大占地。

（2）施工前应详细调查，和业主及当地政府配合，选择出渣运输方便、距离短的场所作为弃渣场，场地容量应可容纳弃渣量。

（3）弃渣场选址应不得占用其他工程场地和影响附近各种设施的安全；不得影响附近的农田水利设施，不占或少占农田；不得堵塞河道、河谷，防止抬高水位和恶化水流条件；不得挤压桥梁墩台及其他建筑物。

（4）弃渣场应按设计要求进行防护，当设计要求不能满足实际需要或设计无具体要求时应对弃渣场的防护进行设计并报监理人批复，以确保边坡的稳定，防止水土流失、泥石流、滑坡等危害。

7.3.8 危险品库

（1）应设置专用火工品库房，集中设置。

（2）应根据施工进度计划安排及月循环进尺核定火工品库房库容量。

（3）其他危险品，如氧气、乙炔、油料及剧毒、放射性物品等应单独建库存贮，库房建设及管理应符合有关要求。

7.3.9 施工通道管控

1. 布置原则

（1）结合地形、地物和现有生活、生产设施，充分利用现有道路，尽量避免对当地居民生活造成困扰。

（2）遵循施工平面布置，必须满足工程施工机械、材料进场的要求。

（3）施工现场的道路应保证畅通，并与现场的存放场、仓库、施工设备等位置相协调，满足施工车辆的行车速度、密度、载重量等要求。

（4）合理保护便道上的古树、大树及珍贵树木，尽量少破坏原生态，将开挖范围内的树木、草根移栽到便道路边或边坡上，并适时在边坡植草、种树。

2. 建设标准

（1）根据地形条件，确定平纵线形及路基横断面宽度。

1）便道的最大纵坡不宜大于 9%；挖方和低填方路段，应设置不小于 0.3% 的纵坡。施工便道边坡坡率不应小于 1：0.5。

2）如采用单车道，车道宽度 3.5m；路基宽度不得小于 4.5m，每 200m 范围内，设置一个长 20m、宽 2.5m 的错车道；设置 1.5%~2% 的横坡。

（2）施工便道路面最低标准采用泥结碎石或级配碎石，与地方路连接段便道路面必须采用 20cm 厚 C20 混凝土硬化（图 7.3-4）。

（3）施工便道应设置必要的排水沟，确保便道路面排水畅通；在汇水面积较大的低凹处设置涵洞，以满足排水泄洪要求。便道经过水沟地段，要埋置钢筋混凝土圆管或设

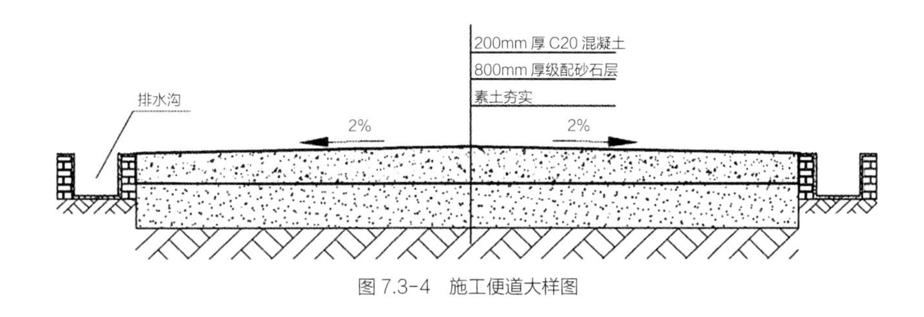

图 7.3-4 施工便道大样图

置过水路面，做到排水畅通。

（4）施工便道必须连通，途遇危桥，必须加固处理。

（5）各场（站、区）、重点工程施工等大型作业区，进出场的便道 40m 范围应进行硬化，标准为：C20 混凝土、厚度不小于 15cm，并设置碎石或灰土垫层，基础碾压密实。

（6）施工便桥应符合下列要求：

1）便桥结构按照实际情况专门设计，荷载标准值及横向车道布载系数等应按现行《公路桥涵设计通用规范》JTGD 60—2015 的相关规定选用（图 7.3-5）。

便桥

防护门及视频监控

图 7.3-5 便桥示意图

2）为防止水流冲刷，宜于桥台上游回填部分钢筋片石笼。

3）栈桥起始墩砌筑长 6m 宽 3m 的基础，台帽浇筑 0.5m 厚 C30 混凝土，在浇筑混凝土前注意预埋贝雷片安装预埋件；便桥桥墩应优先使用钢管桩搭设，对于有覆盖层的河床，钢管桩的入土深度应能满足承载力要求；对于无覆盖层的河床，采用复合桩基形式，先安放复合桩基护筒，钢护筒随冲击钻跟进 2m，钢护筒中浇筑混凝土，钢管桩插入钢护筒中的混凝土内，确保复合桩与河床有效锚固。

4）桥面高度不低于上年最高洪水位，桥头设置超限标牌，桥面设高 1.2m 的栏杆扶手，栏杆颜色标准统一。

5）便道便桥的养护应组织专门的养护队伍，配备必要的机械、工具和材料，对施工便道进行养护。

6）便道便桥应执行“申报—审批—实施—验收—使用”的程序。一般由使用单位自行组织验收，需地方或上级有关部门鉴定的应组织鉴定。未经设计或委托不具备相应资质的单位进行设计、制作的大型临时设施，不得组织验收和投入使用。

7）施工期间应指定专人（队）负责对施工便道（便桥）的日常检查和养护，每个项目部最少要配备一台洒水车以用于晴天洒水，做到雨天不泥泞，晴天少粉尘。

3. 标志

（1）对施工便道从起点起依序统一编号，设便道标识牌于路口处，标识牌按照0.8m×0.6m尺寸制作，蓝框白底蓝字，标明便道序号、方向（通往××）、陡弯段里程等内容。

（2）路线明显变化处、便道平面交叉处，应设置指路和警告标志。

（3）便道途经村镇、街道、学校等人口密集区，应设置禁令标志。

（4）易塌方、滚石等危险路段，应设置道路防护及警告标志。

（5）途经小桥，应设置限载、限宽标志；途经通道，应设置限宽、限高警告标志。在跨越河道便桥，要根据计算的承载力和宽度设置限高、限重、限速标志牌，便桥两侧设置防坠落护栏，其高度符合相关要求。

4. 养护

（1）派专人分段养护，及时填补路面坑槽，保证便道平顺；及时恢复损坏的标志。

（2）配备洒水车降尘，无扬尘、无投诉。

（3）及时清理排水沟和涵洞的淤泥、杂物，保证排水通畅。

7.4 现场材料管理

7.4.1 材料堆放的原则

（1）整齐、合理堆放，保证使用方便，现场整洁，使用安全，保证材料质量和“先进先用”。

（2）材料堆放必须按现场分区布置图堆放材料，材料分类、分批、分规格堆放，整齐、整洁、安全。挂材料标示牌。

（3）材料堆放距离基坑边坡2m以外，并整齐、平稳、高度不超过1.5m，严禁随意拆除施工现场围挡、围栏和防护以便堆放材料和通行。

（4）现场材料堆放不得依靠定型化防护和临边防护，距离不小于200mm，不得堆放在消防管上，不得堵塞消防通道和电箱通道。周转材料应堆放在指定区域，安排专人及时码放整齐，考虑堆放时间，运输车辆等场地关系，不得影响其他材料的进出和影响施工。

7.4.2 钢筋堆放管控要求

1. 堆放场地要求

堆放钢筋的场地要坚实平整，在场地基层上用混凝土硬化或用碎石硬化，并从中间向两边设排水坡度，避免基层出现积水。堆放时钢筋下面要垫垫木或砌地垄墙，垫木或地垄墙厚（高度）不应小于 200mm，间距 1500mm，以防止钢筋锈蚀和污染。

2. 原材堆放

钢筋原材进入现场后，按照地上结构阶段性施工平面图的位置分规格、分型号进行堆放，不能为了卸料方便而随意乱放（图 7.4-1）。

图 7.4-1　钢筋堆放示意图

（1）成品钢筋堆放：将加工成型的钢筋分区、分部、分层、分段和构件名称按号码顺序堆放，同部位钢筋或同一构件要堆放在一起，保证施工方便。

（2）钢筋必须堆放在指定地点，分规格、品种堆放整齐，挂材料标示牌，适当分层堆放（不超过三层）。现场使用后多余钢筋及时清理归堆。钢筋和半成品在指定区域分类整齐堆放，箍筋堆放整齐、稳固且不得超过 1.5m。

（3）现场钢材焊接场地不得设置易燃、易爆物品，并设置灭火器。

（4）钢筋标识：钢筋原材及成品钢筋堆放场地必须设有明显标识牌，钢筋原材标识牌上应注明钢筋进场时间、受检状态、钢筋规格、长度、产地等；成品钢筋标识牌上应注明使用部位、钢筋规格、钢筋简图、加工制作人及受检状态。

（5）钢筋加工棚铁屑、废料每天定时清理，铁屑装袋，废料进池。

7.4.3 木料堆放管控要求

（1）所有模板和支撑系统应按不同材质、品种、规格、型号、大小、形状分类堆放，应注意在堆放中留出空地或交通道路，以便取用（图 7.4-2）。

图 7.4-2 木料堆放示意图

（2）木质材料可按品种和规格堆放，钢质模板应按规格堆放，钢管应按不同长度堆放整齐。小型零配件应装袋或集中装箱转运。木枋堆放要求上盖下垫，硬化地面及不积水，堆放限高≤ 2m。

（3）模板的堆放一般以平卧为主，对桁架或大模板等部件，可采用立放形式，但必须采取抗倾覆措施，每堆材料不宜过多，以免影响部件本身的质量和转运方便。

（4）模板、木方上下对齐、平稳，堆放不得超高，离木工房 10m 内不得有明火，配置灭火器。

（5）大模存放时应满足地区条件要求的自稳角，两块大模板应采取板面对板面的存放方法，长期存放模板，并将模板换成整体。大模板存放必须有可靠的防倾倒措施，不得沿外墙边放置，并垂直于外墙存放，不得靠在其他模板上或物件上，严防脚下滑移倾倒。

（6）堆放场地要求整平垫高，应注意通风排水，保持干燥；室内堆放应注意取用方便，堆放安全，露天堆放应加遮盖；钢质材料应防水防锈，木质材料应防腐、防火、防雨、防暴晒。

（7）木工加工棚和操作层木屑、废料每天定期清理，木屑装袋，废料分类堆码整齐，有效利用。

（8）模板半成品堆放要求场地硬化地面及不积水，在集中加工场旁设置模板半成品堆场，不同尺寸的模板用钢管分隔开，每种尺寸模板分别挂醒目标识牌，堆放限高≤ 2m。

7.4.4 钢料堆放管控要求

（1）条形捆扎钢筋原材料堆场要求场地硬化地面及不积水，不同型号的钢筋用槽钢分隔，每种型号钢筋分别挂醒目标识牌，堆放限高≤ 1.2m。钢筋集中加工场地硬化地面及不积水，在集中加工场旁设置原材料及半成品堆场，分类堆放，不同型号或不同规格的钢筋分别挂醒目标识牌（图 7.4-3、图 7.4-4）。

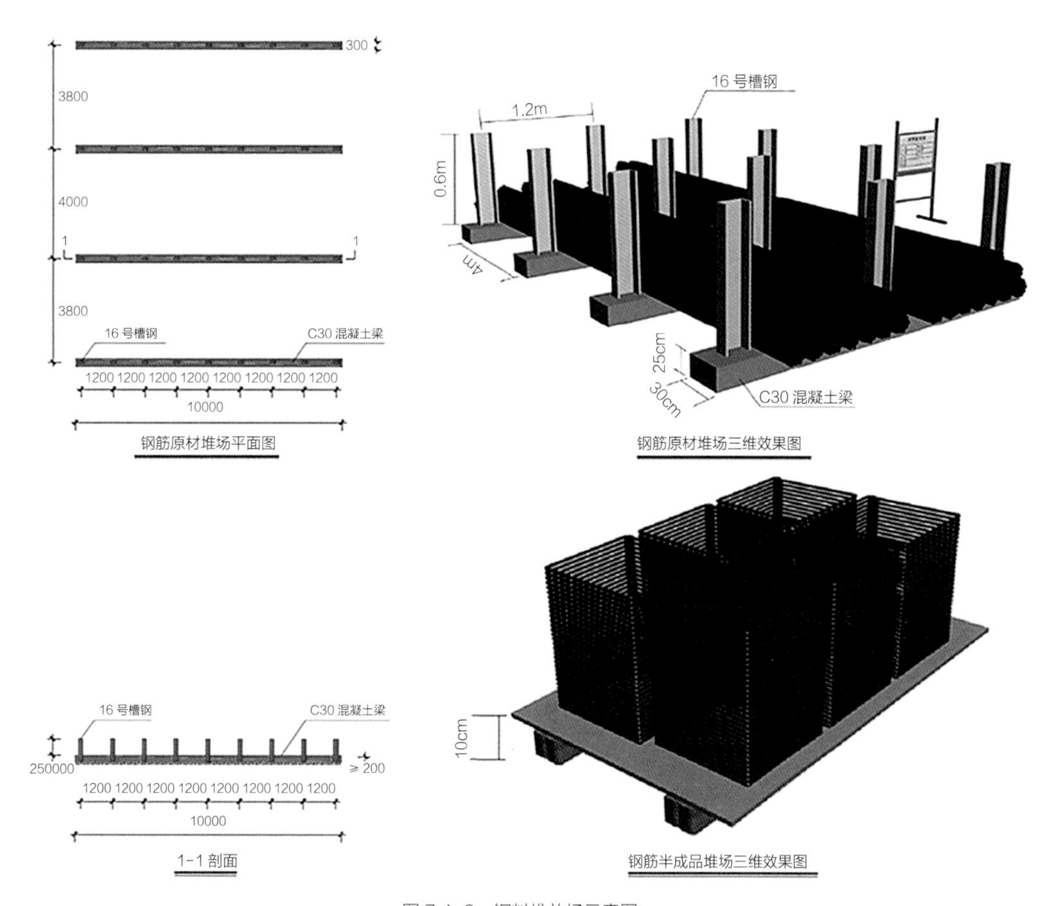

图 7.4-3 钢料堆放场示意图一

图 7.4-4 钢料堆放场示意图二

2. 钢筋半成品堆放要求场地硬化地面及不积水，不同型号及不同规格的钢筋半成品分别堆放，分别挂醒目标识牌，堆放限高≤ 1.2m。

3. 钢管堆放要求场地硬化地面及不积水，堆放限高≤ 2m，对生锈的钢管必须刷防锈漆进行保护。

4. 螺丝拉杆堆放要求场地硬化地面及不积水，上盖下垫，堆放限高≤ 1.2m，采用搭钢管架子堆放限高≤ 2m，对生锈的螺丝拉杆必须刷防锈润滑油进行保护。

7.4.5 砂石、水泥、砌块堆放管控要求

（1）砂子堆放要求场地硬化地面及不积水，三边设置≥ 20cm 厚，高 0.8m 的砖墙挡隔，防止砂子跟其他材料交叉污染，堆放高度不能超过砖墙高度。建议采用混凝土预制块代替砖砌矮墙。

（2）碎石堆放要求场地硬化地面及不积水，三边设置≥ 20cm 厚，高 0.8m 的砖墙挡隔，防止碎石跟其他材料交叉污染，堆放高度不能超过砖墙高度。建议采用混凝土预制块代替砖砌矮墙。

（3）水泥存放要求设置水泥专用仓库，库房要干燥，地面垫板要离地 30cm，四周离墙 30cm，堆放高度≤ 10 袋，按照到货先后依次堆放，尽量做到先到先用，防止存放过久。

（4）砖砌块及半成品堆放要求：场地硬化地面及不积水，上垫下盖，不同尺寸砌块分类堆放，堆放高度≤ 2m（图 7.4-5）。

7.4.6 易燃易爆炸物品管控要求

（1）各种气瓶应有明显色标和防震圈，并不得在露天暴晒，乙炔瓶和氧气瓶距离大于 5m，距离着火点大于 10m；操作人员应持有效上岗证操作；专门设气瓶间，放在偏僻地方，加门上锁，专人管理。

（2）易燃、有毒材料应有专门库房堆放，专人保管，应有明显的标志，材料使用、移放有专人管理；需要通风的有毒材料库房应设在通风、生活区、办公室区的下风口地带。

图 7.4-5 砂石砖块堆放场示意图

第 8 章　市政工程环境保护与绿色施工

8.1　施工现场的环境保护

建筑施工企业应当遵守有关环境保护和安全生产的法律、法规的规定，采取控制和处理施工现场的各种粉尘、废气、废水、固体废物以及噪声、振动对环境的污染和危害的措施。

可能对环境造成污染或破坏的施工内容应提前按照规定的程序报环境保护主管行政部门批准，并取得相应的批准文件或许可证明。

8.1.1　扬尘防治措施

（1）施工现场所有道路和物料存放场地应全部铺设混凝土进行硬化处理，未硬化处理的部位采取覆盖、固化、绿化措施，做到全场黄土不露天，硬化的道路应定时安排洒水车冲洗或人工清洗，有条件时可安装自动洒水装置。

（2）位于城区或者人口密集区域的施工场地围蔽顶应安装喷雾装置，并按时开启（图 8.1-1）。

图 8.1-1　围蔽上喷雾降尘装置

（3）土石方工程施工阶段主要采取洒水降尘措施，对现场所预留的土方堆齐，采取密目网严密遮盖措施，并经常洒水以防止浮土起尘；如土方需长期堆放的应采取种植植被的方法降低扬尘。

（4）风速 4 级以上易产生扬尘时，要采取有效措施，防止扬尘。

（5）运输车辆宜采用封闭式运输车，严禁超载，在现场大门口设置车辆清理冲洗台，车辆经清理冲洗全封闭后方可出场，严禁车辆带泥砂出场，运输过程中防止遗撒扬尘，并应安排专人跟踪检查，随时发现随时清理（图 8.1-2）。

（6）建筑施工垃圾应采用容器吊装或袋装运输，严禁随意抛撒扬尘，施工垃圾必须及时清运到指定垃圾站，并适量洒水，减少扬尘污染。

（7）对商品混凝土运输加强防止遗撒的管理，要求运输车卸料溜槽装设活动挡板，必须清理冲洗洁净后方可出场。

（8）拌制灰土使用袋装灰粉，禁止生石灰现场过筛施工。现场搅拌站及水泥库房采用封闭式，搅拌机棚内设置降尘装置。

（9）拆除旧建（构）筑物时，应配合洒水，减少扬尘污染。

图 8.1-2 车辆冲洗装置

（10）水泥、砂石和其他易飞扬的细颗粒散体材料应尽量安排在库内存放，如露天存放应采用严密遮盖，可采用密目网、彩条或苫布进行遮盖；应控制进料量，做到随到随用，不得大量囤积；堆积必须方正，底脚整齐、干净，并将周边及上方拍平压实，用密目网进行覆盖，如过分干燥，必须及时洒水；使用时禁止将所有遮盖的密目网全部打开，应稍打开一角，用后拍平盖好；运输和卸运时防止遗洒飞扬，减少扬尘。

（11）施工现场各类脚手架采用绿色密目安全网封闭，以减少粉尘对周边环境的污染。

（12）施工现场厨房宜采用燃气灶具，开水炉宜使用电热水器，禁止使用煤炉。

8.1.2 水污染防治措施

（1）施工现场污水排放应达到国家标准《污水综合排放标准》GB 8978—1996 的要求，即污染物的排放标准要符合标准中的有关规定。

（2）施工现场所有生产和生活废水必须由排水沟排至沉淀池，经沉淀后排至市政污水管网或指定污水排放位置。

（3）在缺水地区或地下水位持续下降的地区，基坑降水尽可能少地抽取地下水；当基坑开挖抽水量较大时，应进行地下水回灌，并避免地下水被污染。

（4）凡在施工现场进行搅拌作业的，必须在搅拌机前台设置沉淀池，污水流经沉淀池沉淀后，可进行二次使用；对于不能二次使用的施工污水，经沉淀池沉淀后方可排入市政污水管道。

（5）对于化学品等有毒材料、油料的储存地，应有严格的隔水层设计，同时做好渗漏液收集和处理；对于机修含油废水一律不得直接排入水体，集中后通过油水分离器处理，出水中的矿物油浓度需要达到 5mg/L 以下，对处理后的废水可进行综合利用。

（6）施工期间做好地下水监测工作，监控地下水变化趋势。在施工现场应针对不同的污水，设置相应的处理设施，如沉淀池、隔油池、化粪池等，并与市政管网连接。且不能二次使用的施工污水，经沉淀池沉淀后方可排入市政污水管道。

（7）施工现场所有生产和生活废水必须由排水沟排至沉淀池，经沉淀后排至市政污水管网或指定污水排放位置，不能随意排放，不能任其流出施工区域污染环境。

（8）有条件的施工现场应建立雨水、污水、废水回收系统，通过沉淀、过滤等有效而简易的水处理环节，达到循环利用雨水和水质较好的污水废水的效果，处理后的中水可用于施工临时用水、消防用水、防扬尘喷淋系统用水、洗车槽用水等。

8.1.3 土地保护措施

（1）因施工造成的裸土，及时覆盖砂石或种植速生草种，以减少土壤侵蚀。

（2）因施工造成容易发生地表径流土壤流失的情况，应采取设置地表排水系统、稳定斜坡、植被覆盖等措施，减少土壤流失。

（3）沉淀池、隔油池、化粪池等应及时清掏各类池内沉淀物，并委托有资质的单位清运，不得发生堵塞、渗漏、溢出等现象。

（4）对于有毒有害废弃物如电池、墨盒、油漆、涂料等应回收后交有资质的单位处理，不能作为建筑垃圾外运，避免污染土壤和地下水。

（5）需要占用施工红线范围以外的土地、道路时应在施工前办理相关审批手续。

（6）施工单位应充分了解施工现场及毗邻区域内人文景观保护要求、工程地质情况及基础设施管线分布情况，制订相应保护措施，并应报请相关方核准。

（7）有需要开挖的工程项目应优化基坑开挖方案，减少基坑开挖放坡，减少土方开挖和回填量，保护土地。

（8）现场布置应科学合理，减少用地及硬化，工人生活住房在保证安全的情况下，尽量使用两层，减少现场用地。

（9）施工后应恢复施工活动破坏的植被（一般指临时占地内），应与当地园林、环保部门或当地植物研究机构进行合作，在先前开发地区种植当地或其他合适的植物，以恢复剩余空地地貌或科学绿化，补救施工活动中人为破坏植被和地貌造成的土壤侵蚀。

（10）在生态脆弱的地区施工完成后，应进行地貌复原。

8.1.4 光污染防治措施

（1）对光污染，应采取“转、遮、控、禁”措施，施工照明光源不应向工地围墙外照射，必须避免灯光直射居民区，焊割等强光源作业应采取遮挡措施，照明系统的开关控制宜采用光控或自动限时控制措施，严格控制照明时间，对进场的灯具设备进行检查，禁止无罩、无防护的设备进场使用。

（2）对进场的电焊和气割等设备进行检查验收，验收合格后方可进场使用。

（3）在机械和灯具的使用过程中进行定期检查和维护保养，杜绝带病或缺少零部件运转的情况。

（4）现场可以搬运的电焊和气割行为，统一到电焊棚进行施工，避免在工人集中时进行操作。

（5）超过工地围墙高度的电焊、切割等有强光产生的施工，在作业前必须将安全网张挂完毕，以减少强光对周围居民的影响。

（6）经常巡视检查，发现有强光对周围居民影响严重的立即采取措施整改。

（7）工人焊接操作时必须采取个人防护措施，主要是戴防护眼镜和防护面罩、穿防护服等，应定期组织经常性或长期靠近强光作业的工人去医院进行眼科检查，及时发现病情，及时治疗，以防为主，防治结合。

（8）合理安排施工进度，尽量减少夜间施工。

（9）加强规划和管理，改善工地照明条件等，以减少光污染的来源。

（10）对有红外线和紫外线污染的场所采取必要的安全防护措施。

（11）改善改进施工工艺，减少电焊、切割等操作，如钢筋连接采用直螺纹套筒连接，杜绝电渣压力焊。

8.1.5 噪声污染防治措施

（1）建设项目的环境噪声污染防治设施须与主体工程同时设计，同时施工，同时投入使用。

（2）根据《建筑施工场界环境噪声排放标准》GB 12523—2011 的相关要求，在城市市区范围内向周围生活环境排放建筑施工噪声的，应当符合国家规定的建筑施工场界环境噪声排放标准，昼间不超过 70dB，夜间不超过 55dB，严格控制作业时间，晚间作业不超过 22 时，早晨作业不早于 6 时，特殊情况需连续作业或夜间作业的，应尽量采取降噪措施，事先做好周围群众的工作，并报建设工程所在的县级以上地方人民政府环境保护行政主管部门备案后方可施工。

（3）在城市市区范围内，建筑施工过程中使用机械设备，可能产生环境噪声污染的，施工单位必须在工程开工 15 日以前向工程所在地县级以上地方人民政府环境保护行政主管部门报该工程的项目名称、施工场所和期限、可能产生的环境噪声值以及所采取的环境噪声污染防治措施的情况。

（4）在城市市区噪声敏感建筑物集中区域内，禁止夜间进行产生环境噪声污染的建筑施工作业，但抢修、抢险作业和因生产工艺上要求或者特殊需要必须连续作业的除外。因特殊需要必须连续作业的，必须有县级以上人民政府或者其有关主管部门的证明。

（5）建设经过已有的噪声敏感建筑物集中区域的高速公路和城市高架、轨道交通，有可能造成环境噪声污染的，应当设置声屏障，或者采取其他有效的控制环境噪声污染的措施。

“噪声敏感建筑物”是指医院、学校、机关、科研单位、住宅等需要保持安静的建筑物；

“噪声敏感建筑物集中区域”是指医疗区、文教科研区和以机关或者居民住宅为主的区域。

（6）施工单位应当制定施工现场噪声污染防治管理制度并公告，把产生噪声的设备、设施布置在远离居住区的一侧。

（7）牵扯到产生强噪声的成品、半成品加工、制作作业（如预制构件，木门窗制作等），应尽量放在工厂、车间完成，减少施工现场加工制作产生的噪声。

（8）尽量选用低噪声设备或有消声降噪设备的施工机械，施工现场的强噪声机械，如：搅拌机、电锯、电刨、砂轮机等要设置封闭的机械棚，以减少强噪声的扩散。

（9）积极改进施工作业技术，采用先进设备与材料，降低作业噪声的产生量，如整体滑动模板的使用，可以大大减少模板作业噪声发生量与强度。

（10）合理安排施工作业顺序和时间，尽量避免在夜间进行强噪声作业。

（11）加强施工现场环境噪声的监测，采专人管理的原则，根据测量结果，凡超过《建筑施工场界环境噪声排放标准》GB 12523—2011 标准的，要及时对施工现场噪声超标的有关因素进行调整，及时有效地控制噪声值。

（12）减少人为噪声，进行文明施工，加强对施工作业人员的素质培养，尽量减少人为的大声喧哗，增强全体施工人员防噪声扰民的意识。

8.1.6　固体废弃物污染防治措施

（1）建设项目的环境影响评价文件确定需要配套建设的固体废物污染环境防治设施，必须与主体工程同时设计、同时施工、同时投入使用。固体废物污染环境防治设施必须经原审批环境影响评价文件的环境保护行政主管部门验收合格后，该建设项目方可投入生产或者使用。对固体废物污染环境防治设施的验收应当与对主体工程的验收同时进行。

（2）应遵循对固体废弃物实行减量化、资源化、无害化的防治原则，防止施工现场固体废弃物对环境造成污染。

（3）施工现场和项目部应根据建设工程的内容对固体废弃物进行分类，建立固体废弃物目录，合理利用可回收利用的，及时处理或处置不可回收的，严格管理需特殊处置的危险废弃物。

（4）施工现场应建立专项垃圾站或专用堆放场地，存放建筑施工垃圾，产生的废弃物应按废弃物类别投入指定垃圾箱（桶）或堆放场地，禁止乱投乱放，放废建材堆料场应设置围挡，并设立标识，放置属非危险废弃物的指定收集箱，严禁危险废弃物放置。

（5）对可能产生二次污染的物品要对放置的容器加盖，防止因雨、风、热等原因引起的再次污染。

（6）放置危险废弃物的容器要有特别的标识，以防止该废弃物的遗撒、倾倒和容器破损造成的污染，也防止该废弃物和其他废弃物相混淆。

（7）不得在施工现场熔化沥青和焚烧油毡、油漆，亦不得焚烧其他可产生有毒有害和恶臭气体的废弃物；垃圾焚烧处理应使用符合环境要求的处理装置，避免对大气的二次污染。

（8）危险废弃物应定期让有资质的部门处置，处置危险废弃物的承包方必须要出示行政主管部门核发的处置废弃物的许可证营业执照，必须要和承包方签订协议或合同，在协议或合同中要明确双方责任和义务，以确保该承包方按规定处置废弃物。

（9）固体废弃物，特别是建筑垃圾和土方在运输过程中不得有泄漏、扬尘、遗撒现象。施工单位在与相关方签订外销、外运合同时，需明确本工程环境管理方面要求，及时对违反要求的现象进行处置和整改。

8.2 场地水土保持

8.2.1 防治原则

（1）严格遵守水土保持法律、法规和合同规定，做好施工活动范围内的水土保持工作，避免由于施工造成的水土流失。施工场地应合理设置排水系统，宜在施工场地便道或围墙侧形成绿化带。

（2）通过水土保持工程措施，预防和治理水土流失，保护和合理利用水土资源，减轻灾害，改善生态环境，维护生态平衡，确保工程所处的环境不受污染和破坏。

（3）坚持“三同时”原则，即坚持水土保持工程与主体工程同时设计、同时施工，同时投产使用的原则，在建设过程中主动接收当地水土保持管理部门的监督检查，避免“边施工边破坏”现象的发生。

8.2.2 防治措施

（1）施工前对施工场地进行土地平整；在项目建设过程中，采用开挖排水沟及设置沉沙池防止施工过程中的水土流失；施工完毕后对施工场地进行硬化处理等措施。

（2）施工期间对裸露空地撒播草籽进行绿化防护，改善土壤结构、提高土壤肥力、固土防沙、涵养水源、减少扬尘。工程建设形成的其他裸露地表，应采取绿化栽植，土地整治等措施。

（3）已建项目采取临时拦挡、临时排水沟、临时覆盖等措施。

（4）严禁施工人员在施工区域及附近砍伐树木、开荒种地、取土、违章用火，尽可能原状维持施工区域的生态环境，加强保护施工区外的生态环境。

（5）工程完工后，进行恢复原貌和复耕的整平清理工作，恢复植被以防止水土流失及生态环境恶化。

8.2.3 临时工程水土流失防治

（1）合理布置临时设施、生活设施、施工便道等，尽量减少对地形和植被的破坏。

（2）临时工程场地内应及时硬化并在四周设置排水沟，防止雨水侵蚀，造成水土流失。

（3）生活设施的布置合理、经济、环保。

（4）有污水排放如食堂、拌合楼的临时设施应根据污量合理设置污水沉淀池，过滤达标后方可排出，不得随意排放，对当地水土造成污染。

（5）在临时工程的施工和使用期间应加强对原有水系的保护，确保水系畅通。

8.2.4 弃土水土流失防治

（1）施工产生的弃土泥浆应及时运输到指定消纳场或者循环利用点堆放、处理。弃土运输采取防泄漏措施，土方运输车辆堆放高度不得高于挡板，顶板设盖板等加以覆盖。

（2）土方开挖如需临时堆放，选择不易受径流冲刷侵蚀的场地，并在周边修建临时排水沟引排周边汇水，同时对临时堆积土方采用密目网加以覆盖。

8.2.5 雨季水土流失防治

（1）施工临建的露天场所及周围做好防洪防汛保护措施，加强养护，防止冲刷和水土流失。

（2）雨季填筑施工，需随挖、随运、随填、随压实，每层表面筑成适当的横坡，避免积水。

8.2.6 土地风化水土流失防治

（1）对路边、边坡等可以绿化的部位，在采取工程治理措施的同时，因地制宜尽可能多种植草，美化施工环境和防止水土流失。

（2）生活区、办公区场所，在满足水土流失防治要求的前提下，着重突出绿化美化效果。

8.3 节材与材料资源利用

（1）图纸会审时，审核节材与材料资源利用的相关内容，降低材料损耗率。

（2）根据施工进度、库存情况合理组织材料采购、进场时间，减少库存。

（3）现场材料堆放有序，储存环境适宜，措施得当。

（4）材料运输工具适宜，装卸方法得当，防止损坏和遗撒。根据现场平面布置情况就近卸载，尽量避免二次搬运。

（5）现场临时设施应采用可周转使用的材料。现场临时围挡应最大限度的利用已有围墙或采用装配式可重复使用围挡封闭；围墙应采用制作简单、安拆方便、搬运轻捷、安全性强、耐腐蚀、周转次数多的可拆装式环保围墙。

（6）利用建筑废弃物再生材料、短或废钢筋制作可多次周转的预制构件，工地现场临时道路和地面硬化采用块材预制铺设，达到循环使用的目的，减少临时性道路混凝土浇筑和二次清理时建筑垃圾的产生。

（7）临边、洞口等防护部位应采用可拆卸周转使用的定型化、工具化、标准化围挡。基坑周边围护使用可周转使用的可拆装式防护栏杆。

（8）使用工具式模板和新型模板材料，如铝合金、塑料、玻璃钢和其他可再生材料的大模板和钢框镶边模板，实现模板周转次数多、可回收利用，减少木材资料的浪费。

（9）应将剩余的钢管、钢筋加工成外排脚手架脚踏板和洞口防护盖。应将木模板的边角料废料加工成外排脚手架踢脚板等。

（10）采用轻质砌砖，采用特殊胶粘剂，减少砂浆使用。

（11）推广生活区、办公区采用防火性能好、可重复使用的周转式或整体吊装板房、设施等。

8.4 节水与水资源利用

（1）应按定额进行计量控制管理，施工现场应采用节水阀、节水箱等器具。

（2）施工中应采用先进的节水施工工艺及措施。施工现场应建立非传统水源的收集处理系统，使水资源得到梯级循环利用。施工现场宜在出入口设置循环水池，回收水循环再利用。在施工现场不提倡抽取地下水资源及占用自来水公共资源。

（3）回收利用的水箱须采用铝合金、铁、不锈钢、塑料等材质制作，达到循环使用的目的。严禁使用混凝土及砖砌材料制作，防止二次建筑垃圾的产生及处理。

（4）生活区生活废污水（雨水、厨房洗菜中水、洗漱间的洗衣等用水）集中处理后，使用于生活区的绿化浇灌、车辆冲洗、道路冲洗、冲洗厕所等，从而达到节约用水的目的。将回收水资源用于工地现场扬尘作业（包含切割材料、场地清理、车辆运输等）的喷雾降尘处理。

8.5 节能与能源利用

（1）应合理安排施工顺序及施工区域，减少作业区机械设备数量。

（2）现场宜使用节能施工设备和高效、环保的施工设备和机具，减少使用人力搬运，降低材料的损耗，提高作业效率。

（3）应按定额进行计量控制管理，施工现场应采用节能节电设备。

（4）现场临时变压器宜安装功率补偿装置，降低变压器的无功功率损耗。

（5）现场及工人生活区照明宜采用 36V 以下的安全电压，宜采用 LED 等节能灯具，宜采用声控、光控等自动控制装置，减少临时用电消耗。

（6）施工用电宜永临结合。

（7）临时设施宜利用日照、通风和采光等场地自然条件。

（8）宜采用风能、太阳能、水能、生物质能、地热能等可再生能源。

8.6 节地与施工用地保护

（1）根据施工规模及现场条件等因素合理布置临时设施如临时加工场、现场作业棚、材料堆场、办公生活设施等的占地指标。红线外临时占地使用荒地、废地，少占用农田和耕地；施工完成后及时恢复绿化植被。施工周期较长的现场，按建筑永久绿化要求，新建绿化。

（2）施工场地平面布置合理、紧凑，尽可能减少废弃地和死角，充分利用原有构筑物、道路、管线为施工服务。

（3）临时道路宜采用预制块铺设或钢板敷设，道路路基宜采用永久路基施工，市政雨水、污水管网等宜提前投入使用（图 8.6-1）。

图 8.6-1　预制块铺设临时便道

8.7 施工现场的环境卫生

（1）施工区、办公区、生活区应有明确划分，并应划分卫生责任区域，落实相应负责人，设置标志牌，标志牌上应注明卫生责任人、管理范围和职责等。

（2）施工现场每天要安排人员进行打扫，保持现场整洁卫生，材料堆放整齐有序，场地干净平整，通道畅通，道路无积水无余泥，特别应注意清理砂浆和混凝土等运输、搅拌、浇筑处的地面。

（3）施工现场的道路和场地每天应定时适量洒水降尘，发现土块、杂物等必须立即清理，土方、建筑垃圾等外运时必须有专人在运输线路上进行检查，发现运输车辆有遗撒情况必须及时清理。

（4）木工操作面要及时清理木屑、锯末，保持木工硼和作业面清洁；钢筋棚内，加工成型的钢筋要码放整齐，钢筋头放在指定地点，钢筋屑当天清理。

（5）施工过程中要做到完工场清，施工区域内的零散材料和垃圾随着区域施工的进展及时清理、集中堆放、及时外运，并且必须采用相应的容器或管道运输，严禁高空抛掷，能回收利用的材料应回收，垃圾临时存放不得超过三天，垃圾存量较大时应每天清理外运，不得在现场焚烧垃圾。

（6）施工现场和办公区均应根据人员数量设置一定数量的厕所，男女厕所必须分设，宜采用水冲式厕所，应有符合抗渗要求的带盖化粪池，厕所污水应经化粪池接入市政污水环网，应设专人负责定期保洁，严禁随地大小便。

（7）食堂应有食品管理制度，有卫生许可证，内外整洁，炊具干净卫生，无腐烂变质的食品，生、熟食品分开操作和保管，有防蝇间和防蝇罩，禁止使用非食用塑料制品作熟食容器；厨师等食堂工作人员必须有健康证明。

（8）办公区和生活区应经常通风，保持空气流通，并定期进行消毒，避免滋生疾病；定期组织员工进行体检，发现患病特别是患传染病的人员应及时送其就医。

8.8 施工现场的治安保卫

（1）施工现场应采用封闭式管理，场地硬化，合理布局，应设置报警装置和监控设施。

（2）施工单位的治安保卫工作必须按照“谁主管，谁负责”的原则，确定一名主要领导负责此项工作。施工现场的治安保卫由施工单位负责。实行施工总承包的，由总承包单位负责。分包单位向总承包单位负责，接受总承包单位的统一领导和监督检查。

（3）施工单位编制工程施工组织设计或施工方案，必须包括相应的治安保卫措施；

重点工程必须制定专项的治安保卫工作方案。

（4）施工现场应根据工程规模建立相应的治安保卫组织，配备治安保卫防人员。施工单位应当建立治安保卫教育制度，加强对治安保卫人员的培训，未经教育培训的人员，不得上岗作业。

（5）施工现场应实行区域管理，施工区与生活区要有严格明确的划分。

（6）施工现场应建立健全治安保卫制度，并与当地治安联防机构密切配合，严防各类治安案件的发生。施工现场发生各类案件要立即报告建设行政主管部门及公安部门，并保护好现场，配合公安机关开展工作。

（7）治安保卫工作

1）施工现场的治安保卫工作，应遵照国家有关法律、法规等规章规定，开展治安保卫工作。

2）施工现场主要出入口应设门卫室，配备专职门卫人员，实行人员出入登记和门卫交接班制度。严禁无关人员擅自进入施工现场。进入施工现场的工作人员应佩戴工作卡，工作卡内容应包括：照片、单位、姓名、职务、部门、工种、编号等。

3）施工现场治安保卫工作要建立预警制度，对于有可能发生的事件要定期进行分析，化解矛盾。事件发生时，必须报各上级主管部门，并做好工作，以防事态扩大。

4）施工现场员工临时生活区与施工作业区应当采取隔离措施。施工现场所设更衣室、休息室等，应确定专人兼管；在生活区内严禁赌博、酗酒，非经批准，不许他人留宿，不得使用不符合安全要求的电器和取暖用具；施工现场内要加强电视机、录音机等贵重物品和现金、票证的管理。

5）施工现场料场、库房应当加强巡逻守护，重要材料、设备要专库专管；贵重物品、仪表和保密图纸资料以及精密小型工具的保管和使用，须有安全保卫措施，健全存放、保管、领用、回收登记制度。

6）施工现场易燃、易爆、剧毒物品，必须专库限量储存，设置明显标志，指定专人保管，制定严格的限量领用登记制度和余料回收制度。

7）施工现场的要害部位，包括为施工服务的锅炉房、变电室、泵房、大中型机械设备，建设工程的关键部位和施工关键工序，应当制定并认真执行安全保卫措施，安装防护设施或报警装置。

8）建设工程成品，包括即将竣工的道路、桥梁、隧道，安装就位的重要设施、设备，装修完毕的贵重装饰设备等，必须制定专门保卫措施，组织专门力量，加强巡逻看护；重点工程应划定重点保卫区域，专人看守，严格验证，严防盗窃、破坏和治安灾害事故的发生。

9）施工现场发生刑事案件、治安案件和灾害事故，施工现场治安保卫组织必须保护现场，及时向上级主管部门的治安保卫组织和公安机关报告。公安机关应协助施工现场治安保卫组织维护施工现场及其周围的治安秩序。

10）施工现场必须建立健全治安保卫内业资料，包括治安保卫设施平面图；现场治安保卫制度，方案，预案；治安保卫组织机构、负责人等。

11）施工现场应保存报警装置、监控设施器材等维修验收记录；警卫人员工作记录；施工现场治安保卫检查记录；出入登记和接待来访记录；贵重物品、保密图纸存放、保管、领用、回收登记记录；易燃、易爆、剧毒物品，限量领用登记和余料回收记录等资料。

第9章 应急处置与救援

9.1 应急预案

9.1.1 应急预案的分类

根据《生产安全事故应急预案管理办法》(国家安全生产监督管理总局令第88号)的相关规定:

第五条 生产经营单位主要负责人负责组织编制和实施本单位的应急预案，并对应急预案的真实性和实用性负责；各分管负责人应当按照职责分工落实应急预案规定的职责。

第六条 生产经营单位应急预案分为综合应急预案、专项应急预案和现场处置方案。

综合应急预案，是指生产经营单位为应对各种生产安全事故而制定的综合性工作方案，是本单位应对生产安全事故的总体工作程序、措施和应急预案体系的总纲。

专项应急预案，是指生产经营单位为应对某一种或者多种类型生产安全事故，或者针对重要生产设施、重大危险源、重大活动防止生产安全事故而制定的专项性工作方案。

现场处置方案，是指生产经营单位根据不同生产安全事故类型，针对具体场所、装置或者设施所制定的应急处置措施。

1. 综合预案

综合预案相当于总体预案，从总体上阐述预案的应急方针、政策，应急组织结构及相应的职责，应急行动的总体思路等。通过综合预案，可以很清晰地了解应急的组织体系、运行机制及预案的文件体系。更重要的是，综合预案可以作为应急救援工作的基础和“底线”，对那些没有预料的紧急情况也能起到一般的应急指导作用。

2. 专项预案

专项预案是针对某种具体的、特定类型的紧急情况，如煤矿瓦斯爆炸、危险物质泄漏、火灾、某一自然灾害、危险源和应急保障而制定的计划或方案，是综合应急预案的组成部分，应按照综合应急预案的程序和要求组织制定，并作为综合应急预案的附件。

专项预案是在综合预案的基础上，充分考虑了某种特定危险的特点，对应急的形势、组织机构、应急活动等进行更具体的阐述，具有较强的针对性。专项应急预案应制定明确的救援程序和具体的应急救援措施。

3. 现场处置方案

现场处置方案是在专项预案的基础上，根据具体情况而编制的。它是针对具体装置、场所、岗位所制定的应急处置措施。现场处置方案的特点是针对某一具体场所的该类特殊危险及周边环境情况，在详细分析的基础上，对应急救援中的各个方面做出具体、周密而细致的安排，因而现场处置方案具有更强的针对性和对现场具体救援活动的指导性。

9.1.2 应急预案的体系

不同类型、不同规模、不同风险的区域，可以针对自身的实际应急需要和管理模式，采取不同的应急预案结构框架。不同的应急预案由于各自所处的层次和适用的范围不同，因而在内容的详略程度和侧重点上会有所不同，但都可以采用相似的基本结构。如图9.1-1所示的“1+4”预案编制结构，是由一个基本预案加上应急功能设置、特殊风险管理、标准操作程序和支持附件构成的。

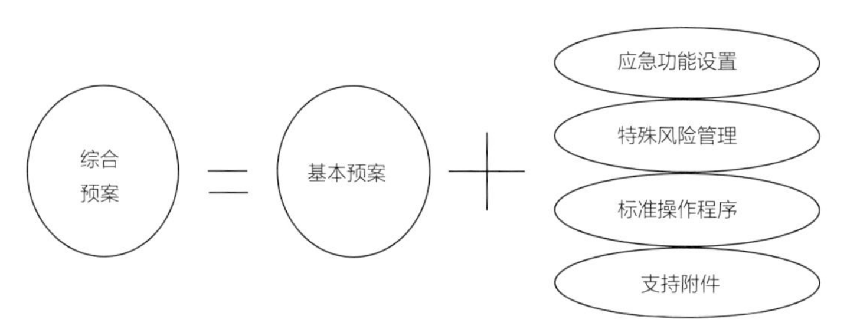

图9.1-1 应急预案的基本结构

9.1.3 应急预案的编制

1. 基本要求

编制应急预案必须以科学的态度，在全面调查的基础上，实行领导与专家相结合的方式，开展科学分析和论证，使应急预案真正具有科学性。同时，应急预案应符合使用对象的客观情况，具有实用性和可操作性，以利于准确、迅速地控制事故。

《生产安全事故应急预案管理办法》（原国家安全生产监督管理总局令第88号）的相关规定：

第七条 应急预案的编制应当遵循以人为本、依法依规、符合实际、注重实效的原则，以应急处置为核心，明确应急职责、规范应急程序、细化保障措施。

第八条　应急预案的编制应当符合下列基本要求：

（一）有关法律、法规、规章和标准的规定；

（二）本地区、本部门、本单位的安全生产实际情况；

（三）本地区、本部门、本单位的危险性分析情况；

（四）应急组织和人员的职责分工明确，并有具体的落实措施；

（五）有明确、具体的应急程序和处置措施，并与其应急能力相适应；

（六）有明确的应急保障措施，满足本地区、本部门、本单位的应急工作需要；

（七）应急预案基本要素齐全、完整，应急预案附件提供的信息准确；

（八）应急预案内容与相关应急预案相互衔接。

2. 应急预案编制的步骤

《生产经营单位生产安全事故应急预案编制导则》GB/T 29639—2013 的相关规定：生产经营单位编制应急预案包括成立应急预案编制工作组、资料收集、风险评估、应急能力评估、编制应急预案和应急预案评审 6 个步骤。

（1）成立预案编制小组

生产经营单位应结合本单位部门职能和分工，成立以单位主要负责人（或分管负责人）为组长，单位相关部门人员参加的应急预案编制工作组，明确工作职责和任务分工，制定工作计划，组织开展应急预案编制工作。预案编制人员应由具备应急指挥、环境评估、环境生态恢复、生产过程控制、安全、组织管理、医疗急救、监测、消防、工程抢险、防化、环境风险评估等各方面专业的人员及专家组成。

（2）资料收集

编制小组的首要任务就是收集制定预案的必要信息并进行初始评估，这包括：

1）适用的法律、法规和标准；

2）企业安全记录、事故情况；

3）国内外同类企业事故资料；

4）地理、环境、气象资料；

5）相关企业的应急预案等。

依据可能发生的灾害（事故）的类型、性质、影响范围大小以及后果的严重程度等进行预案的设计。并充分利用已有的预案和资料，加强部门之间的协调。

（3）风险评估

因为调查所有的潜在危险并进行详细的分析是不可能的，所以风险识别的目的是将所辖区域中可能存在的重大危险因素识别出来，作为下一步风险评估的对象。风险评估是应急预案编制的基础和关键过程。风险评估的结果不仅有助于确定需要重点考虑的危险，提供划分预案编制优先级别的依据，而且也为应急预案的编制、应急准备和应急响应提供必要的信息和资料。

风险评估是评估事故或灾害发生时对城市造成破坏的可能性，以及可能导致的实际破坏或伤害程度，通常可能会选择对最坏的情况进行分析。风险评估可提供下列信息：

1）发生事故的环境特点和同时发生多种紧急事故的可能性。

2）对人造成的伤害类型和相关的高危人群。

3）对财产造成的破坏类型和后果。

4）对环境造成的破坏类型和后果。

（4）应急能力评估

依据危险分析的结果，对已有的应急物资和应急能力进行评估，明确应急救援的需求和不足。

1）应急资源包括：

① 应急人员的数量、素质、承受能力和应变能力。

② 应急设施和设备、装备和物资：消防设备、个人防护设备、医疗设备等。

2）应急能力包括人员的技术、经验和接受的培训等，也包括应急资源的配置情况。应急能力将直接影响应急行动的快速、有效性。

应急资源和应急能力将直接影响应急行动的快速、有效性。制定预案时应当在评价与潜在危险相适应的应急资源和能力的基础上，选择最现实、最有效的应急策略。

（5）编制应急预案

应急预案的编制必须基于重大事故风险的分析结果，应急资源的需求和现状以及有关的法律法规要求。此外，预案编制时应充分收集和参阅已有的应急预案，以最大可能减少工作量和避免应急预案的重复和交叉，并确保与其他相关应急预案的协调和一致。

预案编制小组在设计应急预案编制格式时则应考虑：

1）合理组织。应合理地组织预案的章节，以便每个不同的读者能快速地找到各自所需要的信息，避免从一堆不相关的信息中去查找所需要的信息。

2）连续性。保证应急预案各个章节及其组成部分，在内容上的相互衔接，避免内容出现明显的位置不当。

3）一致性。保证应急预案的每个部分都采用相似的逻辑结构来组织内容。

4）兼容性。应急预案的格式应尽量采取与上级机构一致的格式，以便各级应急预案能更好地协调和对应。

（6）应急预案评审

为确保应急预案的科学性、合理性以及与实际情况的符合性，预案编制单位或管理部门应依据我国有关的方针、政策、法律、规章、标准和其他有关应急预案编制的指南性文件，组织开展预案评审工作，取得政府有关部门和应急机构的认可。

应急预案的评审包括内部评审和外部评审两类。内部评审是指编制小组成员内部实施的评审。应急预案管理部门应要求预案编制单位在预案初稿编写工作完成后，组织编写成员内部对其进行评审，保证预案语言简洁通畅、内容完整。外部评审是由企业外部机构或专家对企业应急救援预案进行审核。根据评审人员的不同，又可分为专家评审、同级评审、上级评审、社区评审和政府评审。

参加应急预案评审的人员应当包括有关安全生产及应急管理方面的专家。评审人员与所评审应急预案的生产经营单位有利害关系的，应当回避。应急预案的评审或者论证应当注重基本要素的完整性、组织体系的合理性、应急处置程序和措施的针对性、应急保障措施的可行性、应急预案的衔接性等内容。生产经营单位的应急预案经评审或者论证后，由本单位主要负责人签署公布，并及时发放到本单位有关部门、岗位和相关应急救援队伍。

9.1.4 应急预案的主要内容

应急预案是整个应急管理体系的反映，它不仅包括事故发生过程中的应急响应和救援措施，而且还应包括事故发生前的各种应急准备和事故发生后的短期恢复，以及预案的管理与更新等。通常，完整的应急预案主要包括以下六个方面的内容:

1. 应急预案概况

应急预案概况主要描述生产经营单位概况以及危险特性状况等，同时对紧急情况下应急事件、适用范围和方针原则等提供简述并做必要说明。应急救援体系首先应有一个明确的方针和原则来作为指导应急救援工作的纲领。方针与原则反映了应急救援工作的优先方向、政策、范围和总体目标，如保护人员安全优先，防止和控制事故蔓延优先，保护环境优先。此外，方针与原则还应体现事故损失控制、预防为主、统一指挥以及持续改进等思想。

2. 事故预防

预防程序是对潜在事故、可能的次生与衍生事故进行分析并说明所采取的预防和控制事故的措施。

应急预案是有针对性的，具有明确的对象，其对象可能是某一类或多类可能的重大事故类型。应急预案的制定必须基于对所针对的潜在事故类型有一个全面系统的认识和评价，识别出重要的潜在事故类型、性质、区域、分布及事故后果，同时，根据危险分析的结果，分析应急救援的应急力量和可用资源情况，并提出建设性意见。

（1）危险分析

危险分析的最终目的是要明确应急的对象（可能存在的重大事故）、事故的性质及其影响范围、后果严重程度等，为应急准备、应急响应和减灾措施提供决策和指导依据。危险分析包括危险识别、脆弱性分析和风险分析。危险分析应依据国家和地方有关的法律法规要求，根据具体情况进行。

（2）资源分析

针对危险分析所确定的主要危险，明确应急救援所需的资源，列出可用的应急力量和资源，包括：

1）各类应急力量的组成及分布情况。

2）各种重要应急设备、物资的准备情况。

3）上级救援机构或周边可用的应急资源。

通过资源分析，可为应急资源的规划与配备、与相邻地区签订互助协议和预案编制提供指导。

（3）法律法规要求

有关应急救援的法律法规是开展应急救援工作的重要前提保障。编制预案前，应调研国家和地方有关应急预案、事故预防、应急准备、应急响应和恢复相关的法律法规文件，以作为预案编制的依据和授权。

3. 准备程序

准备程序应说明应急行动前所需采取的准备工作，包括应急组织及其职责权限、应急队伍建设和人员培训、应急物资的准备、预案的演习、公众的应急知识培训、签订互助协议等。

应急预案能否在应急救援中成功地发挥作用，不仅仅取决于应急预案自身的完善程度，还依赖于应急准备的充分与否。应急准备主要包括各应急组织及其职责权限的明确、应急资源的准备、公众教育、应急人员培训、预案演练和互助协议的签署等。

（1）机构与职责

为保证应急救援工作的反应迅速、协调有序，必须建立完善的应急机构组织体系，包括城市应急管理的领导机构、应急响应中心以及各有关机构部门等。对应急救援中承担任务的所有应急组织，应明确相应的职责、负责人、候补人及联络方式。

（2）应急资源

应急资源的准备是应急救援工作的重要保障，应根据潜在事故的性质和危险分析，合理组建专业和社会救援力量，配备应急救援中所需的各种救援机械和装备、监测仪器、堵漏和清消材料、交通工具、个体防护装备、医疗器械和药品、生活保障物资等，并定期检查、维护与更新，保证始终处于完好状态。另外，对应急资源信息应实施有效的管理与更新。

（3）教育、培训与演习

为全面提高应急能力，应急预案应对公众教育、应急训练和演习做出相应的规定，包括其内容、计划、组织与准备、效果评估等。

公众意识和自我保护能力是减少重大事故伤亡不可忽视的一个重要方面。作为应急准备的一项内容，应对公众的日常教育做出规定，尤其是位于重大危险源周边的人群，使他们了解潜在危险的性质和对健康的危害，掌握必要的自救知识，了解预先指定的主要及备用疏散路线和集合地点，了解各种警报的含义和应急救援工作的有关要求。

应急演习是对应急能力的综合检验。合理开展由应急各方参加的应急演习，有助于提高应急能力。同时，通过对演练的结果进行评估总结，有助于改进应急预案和应急管理工作中存在的不足，持续提高应急能力，完善应急管理工作。

（4）互助协议

当有关的应急力量与资源相对薄弱时，应事先寻求与邻近区域签订正式的互助协议，并做好相应的安排，以便在应急救援中及时得到外部救援力量和资源的援助。此外，也应与社会专业技术服务机构、物资供应企业等签署相应的互助协议。

4. 应急程序

在应急救援过程中，存在一些必需的核心功能和任务，如接警与通知、指挥与控制、警报和紧急公告、通信、事态监测与评估、警戒与治安、人群疏散与安置、医疗与卫生、公共关系、应急人员安全、消防和抢险、泄漏物控制等，无论何种应急过程都必须围绕上述功能和任务开展。应急程序主要指实施上述核心功能和任务的程序和步骤。

（1）接警与通知

准确了解事故的性质和规模等初始信息是决定启动应急救援的关键。接警作为应急响应的第一步，必须对接警要求做出明确规定，保证迅速、准确地向报警人员询问事故现场的重要信息。接警人员接受报警后，应按预先确定的通报程序，迅速向有关应急机构、政府及上级部门发出事故通知，以采取相应的行动。

（2）指挥与控制

重大安全生产事故应急救援往往需要多个救援机构共同处置，因此，对应急行动的统一指挥和协调是有效开展应急救援的关键。建立统一的应急指挥、协调和决策程序，便于对事故进行初始评估，确认紧急状态，从而迅速有效地进行应急响应决策，建立现场工作区域，确定重点保护区域和应急行动的优先原则，指挥和协调现场各救援队伍开展救援行动，合理高效地调配和使用应急资源等。

（3）警报和紧急公告

当事故可能影响到周边地区，对周边地区的公众可能造成威胁时，应及时启动警报系统，向公众发出警报，同时通过各种途径向公众发出紧急公告，告知事故性质，对健康的影响、自我保护措施、注意事项等，以保证公众能够及时做出自我保护响应。决定实施疏散时，应通过紧急公告确保公众了解疏散的有关信息，如疏散时间、路线、随身携带物、交通工具及目的地等。

（4）通信

通信是应急指挥、协调和与外界联系的重要保障，在现场指挥部、应急中心、各应急救援组织、新闻媒体、医院、上级政府和外部救援机构之间，必须建立完善的应急通信网络，在应急救援过程中应始终保持通信网络畅通，并设立备用通信系统。

（5）事态监测与评估

在应急救援过程中必须对事故的发展势态及影响及时进行动态的监测，建立对事故现场及场外的监测和评估程序。事态监测与评估在应急救援中起着非常重要的决策支持作用，其结果不仅是控制事故现场，制定消防、抢险措施的重要决策依据，也是划分现场工作区域、保障现场应急人员安全、实施公众保护措施的重要依据。即使在现场恢复阶段，也应当对现场和环境进行监测。

（6）警戒与治安

为保障现场应急救援工作的顺利开展，在事故现场周围建立警戒区域，实施交通管制，维护现场治安秩序是十分必要的，其目的是要防止与救援无关人员进入事故现场，保障救援队伍、物资运输和人群疏散等的交通畅通，并避免发生不必要的伤亡。

（7）人群疏散与安置

人群疏散是减少人员伤亡扩大的关键，也是最彻底的应急响应。应当对疏散的紧急情况和决策、预防性疏散准备、疏散区域、疏散距离、疏散路线、疏散运输工具、避难场所以及回迁等做出细致的规定和准备，应考虑疏散人群的数量、所需要的时间、风向等环境变化以及老弱病残等特殊人群的疏散等问题。对已实施临时疏散的人群，要做好临时生活安置，保障必要的水、电、卫生等基本条件。

（8）医疗与卫生

对受伤人员采取及时、有效的现场急救，合理转送医院进行治疗，是减少事故现场人员伤亡的关键。医疗人员必须了解城市主要的危险，并经过培训，掌握对受伤人员进行正确消毒和治疗方法。

（9）公共关系

重大事故发生后，不可避免地会引起新闻媒体和公众的关注。应将有关事故的信息、影响、救援工作的进展等情况及时向媒体和公众公布，以消除公众的恐慌心理，避免公众的猜疑和不满。应保证事故和救援信息的统一发布，明确事故应急救援过程中对媒体和公众的发言人和信息批准、发布的程序，避免信息的不一致性。同时，还应处理好公众的有关咨询，接待和安抚受害者家属。

（10）应急人员安全

重大事故尤其是涉及危险物质的重大事故的应急救援工作危险性极大，必须对应急人员自身的安全问题进行周密的考虑，包括安全预防措施、个体防护设备、现场安全监测等，明确紧急撤离应急人员的条件和程序，保证应急人员免受事故的伤害。

（11）抢险与救援

抢险与救援是应急救援工作的核心内容之一，其目的是为了尽快地控制事故的发展，防止事故的蔓延和进一步扩大，从而最终控制住事故，并积极营救事故现场的受害人员。

尤其是涉及危险物质的泄漏、火灾事故，其消防和抢险工作的难度和危险性十分巨大，应对消防和抢险的器材和物资、人员的培训、方法和策略以及现场指挥等做好周密的安排和准备。

（12）危险物质控制

危险物质的泄漏或失控，将可能引发火灾、爆炸或中毒事故，对工人和设备等造成严重危险。而且，泄漏的危险物质以及夹带了有毒物质的灭火用水，都可能对环境造成重大影响，同时也会给现场救援工作带来更大的危险。因此，必须对危险物质进行及时有效的控制，如对泄漏物的围堵、收容和洗消，并进行妥善处置。

5. 现场恢复

现场恢复也可称为紧急恢复，是指事故被控制住后所进行的短期恢复，从应急过程来说意味着应急救援工作的结束，进入到另一个工作阶段，即将现场恢复到一个基本稳定的状态。大量的经验教训表明，在现场恢复的过程中仍存在潜在的危险，如余烬复燃、受损建筑倒塌等，所以应充分考虑现场恢复过程中可能的危险。该部分主要内容应包括：宣布应急结束的程序；撤离和交接程序；恢复正常状态的程序；现场清理和受影响区域的连续检测；事故调查与后果评价等。

6. 预案管理与评审改进

应急预案是应急救援工作的指导文件。应当对预案的制定、修改、更新、批准和发布做出明确的管理规定，保证定期或在应急演习、应急救援后对应急预案进行评审和改进，针对各种实际情况的变化以及预案应用中所暴露出的缺陷，持续地改进，以不断地完善应急预案体系。

以上这六个方面的内容相互之间既相对独立，又紧密联系，从应急的方针、策划、准备、响应、恢复到预案的管理与评审改进，形成了一个有机联系并持续改进的体系结构。这些要素是重大事故应急预案编制所应当涉及的基本方面，在编制时，可根据职能部门的设置和职责分配等具体情况，将要素进行合并或增加，以更符合实际。

9.2 应急处置

应急响应是在出现紧急突发事件的情况下所采取的一种紧急避险行动，属于应急方案准备的一种。编制应急方案对人员行动作出规定，按照应急方案有秩序地进行救援，可以减少损失。所以，本单位的人员必须熟悉应急方案。应急方案实际就是一个程序，应符合本地区实际，必须有可操作性和很强的针对性。

9.2.1 安全生产事故应急响应分级标准

按照安全生产事故灾难的可控性、严重程度和影响范围，应急响应级别原则上分为Ⅰ级响应、Ⅱ级响应、Ⅲ级响应、Ⅳ级响应。

1. 出现下列情况之一启动Ⅰ级响应：

（1）造成 30 人以上死亡（含失踪），或危及 30 人以上生命安全，或者 100 人以上重伤（包括急性工业中毒，下同），或者直接经济损失 1 亿元以上的特别重大安全生产事故灾难。

（2）需要紧急转移安置 10 万人以上的安全生产事故灾难。

（3）超出省（区、市）政府应急处置能力的安全生产事故灾难。

（4）跨省级行政区、跨领域（行业和部门）的安全生产事故灾难。

（5）国务院认为需要国务院安委会响应的安全生产事故灾难。

2. 出现下列情况之一启动Ⅱ级响应：

（1）造成 10 人以上、30 人以下死亡（含失踪），或危及 10 人以上、30 人以下生命安全，或者 50 人以上、100 人以下重伤，或者直接经济损失 5000 万元以上、1 亿元以下的重大安全生产事故灾难。

（2）超出地级以上市人民政府应急处置能力的安全生产事故灾难。

（3）跨地级以上市行政区的安全生产事故灾难。

（4）省政府认为有必要响应的安全生产事故灾难。

3. 出现下列情况之一启动Ⅲ级响应：

（1）造成 3 人以上、10 人以下死亡（含失踪），或危及 3 人以上、10 人以下生命安全，或者 10 人以上、50 人以下重伤，或者 1000 万元以上、5000 万元以下直接经济损失的较大安全生产事故灾难。

（2）需要紧急转移安置 1 万人以上、5 万人以下的安全生产事故灾难。

（3）超出县级人民政府应急处置能力的安全生产事故灾难。

（4）发生跨县级行政区安全生产事故灾难。

（5）地级以上市人民政府认为有必要响应的安全生产事故灾难。

4. 出现下列情况之一启动Ⅳ级响应：

（1）造成 3 人以下死亡，或危及 3 人以下生命安全，或者 10 人以下重伤，或者 1000 万元以下直接经济损失的一般安全生产事故灾难。

（2）需要紧急转移安置 5000 人以上、1 万人以下的安全生产事故灾难。

（3）县级人民政府认为有必要响应的安全生产事故灾难。

9.2.2　应急响应的基本任务

应急响应行动是应对突发事件的最关键、最重要的一个环节，及时、准确的应急响应，往往对救援工作的顺利开展起到至关重要的作用；如果响应行动缓慢、延误，就增加了突发事件应急救援工作的难度，同时也增加了事故控制的难度。因此，在发生突发紧急事件后，要想有效开展救援工作，就一定要把应急响应工作做好。

突发事件应急响应的基本任务主要在以下几个方面：

（1）尽快恢复到正常运行的状态。

（2）控制事态的发展。

（3）及时抢救受害人员脱离危险。

（4）组织现场受灾人员撤离和疏散。

9.2.3　应急响应的程序

事故应急救援的响应程序按过程可分为接警、响应级别确定、应急启动、救援行动、应急恢复和应急结束等几个过程，如图 9.2-1 所示。

1. 接警与响应级别确定

接到事故报警后，按照工作程序，对警情做出判断，初步确定相应的响应级别。如果事故不足以启动应急救援体系的最低响应级别，响应关闭。

2. 应急启动

应急响应级别确定后，按所确定的响应级别启动应急程序，如通知应急中心有关人员到位、开通信息与通信网络、通知调配救援所需的应急资源（包括应急队伍和物资、装备等）、成立现场指挥部等。

3. 救援行动

有关应急队伍进入事故现场后，迅速开展事故侦测、警戒、疏散、人员救助、工程抢险等有关应急救援工作，专家组为救援决策提供建议和技术支持。当事态超出响应级别无法得到有效控制时，向应急中心请求实施更高级别的应急响应。

4. 应急恢复

该阶段主要包括现场清理、人员清点和撤离、警戒解除、善后处理和事故调查等。

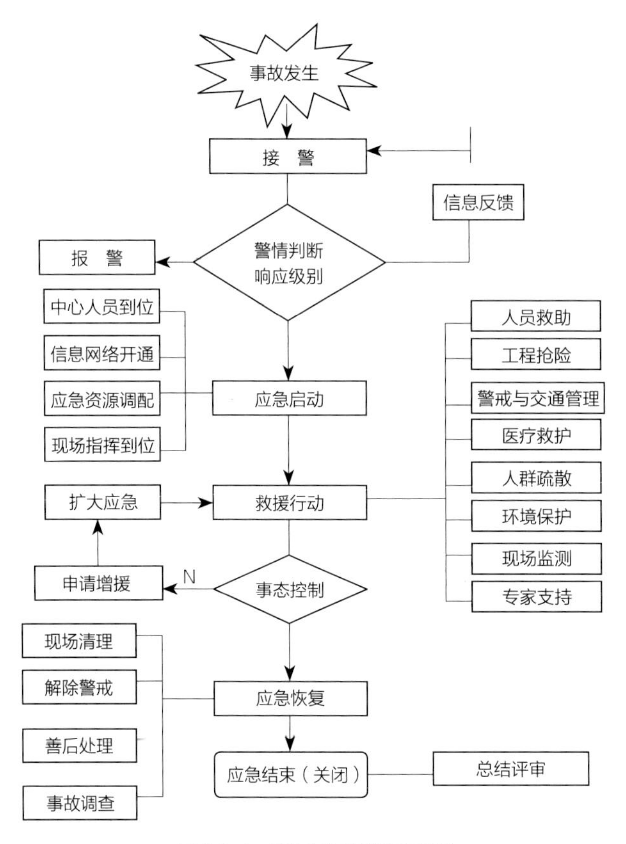

图 9.2-1　事故应急救援响应程序

5. 应急结束

执行应急关闭程序，由事故总指挥宣布应急结束。

9.2.4　现场应急处置安排

事故的现场处置需要根据类型、特点和规模做出紧急安排。尽管不同的事故所需的安排不同，但大多数事故的现场处置都应包括以下几方面的内容：

（1）设置警戒线。

（2）应急反应人力资源组织和协调。

（3）应急物资设备的调集。

（4）人员安全疏散：临时紧急疏散、远距离疏散、人员疏散与返回的优先顺序。

（5）现场交通管制。

（6）现场以及相关场所的治安秩序维护。

（7）对信息和新闻媒介的现场管理。

9.2.5 现场事态评估

（1）评估事故的性质。

（2）现场潜在危险的监测。

（3）现场情景与所需的应急资源。

（4）人员伤亡的情况评估。

（5）经济损失的估计与可能造成的社会影响。

（6）周围环境与条件的评估。

9.3 应急演练

9.3.1 应急演练的类型

根据应急演练的组织方式、演练内容和演练目的、作用等，可以对应急演练进行分类，目的是便于演练的组织管理和经验交流。

1. 按组织方式分类

应急演练按照组织方式及目标重点的不同，可以分为桌面演练和实战等。

（1）桌面演练。桌面演练是一种圆桌讨论或演习活动；其目的是使各级应急部门、组织和个人在较轻松的环境下，明确和熟悉应急预案中所规定的职责和程序，提高协调配合及解决问题的能力。桌面演练（图 9.3-1）的情景和问题通常以口头或书面叙述的方式呈现，也可以使用地图、沙盘、计算机模拟、视频会议等辅助手段，有时被分别称

图 9.3-1　桌面演练

为图上演练、沙盘演练、计算机模拟演练、视频会议演练等。

（2）实战演练（图 9.3-2）是以现场实战操作的形式开展的演练活动。参演人员在贴近实际状况和高度紧张的环境下，根据演练情景的要求，通过实际操作完成应急响应任务，以检验和提高相关应急人员的组织指挥、应急处置以及后勤保障等综合应急能力。

图 9.3-2 实战演练

2. 按演练内容分类

应急演练按其内容，可以分为单项演练和综合演练两类：

（1）单项演练。单项演练是指只涉及应急预案中特定应急响应功能或现场处置方案中一系列应急响应功能的演练活动。注重针对一个或少数几个参与单位（岗位）的特定环节和功能进行检验。

（2）综合演练。综合演练是指涉及应急预案中多项或全部应急响应功能的演练活动。注重对多个环节和功能进行检验，特别是对不同单位之间应急机制和联合应对能力的检验。

3. 按演练目的和作用分类

应急演练按其目的与作用，可以分为检验性演练、示范性演练和研究性演练。

（1）检验性演练。主要是指为了检验应急预案的可行性及应急准备的充分性而组织的演练。

（2）示范性演练。主要是指为了向参观、学习人员提供示范，为普及宣传应急知识而组织的观摩性演练。

（3）研究型演练。主要是为了研究突发事件应急处置的有效方法，试验应急技术、设施和设备，探索存在问题的解决方案等而组织的演练。

不同演练组织形式、内容及目的的交叉组合，可以形成多种多样的演练方式，如：单项桌面演练、综合桌面演练、单项实战演练、综合实战演练、单项示范演练、综合示范演练等。

9.3.2 应急演练的组织

一次完整的应急演练活动要包括计划、准备、实施、评估总结和改进等五个阶段（图 9.3-3）。

1. 计划

演练组织单位在开展演练准备工作前应先制定演练计划。演练计划是有关演练的基本构想和对演练准备活动的初步安排，一般包括演练的目的、方式、时间、地点、日程安排、演练策划领导小组和工作小组构成、经费预算和保障措施等。

在制定演练计划过程中需要确定演练目的、分析演练需求、确定演练内容和范围、安排演练准备日程、编制演练经费预算等。

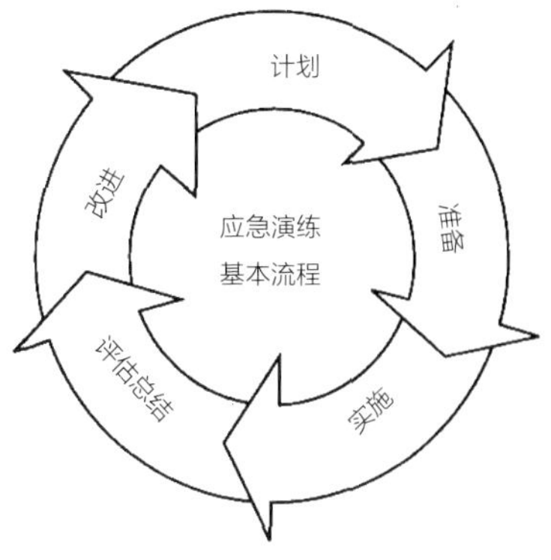

图 9.3-3　应急演练基本流程示意图

2. 准备

演练准备阶段的主要任务是根据演练计划成立演练组织机构，设计演练总体方案，并根据需要针对演练方案进行培训和预演，为演练实施奠定基础。

演练准备的核心工作是设计演练总体方案。演练总体方案是对演练活动的详细安排。

演练总体方案的设计一般包括确定演练目标、设计演练情景与演练流程、设计技术保障方案、设计评估标准与方法、编写演练方案文件等内容。

（1）成立演练组织机构

演练应在相关预案确定的应急领导机构或指挥机构领导下组织开展。演练组织单位要成立由相关单位领导组成的演练领导小组，通常下设策划部、保障部和评估组；对于不同类型和规模的演练活动，其组织机构和职能可以适当调整。演练组织机构的成立是一个逐步完善的过程，在演练准备过程中，演练组织机构的部门设置和人员配备及分工可能根据实际需要随时调整，在演练方案审批通过之后，最终的演练组织机构才得以确立。

（2）确定演练目标

演练目标是为实现演练目的而需完成的主要演练任务及其效果。演练目标一般需说明“由谁在什么条件下完成什么任务，依据什么标准或取得什么效果”。

演练组织机构召集有关方面和人员，商讨确认范围、演练目的需求、演练目标以及各参与机构的目标，并进一步商讨，为确保演练目标实现而在演练场景、评估标准和方法、技术保障及对演练场地等方面应满足的要求。

演练目标应简单、具体、可量化、可实现。一次演练一般有若干项演练目标，每项演练目标都要在演练方案中有相应的事件和演练活动予以实现，并在演练评估中有相应的评估项目判断该目标的实现情况。

（3）演练情景事件设计

演练情景事件是为演练而假设的一系列突发事件，为演练活动提供了初始条件并通过一系列的情景事件，引导演练活动继续直至演练完成。

其设计过程包括：确定原生突发事件类型、请专家研讨、收集相关素材、结合演练目标，设计备选情景事件、研讨修改确认可用的情景事件、各情景事件细节确定。

演练情景事件设计必须做到真实合理，在演练组织过程中需要根据实际情况不断修改完善。演练情景可通过《演练情景说明书》和《演练情景事件清单》加以描述。

（4）演练流程设计

演练流程设计是按照事件发展的科学规律，将所有情景事件及相应应急处置行动按时间顺序有机衔接的过程。其设计过程包括：确定事件之间的演化衔接关系；确定各事件发生与持续时间；确定各参与单位和角色在各场景中的期望行动以及期望行动之间的衔接关系；确定所需注入的信息及注入形式。

（5）技术保障方案设计

为保障演练活动顺利实施，演练组织机构应安排专人根据演练目标、演练情景事件和演练流程的要求，预先进行技术保障方案设计。当技术保障因客观原因确难实现时，可及时向演练组织机构相关负责人反映，提出对演练情景事件和演练流程的相应修改建议。当演练情景事件和演练流程发生变化时，技术保障方案必须根据需要进行适当调整。

（6）评估标准和方法选择

演练评估组召集有关方面和人员，根据演练总体目标和各参与机构的目标以及演练的具体情景事件、演练流程和技术保障方案，商讨确定演练评估标准和方法。

演练评估应以演练目标为基础。每项演练目标都要设计合理的评估项目方法、标准。根据演练目标的不同，可以用选择项（如：是／否判断，多项选择）、主观评分（如：1—差、3—合格、5—优秀）、定量测量（如：响应时间、被困人数、获救人数）等方法进行评估。

为便于演练评估操作，通常事先设计好评估表格，包括演练目标、评估方法、评价标准和相关记录项等。有条件时还可以采用专业评估软件等工具。

（7）编写演练方案文件

文案组负责起草演练方案相关文件。演练方案文件主要包括演练总体方案及其相关附件。根据演练类别和规模的不同，演练总体方案的附件一般有演练人员手册、演练控制指南、技术保障方案和脚本、演练评估指南、演练脚本和解说词等。

（8）方案审批

演练方案文件编制完成后，应按相关管理要求，报有关部门审批。对综合性较强或风险较大的应急演练，在方案报批之前，要由评估组组织相关专家对应急演练方案进行评审，确保方案科学可行。

演练总体方案获准后，演练组织机构应根据领导出席情况，细化演练日程，拟定领导出席演练活动安排。

（9）落实各项保障工作

为了按照演练方案顺利安全实施演练活动，应切实做好人员、经费、场地、物资器材、技术和安全方面的保障工作。

（10）培训

为了使演练相关策划人员及参演人员熟悉演练方案和相关应急预案，明确其在演练过程中的角色和职责，在演练准备过程中，可根据需要对其进行适当培训。

在演练方案或准后至演练开始前，所有演练参与人员都要经过应急基本知识、演练基本概念、演练现场规则、应急预案、应急技能及个体防护装备使用等方面的培训。对控制人员要进行岗位职责、演练过程控制和管理等方面的培训；对评估人员要进行岗位职责、演练评估方法、工具使用等方面的培训；对参演人员要进行应急预案、应急技能及个体防护装备使用等方面的培训。

（11）预演

对大型综合性演练，为保证演练活动顺利实施，可在前期培训的基础上，在演练正式实施前，进行一次或多次预演。预演遵循先易后难、先分解后合练、循序渐进的原则。预演可以采取与正式演练不同的形式，演练正式演练的某些或全部环节。大型或高风险演练活动，要结合预先制定的专门应急预案，对关键部位和环节可能出现的突发事件进行针对性演练。

3. 应急演练的实施

演练实施是对演练方案扶助行动的过程，是整个演练程序中核心环节。

（1）演练前检查

演练实施当天，演练组织机构的相关人员应在演练开始前提前到达现场，对演练所用的设备设施等的情况进行检查，确保其正常工作。

按照演练安全保障工作安排，对进入演练场所的人员进行登记和身份核查，防止无关人员进入。

（2）演练前情况说明和动员

导演组完成事故应急演练准备，以及对演练方案、演练场地、演练设施、演练保障措施的最后调整后，应在演练前夕分别召开控制人员、评估人员、演练人员的情况介绍会，确保所有演练参与人员了解演练现场规则以及演练情景和演练计划中与各自工作相关的内容。演练模拟人员和观摩人员一般参加控制人员情况介绍会。

导演组可向演练人员分发演练人员手册，说明演练适用范围、演练大致日期（不说明具体时间）、参与演练的应急组织、演练目标的大致情况、演练现场规则、采取模拟方式进行演练的行动等信息。演练过程中，如果某些应急组织的应急行为由控制人员或模拟人员以模拟方式进行演示，则演练人员应了解这些情况，并掌握相关控制人员或模拟人同的通信联系方式，以免演练时与实际应急组织发生联系。

（3）演练启动

演练目的和作用不同，演练启动形式也有所差异。

示范性演练一般由演练总指挥或演练组织机构相关成员宣布演练开始并启动演练活动。检验性和研究性演练，一般在到达演练时间节点，演练场景出现后，自行启动。

（4）演练执行

演练组织形式不同，其演练执行程序也有差异。

1）实战演练。

应急演练活动一般始于报警消息，在此过程中，参演应急组织和人员应尽可能按实际紧急事件发生时的响应要求进行演示，即“自由演示”，由参演应急组织和人员根据自己关于最佳解决办法的理解，对情景事件做出响应。

演练过程中参演应急组织和人员应遵守当地相关的法律法规和演练现场规则，确保演练安全进行，如果演练偏离正确方向，控制人员可以采取“刺激行动”以纠正错误。“刺激行动”包括终止演练过程，使用“刺激行动”时应尽可能平缓，以诱导方法纠偏，只有对背离演练目标的“自由演示”才使用强刺激的方法使其中断反应。

2）桌面演练。

桌面演练的执行通常是五个环节的循环往复：演练信息注入、问题提出、决策分析、决策结果表达和点评。

3）演练解说。

在演练实施过程中，演练组织单位可以安排专人对演练过程进行解说。解说内容一般包括演练背景描述、进程讲解、案例介绍、环境渲染等。对于有演练脚本的大型综合性示范演练，可按照脚本中的解说词进行讲解。

4）演练记录。

演练实施过程中，一般要安排专门人员，采用文字、照片和音像等手段记录演练过程。文字记录一般可由评估人员完成，主要包括演练实际开始与结束时间、演练过程控制情况、各项演练活动中参演人员的表现、意外情况及其处置等内容，尤其要详细记录可能出现的人员“伤亡”（如进入“危险”场所而无安全防护，在规定的时间内不能完成疏散等）及财产“损失”等情况。

照片和音像记录可安排专业人员和宣传人员在不同现场、不同角度进行拍摄，尽可能全方位反映演练实施过程。

5）演练宣传报道。

演练宣传组按照演练宣传方案做好演练宣传报道工作。认真做好信息采集、媒体组织、广播电视节目现场采编和播报等工作，扩大演练的宣传教育效果。对涉密应急演练要做好相关保密工作。

（5）演练结束与意外终止

演练完毕，由总策划发出结束信号，演练总指挥或总策划宣布演练结束。演练结束后所有人员停止演练活动，按预定方案集合进行现场总结讲评或者组织疏散。保障部负责组织人员对演练场地进行清理和恢复。

演练实施过程中出现下列情况，经演练领导小组决定，由演练总指挥或总策划按照事先规定的程序和指令终止演练：1）出现真实突发事件，需要参演人员参与应急处置时，要终止演练，使参演人员迅速回归其工作岗位，履行应急处置职责；2）出现特殊或意外情况，短时间内不能妥善处理或解决时，可提前终止演练。

（6）现场点评会

演练组织单位在演练活动结束后，应组织针对本次演练现场点评会。其中包括专家点评、领导点评、演练参与人员的现场信息反馈等。

4. 应急演练的评估总结

（1）评估

演练评估是指观察和记录演练活动、比较演练人员表现与演练目标要求并提出演练发现问题的过程。演练评估目的是确定演练是否已经达到演练目标的要求，检验各应急组织指挥人员及应急响应人员完成任务的能力。要全面、正确的评估演练效果，必须在演练地域的关键地点和各参演应急组织的关键岗位上，派驻公正的评估人员。评估人员的作用主要是观察演练的进程，记录演练人员采取的每一项关键行动及其实施时间，访谈演练人员，要求参演应急组织提供文字材料，评估参演应急组织和演练人员表现并反馈演练发现。

应急演练评估方法是指演练评估过程中的程序和策略，包括评估组组成方式、评估目标与评估标准。评估人员较少时可仅成立一个评估小组并任命一名负责人。评估人员较多时，则应按演练目标、演练地点和演练组织进行适当的分组，除任命一名总负责人，还应分别任命小组负责人。评估目标是指在演练过程中要求演练人员展示的活动和功能。评估标准是指供评估人员对演练人员各个主要行动及关键技巧的评判指标，这些指标应具有可测量性，或力求定量化，但是根据演练的特点，评判指标中可能出现相当数量的定性指标。

情景设计时，策划人员应编制评估计划，应列出必须进行评估的演练目标及相应的评估准则，并按演练目标进行分组，分别提供给相应的评估人员，同时给评估人员提供评价指标。

（2）总结报告

1）召开演练评估总结会议

在演练结束后一个月内，由演练组织单位召集评估组和所有演练参与单位，讨论本次演练的评估报告，并从各自的角度总结本次演练的经验教训，讨论确认评估报告内容，并讨论提出总结报告内容，拟定改进计划，落实改进责任和时限。

2）编写演练总结报告

在演练评估总结会议结束后，由文案组根据演练记录、演练评估报告、应急预案、现场总结等材料，对演练进行系统和全面的总结，并形成演练总结报告。演练参与单位也可对本单位的演练情况进行总结。

演练总结报告的内容包括：演练目的，时间和地点，参演单位和人员，演练方案概要，发现的问题与原因，经验和教训，以及改进有关工作的建议、改进计划、落实改进责任和时限等。

3）文件归档与备案

演练组织单位在演练结束后应将演练计划、演练方案、各种演练记录（包括各种音像资料）、演练评估报告、演练总结报告等资料归档保存。

对于由上级有关部门布置或参与组织的演练，或者法律、法规、规章要求备案的演练，演练组织单位应当将相关资料报有关部门备案。

5. 应急演练的改进

（1）改进行动

对演练中暴露出来的问题，演练组织单位和参与单位应按照改进计划中规定的责任和时限要求，及时采取措施予以改进，包括修改完善应急预案、有针对性地加强应急人员的教育和培训、对应急物资装备有计划地更新等。

（2）跟踪检查与反馈

演练总结与讲评过程结束之后，演练组织单位和参与单位应指派专人，按规定时间对改进情况进行监督检查，确保本单位对自身暴露出的问题做出改进。

9.4 应急救援物资和设备

9.4.1 应急资源的基本分类

应急资源包括人力保障资源、资金保障资源、物资保障资源、设施保障资源、技术保障资源、信息保障资源和特殊保障资源 7 个方面。每个方面都应做好内容、数量和质量的保障。

1. 人力保障资源

人力保障资源可分为正规核心应急人员和辅助应急人员两大类。正规核心应急人员包括应急管理人员、相关应急专家和专职应急队伍；辅助应急人员包括志愿者队伍、社会应急组织、国家军队和国际组织。

2. 资金保障资源

资金保障资源分为政府专项应急资金、捐赠资金和商业保险基金。政府专项应急资金用于安全生产应急管理体系日常应急管理，应急研究，应急资源建设、维护、更新，应急项目建设以及应急准备资金；捐赠资金包括社会捐助和国际援助；商业保险基金是一种利用市场机制扩大资金供给的方式，可弥补应急资金的不足，包括财产、人寿、保险等基金。

3. 物资保障资源

物资保障资源涉及的内容最为广泛，按用途可分为防护救助、食宿消毒、应急交通、动力照明、通信广播、设备工具和一般工程材料七大物资类别，并将设备与装备包括在内。

4. 设施保障资源

设施保障资源可分为避难设施、交通设施、医疗设施和废物清理设施。

5. 技术保障资源

技术保障资源包括科学研究、技术开发、应用建设、技术维护以及专家队伍。通过政策、资金等方面的支持，发展事故应急领域的科学研究，不断将新的知识融入安全生产应急管理体系研发的投入，提升整体应急能力，同时加强事故监测、预测、预警、预防和应急处置技术，引导和扶植科研机构、产品，改进整个体系的技术装备。企业对应急技术进行开发并建立健全事故应急平台不断推出新的应用系统和应通过自建、联合、委托等方式，建设一支强有力的技术保障队伍，完成事故应急设备、设施的技术管理和维护。

6. 信息保障资源

信息保障资源可分为事态信息、环境信息、资源信息和应急知识。事态信息包括危险源监测数据、事故状况、应急响应情况等与事件和应急活动有关的信息；环境信息包括社会公众动态、地理环境变动、外界异常动向等背景情况信息；资源信息包括人员保障资源、资金保障资源、物资保障资源、设施保障资源、技术保障资源等状态信息；应急知识包括应急案例、应急措施、自救互救知识等。

7. 特殊保障资源

特殊保障资源是指那些有限的、不可消耗的资源，如频率资源、号码资源、IP 地址等。因为这些资源是有限的，需要优先为各种应急设备和系统配置此类资源，或预留一定的此类资源以保证应急活动的顺利开展。

9.4.2 应急救援物资设备的管理制度

1. 采购管理制度

应急救援物资和设备由物资管理部门按需统一进行采购，所有物资和设备采购回来必须一一填写入库清单，经验收后统一入库管理，应急救援物资和设备要建立专门台账，设专人管理。

2. 储存保管管理制度

（1）应急救援物资装备为应对突发事件而准备，在应急救援救护中具有举足轻重的作用，所以必须保证应急救援物资装备在日常的完备有效，不得随意使用或挪作他用。

（2）各队组对现有的应急救援物资装备负有储存和妥善保管的责任，对救援物资装备应定人、定点、定期管理。

（3）对于具备应急救援器材箱的队组应明确应急救援器材箱钥匙所在不得随意挪动，保证在突发事件时应急救援器材箱可以顺利开启。

（4）各个救援物资装备责任人应按规定定期对物资装备进行检查、维护、清洁，及时更新有效期以外或状态不良的物资装备、补充缺失的物资装备、定期进行清洁擦拭。如发现较为严重问题时，应及时上报，并将检查、维护、清洁情况记录在案。

（5）加强对员工的培训教育，使员工掌握应急救援物资装备的正确使用和维护保养方法，确保应急救援物资装备在日常情况下的完备有效。

（6）经常对应急救援物资装备存储、检查、维护、擦拭、记录情况进行督导，促进对救援物资装备管理水平的持续提高。

（7）对于工作不到位现象，安全管理部门有权根据相关管理规定对责任人进行处罚，对于由于工作失误而造成的后果按公司相关管理规定执行。

（8）不得随意对应急救援物资装备进行拆解维修。

（9）物资的保管要依据物资的类别、性质和要求安排适应的存放仓库、场地，做到分类存放，定点堆码，合理布局，方便收发作业，安全整洁。

（10）性质相抵触的物资和腐蚀性的物资应分开存放，不准混存。

3. 物资发放管理制度

（1）保管员要坚守岗位，态度热情，随到随发，发料迅速、准确，服务周到。

（2）严格领发料手续，保管员发料时，要严格按规定定期签发的领料单或让售单的物资品名，规格数量发放，实发物资论件的不得多发或少发，小件定量包装的尽量整包发放，料单和印签齐全。

（3）严禁白条发料，遇特殊情况者要经过主管领导审批，但三日内必须补办手续。

（4）发料要一次发清，当面点清，凡已办完出库手续，领用单位不能领出的，或当月不能领出的设备及大宗材料，保管员应与领料人做好记录，双方签字认可，办理代保管手续。

（5）出库物资的过磅、点件、检尺、计量要公平，磅码单、检尺数、材质检验单，设备两证（产品合格证，质量检验证）说明书及随机工具，零配件要在发料时一并发出。

（6）凡规定交旧领新或退换包装品物资必须坚持交旧领新和回收制度。

（7）保管员发料要贯彻物资“先进先出”，有保存期的先发出，不合格物资不出库的原则。

（8）保管不得以任何理由，在发料时以盈补亏，刁难领料人员补单，为自己承担丢失、串发、损坏物资的责任。

（9）文明礼貌，不得对领料员行使不文明、不道德的行为。

9.4.3 应急救援物资设备清单

1. 常用的应急物资和设备清单见表 9.4-1。

常用的应急物资和设备清单 表9.4-1

序号	名 称	序号	名 称	存放地点
1	编织袋	26	手拉葫芦	各施工现场
2	铁铲	27	担架	
3	棉线手套	28	急救箱	
4	绝缘手套	29	小型货车	
5	绝缘鞋	30	七座商务车	
6	电工工具箱	31	发电机	
7	对讲机	32	抽水机	
8	锥形警示筒	33	液压扩张器	
9	反光衣	34	挖掘机（带振动锤）	
10	警示带	35	铲车	
11	铁马或水马	36	汽车吊	
12	安全帽	37	洒水车	
13	安全带	38	小型空压机	
14	绝缘木棒	39	风镐	
15	干粉灭火器	40	大功率应急灯	
16	雨靴	41	气割设备	
17	铁镐	42	手持电锯	
18	木方	43	复合式有毒气体检测仪	
19	板材	44	正压氧气呼吸器	
20	拉森钢板桩	45	通风机	
21	钢管	46	电脑	
22	钢丝绳	47	打印机	
23	麻绳	48	复印机	
24	充电提灯	49	经纬仪（或全站仪）	
25	千斤顶	50	水准仪	

9.5 现场急救知识

9.5.1 外伤救治知识

外伤救治的四项基本技术：止血、包扎、固定、搬运。

1. 止血

（1）人体血量占体重的 8%，创伤后失血量达到 1/4 病人就会出现休克。

（2）出血的种类：

1）动脉出血颜色鲜红，压力大、呈喷射状、危险性大。

2）静脉出血颜色暗红，缓缓流出，危险性相对小些。

3）毛细血管出血颜色鲜红，呈渗出状，危险性小。

（3）出血的分类：

1）内出血：当头、胸、腹部受伤后而无体表伤口，但病人逐渐出现面色苍白、心慌、出汗、胸痛或腹痛、腹胀、呼吸浅快、脉搏细速，考虑为内出血，即身体内部的出血。内出血的止血是医务人员的工作，要尽快送往有条件的医院。

2）外出血：受伤后明显的身体表面伤口的出血。大部分外出血的止血每个人都可以进行。

（4）外出血的止血方法：

1）指压止血法：用大拇指压住伤口近心端的动脉于深部骨骼上，阻断血流而达到止血目的，此方法多用于体表临时性止血。

① 头顶部出血（图 9.5-1），用拇指将伤侧颞动脉压在下颌关节上，如压迫一侧不行同时压迫另一侧。

② 面部出血（图 9.5-2），用拇指压迫颌动脉于下颌角附近的凹陷内。

③ 头颈部出血（图 9.5-3），用拇指压迫一侧颈动脉，切记不能同时压迫两侧颈动脉，以免头部血供中断。

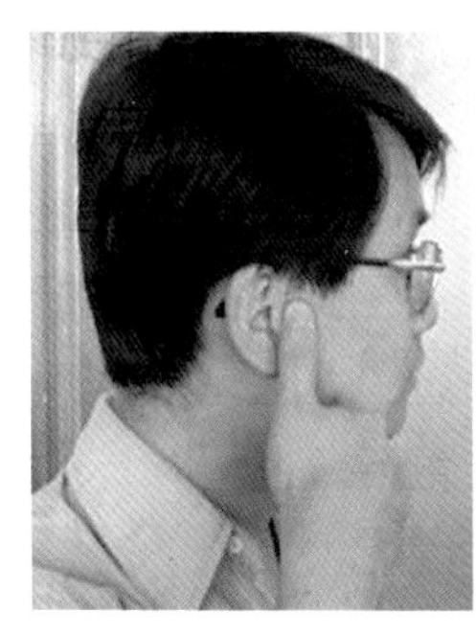
图 9.5-1　头顶部出血

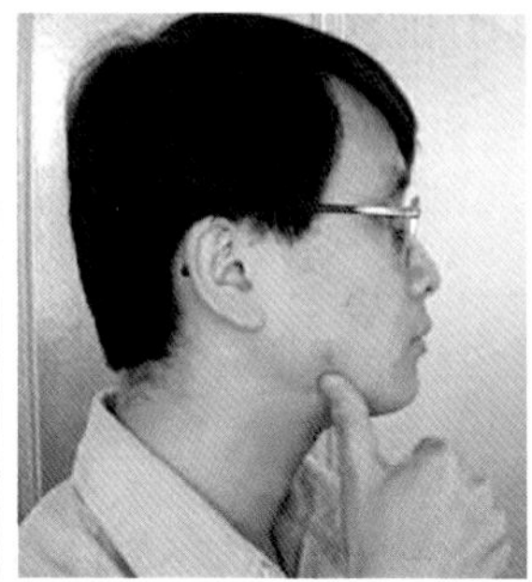
图 9.5-2　面部出血

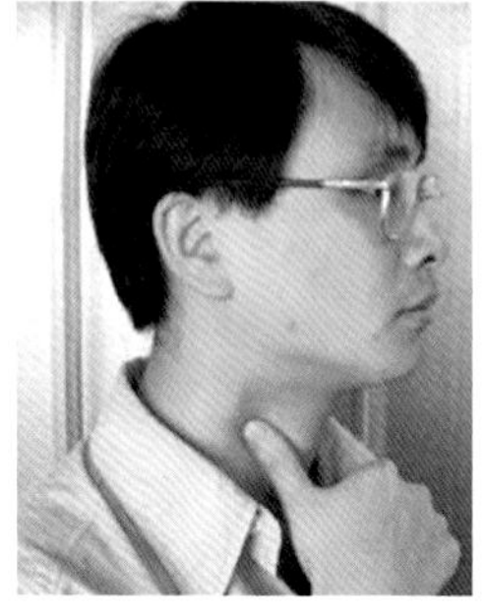
图 9.5-3　头颈部出血

④ 肩及上臂出血（图 9.5-4），用拇指压迫同侧锁骨下动脉。

⑤ 前臂及手掌出血（图 9.5-5），用拇指压迫同侧肱动脉。

⑥ 下肢出血（图 9.5-6），两拇指重叠压迫同侧的股动脉。

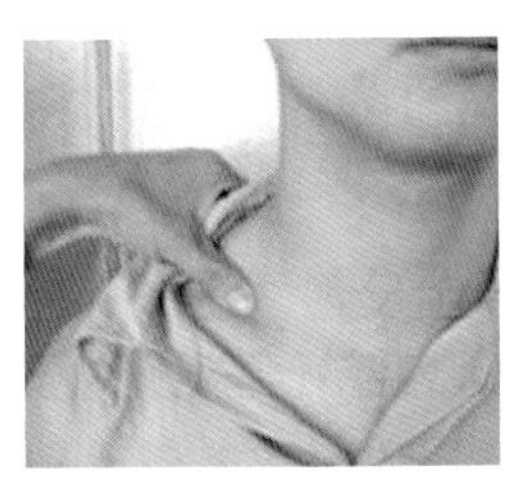
图 9.5-4　肩及上臂出血

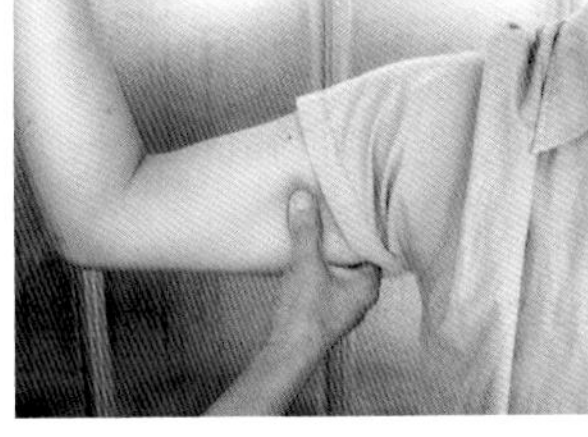
图 9.5-5　前臂及手掌出血

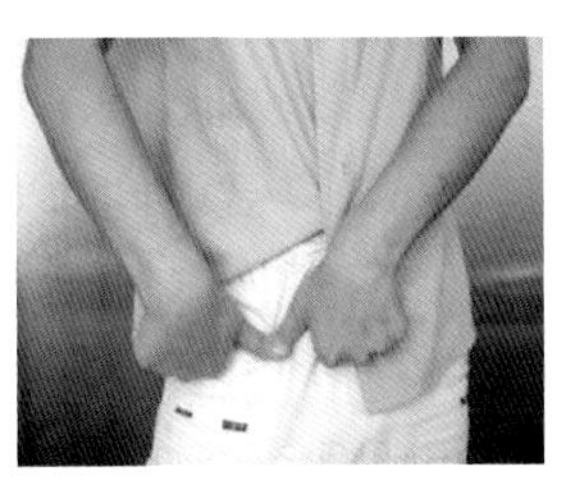
图 9.5-6　下肢出血

2）加压包扎止血：

这是一种直接压迫止血法，在伤口没有异物、骨碎片时，先将干净敷料放在伤口上，再用绷带卷、三角巾或宽布带做加压包扎至伤口不出血为止。

3）加垫屈肢止血：

适用于膝或肘关节以下部位出血，而无骨、关节损伤时。先用一厚棉垫或纱布卷塞在腘窝或肘窝处，屈膝或肘，再用三角巾、绷带或宽皮带进行屈肢加压包扎。

4）止血带止血、绞棒止血：

此法只适用于四肢大动脉出血。止血带置于上臂或大腿的中上 1/3 交界处，上止血带前，皮肤要加护垫，防止损伤皮肤 。止血带松紧要适当，以伤口不出血为度。上止血带后要加标志，上面标明上、松止血带的时间，以免时间过长造成肢体缺血坏死，一般隔 40~50min 放松一次，每次放松 2~3min，放松前伤口要加压包扎。

2. 包扎

（1）包扎时注意事项：

1）充分暴露伤口。

2）伤口上加盖干净敷料，较深的伤口要填塞。

3）腹腔脏器不要回纳，异物不拔出。

4）松紧要适当，结不要打在伤口上。

（2）包扎方法：

1）绷带卷包扎：可采用环行（适用于小伤口）、螺旋形（适用于创面大的伤口）、横“8”形（适用于关节损伤）等包扎方法。

2）三角巾或宽布带包扎：随各受伤部位不同而包扎方法各异。

（3）颈部受伤的包扎：

可将健侧的手放在头顶上，上臂作支架，或以健侧的腋下作支架，再以绷带卷或三角巾进行包扎，切不可绕颈做加压包扎，以免压迫气管和对侧颈动脉。

3. 固定

（1）夹板固定（图 9.5-7）:

夹板固定前，必须先止血、包扎伤口。包扎时，暴露的骨折端不能送回伤口内以免损伤血管、神经及加重污染。夹板的长度要超过上下关节，宽度适宜。夹板与皮肤之间及夹板两端要加以纱布、棉花等物作垫子，以防局部组织压迫坏死。结打在夹板一侧，松紧适当，指（趾）要露出，以便观察肢体血循环。

（2）利用躯干和健肢固定（图 9.5-8）:

无现成夹板和代用品，可用三角巾或宽布带将骨折的上臂或前臂固定于躯干上，骨折的大腿和小腿固定于健肢上。

具体方法：大腿骨折时先将软垫放在两膝关节和踝关节之间，以防局部组织受压、缺血坏死。再在骨折的上下端用布带将两大腿捆在一起，再固定两膝关节和踝关节。结打在前面、两腿之间。

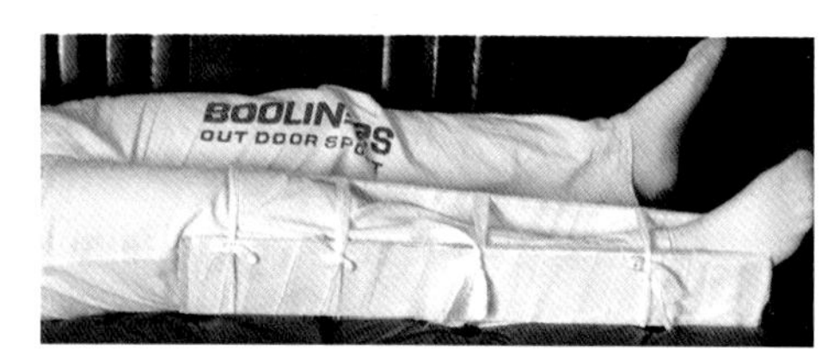

图 9.5-7　夹板固定

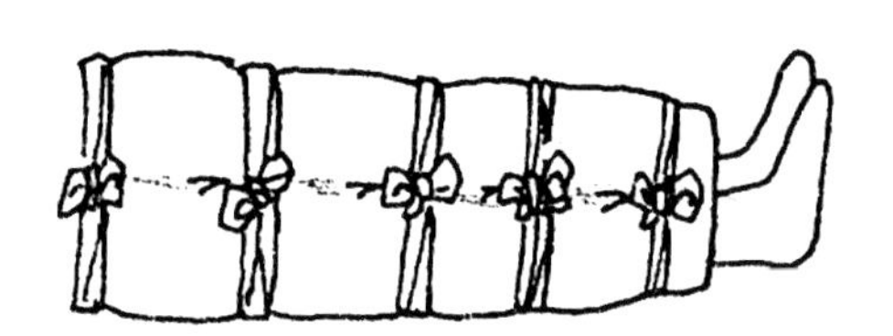

图 9.5-8　利用躯干和健肢固定

4. 搬运

（1）搬运时动作要轻快，尽量避免震动。

（2）搬运患者的三个原则：受伤部位不被挤压；不负重；脊柱不扭曲。

（3）不同的伤情选用不同的搬运方法：单人徒手搬运可采用抱、背、扶等方式；双人徒手搬运可采取拉车式、椅托式、手托式等方法；搬运工具可采用担架、木板、床单、躺椅等物。脊柱骨折伤员必须用平托式搬运，且平躺在木板上。

9.5.2　心肺复苏救治知识

1. 心跳、呼吸骤停的原因

各种原因如冠状动脉粥样硬化性心脏病、心肌炎、严重创伤、重度休克、张力性气胸、严重脑外伤、触电、溺水等。

2. 心跳、呼吸骤停的诊断

（1）呼吸骤停的诊断：看不到胸腹部的起伏呼吸运动；听不到口鼻部的呼吸音；感觉不到口鼻的呼吸气流。

（2）心搏骤停的诊断：意识丧失；大动脉波动消失；呼吸微弱或停止；心音消失；瞳孔散大反射消失。

3. 现场心肺复苏的操作方法

心肺复苏的主要方法包括人工呼吸和胸外心脏按压。

（1）人工呼吸（图 9.5-9、图 9.5-10）：

1）口对口人工呼吸：在畅通气道、判断病人呼吸停止后，抢救者深吸一口新鲜空气再张口将病人嘴包完，食指和拇指捏紧病人鼻腔，用力缓而深地向病人口内吹气，同时观察病人胸部有无上抬，如无上抬则提示气道梗阻，须先解除梗阻，再吹气。单人或双人复苏时，首先吹两口气，每口吹气持续 2.0s；再次吸新鲜空气时，捏鼻腔的手要放松，以利肺内气体排出；每口吹气量成人为 700~1000mL，儿童为 800mL 左右，以胸廓上抬为准；吹气时气量不能过大，速度不能过快，以防出现急性胃扩张。

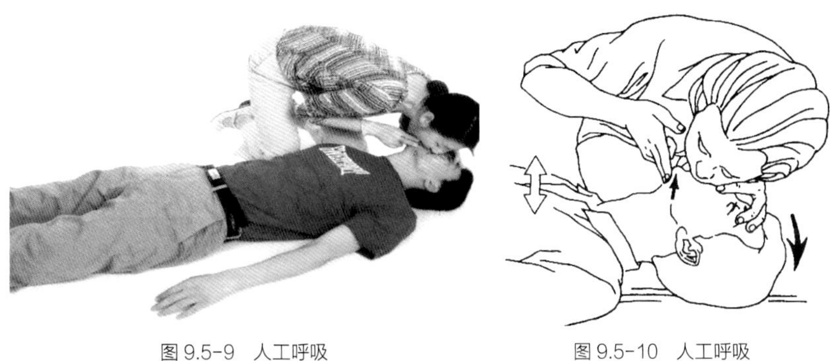

图 9.5-9 人工呼吸　　图 9.5-10 人工呼吸

2）口对鼻吹气：在病人牙关紧闭或口腔受伤严重时使用。

3）口对口鼻吹气：适用于婴幼儿。

4）口咽通气管的应用：口咽通气管系用无毒性的原料制成，呈 S 状，将舌压在管下，连接部压住病人嘴唇，封闭病人口部，捏住病人鼻腔，经通气管的另一端将气吹入。

（2）胸外心脏按压（图 9.5-11、图 9.5-12）：

1）心肺位于胸腔中间偏左部位，在胸骨的后面。胸外心脏按压，可以改变胸腔内压力和容积，将心脏内的血液输送到全身组织器官。有效的胸外心脏按压，可以使心脏的输出血量达到正常时的 1/4~1/3，从而维持生命的最低需求。

2）胸外心脏按压：抢救者先用一手的中指沿病人肋弓处向中间移动，在两肋弓交界处找到胸骨下切迹为定位标志，然后将食指及中指横放在胸骨下切迹上方，以另一手的掌根部紧贴食指上方，再用定位的手掌根重叠于前一手掌根上，两手食指交叉脱离胸壁，双手臂伸直，利用上半身体重和肩、臂部力量垂直向下用力按压，深度为 4~5cm。下压后手放松而不离开胸部以保持正确的按压位置，此时胸廓恢复到原状，胸腔内压力

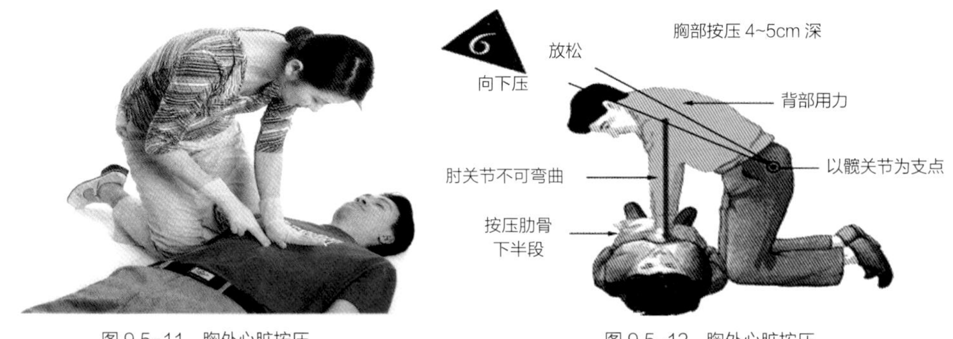

图 9.5-11 胸外心脏按压　　图 9.5-12 胸外心脏按压

下降而静脉血液回流到心脏，使心腔内血液充盈；再下压，周而复始的进行，以维持血液循环。

（3）单人心肺复苏时连续做胸外按压 30 次，再吹气两口，胸外心脏按压与人工呼吸比为 30 ： 2。双人心肺复苏时胸外心脏按压与人工呼吸之比仍为 30 ： 2，以此比例连续做 5 个周期（时间大约为 2min）。

（4）现场心肺复苏的要点：

1）现场心肺复苏的简要步骤如图 9.5-13 和图 9.5-14 所示。

2）成人、儿童及婴儿心肺复苏知识要点如表 9.5-1 所示。

4. 现场心肺复苏成功的指征

（1）面色由苍白或发绀逐渐变为红润。

（2）大动脉搏动恢复。

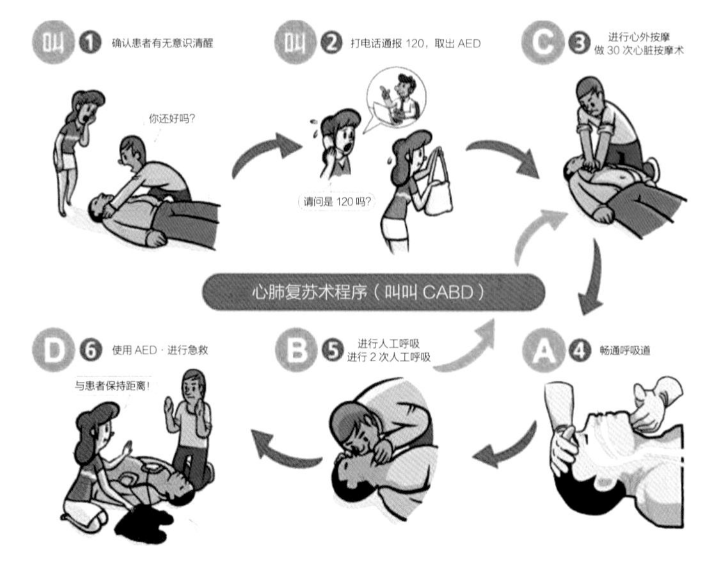

图 9.5-13 心肺复苏简要步骤

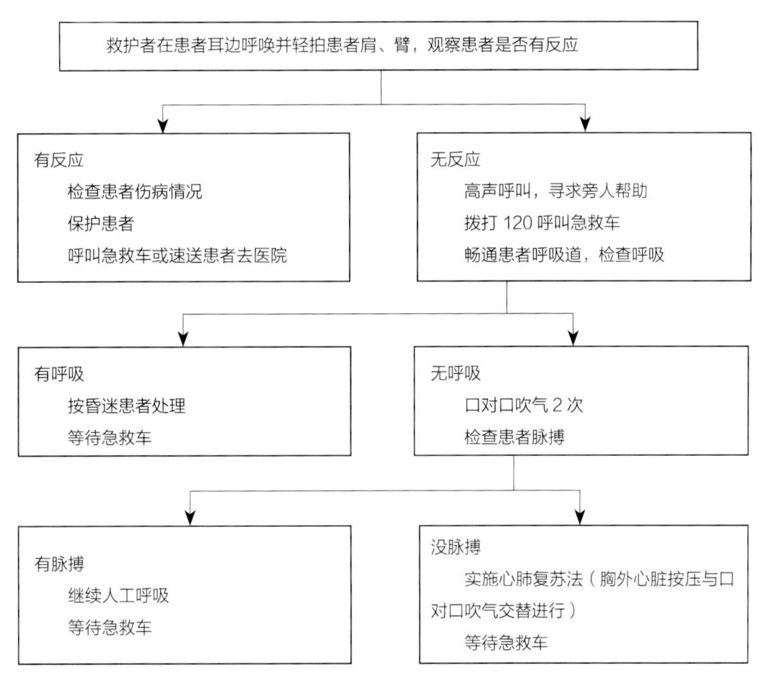

图 9.5-14　现场心肺复苏的简要步骤示意图

成人、儿童及婴儿心肺复苏知识要点　　表9.5-1

	成人（8岁及以上）	儿童（1~8岁）	婴儿（1岁以下）
人工呼吸方法	口对口吹气	口对口吹气	口对口鼻吹气
吹气速度（次 /min）	10~12	12~20	12~20
检查脉搏的位置	颈动脉	颈动脉	肱动脉
胸外心脏按压的位置	胸骨下 1/2 段	胸骨下 1/2 段	两乳头连线之下
按压手法	用双手掌根	用单手掌根	用中指和无名指
按压速度（次 /min）	100	100	100
按压深度（cm）	4~5	2~3	1~2
按压与吹气的比例	30 ∶ 2	30 ∶ 2	30 ∶ 2

（3）自主呼吸出现。

（4）瞳孔由大变小，光反射出现，意识逐渐恢复。

9.5.3　溺水救治知识

1. 溺水致死原因

主要是气管内吸入大量的水阻碍呼吸，或因喉头强烈痉挛，引起呼吸道关闭、窒息死亡。

2. 症状

溺水者面部青紫、肿胀、双眼充血，口腔、鼻孔和气管充满血性泡沫。肢体冰冷，脉细弱，甚至抽搐或呼吸心跳停止。

3. 自救与救护

（1）当发生溺水时，不熟悉水性时可以采用自救法：除呼救外，取仰卧位，头部向后，使鼻部可露出水面呼吸。呼气要浅，吸气要深。因为深吸气时，人体比重降到 0.967，比水略轻，可浮出水面（呼气时人体比重为 1.057，比水略重），此时千万不要慌张，不要将手臂上举乱扑动，而使身体下沉更快。会游泳者，如果发生小腿抽筋，要保持镇静，采取仰泳位，用手将抽筋腿的脚趾向背侧弯曲，可使痉挛缓解，然后慢慢游向岸边。

（2）溺水者被救上岸后应立即拨打 120。医生未到之前急救方法如下：

1）清除口、鼻中杂物。上岸后，应迅速将溺水者的衣服和腰带解开，擦干身体，清除口、鼻中的淤泥、杂草、泡沫和呕吐物，使上呼吸道保持畅通，如有活动假牙，应取出，以免坠入气管内。如果发现溺水者喉部有阻塞物，则可将溺水者脸部转向下方，在其后背用力一拍，将阻塞物拍出气管。

2）空水。在进行上述处理后，应着手将进入溺水者呼吸道、肺部和腹中的水排出，这一过程就是“空水”。常用的一种方法是，救生者一腿跪地，另一腿屈膝，将溺水者腹部搁在屈膝的腿上或背上，然后一手扶住溺水者的头部使口朝下，另一手压溺水者的背部，使水排出（图 9.5-15）。

图 9.5-15 溺水救治

3）人工呼吸。具体参见“人工呼吸”。

4）心肺复苏。具体参见“心肺复苏”。

9.5.4 烧伤救治知识

1. 烧伤现场处理的基本原则

解除呼吸道梗阻；有效地防止休克；保护创面不再污染和损伤。

2. 灭火

（1）一般火焰可用水浇，或用毯子、棉被或泥土将火覆盖，使之与空气隔绝而熄灭；或让着火者跳入附近的河沟、水池内灭火。

（2）汽油燃烧的火焰要用湿布、湿棉被覆盖，使之与空气隔绝而熄灭；着火者亦可潜入水中片刻，使着火汽油漂浮在水面上。

（3）化学性烧伤要迅速解脱衣服，用大量清水冲洗。

（4）磷烧伤要立即用湿布敷创面使之与空气隔绝，防止磷元素继续燃烧。最好使用 2% 碳酸氢钠液冲洗创面，取出可见的磷颗粒，并用湿敷包扎，忌用油质敷料，因无机磷易溶于脂质加速吸收引起磷中毒。对面部及眼部的化学性烧伤应特别注意，及早发现并反复彻底的用清水冲洗。

3. 保护创面

及时保护好创面是减少感染的重要环节，可利用消毒敷料或干净的被单、三角巾等将创面进行简单包扎加以保护（图 9.5-16），尽量不要弄破水泡。

创面不要涂任何药物，以免影响对烧伤程度的判断。

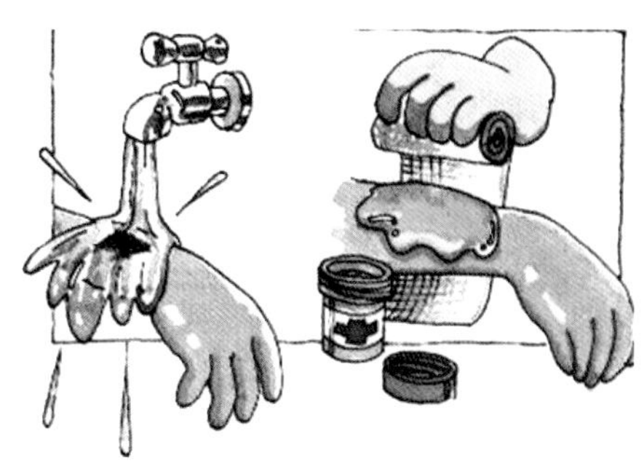

图 9.5-16　烧伤救治

4. 止痛

烧伤病人多有剧烈疼痛和恐惧、烦躁不安等。为了防止休克的发生，可口服止痛药物或肌注止痛剂。有呼吸道烧伤或合并脑外伤者禁用吗啡类药物。

5. 合并伤的处理

对合并有出血、骨折者，要立即止血包扎，固定骨折。合并有呼吸道烧伤并有呼吸困难，可先用粗针头做环甲膜穿刺，有条件时尽早做气管切开。

6. 补充液体

烧伤病人有大量体液渗出，应立即补充适当液体以防止休克发生轻度烧伤病人可采取口服补液，喝含盐饮料，不能喝白开水或糖开水。II~III 度、面积在 30%~50% 的严重烧伤未出现休克体征者，可先口服补液并立即转送医院，有休克体征者或 II~III 度、面积超过 50% 者应立即进行静脉补液。

9.5.5　电击伤救治知识

电击伤俗称“触电”，系超过一定极量的电流通过人体，产生机体损伤或功能障碍。身体某部位直接接触电流或被雷电击中，电流通过中枢神经和心脏时，可引起呼吸抑制、心室纤维颤动或心搏骤停，造成死亡或假死；电流局限于一侧肢体，可造成该肢体残疾。

1. 电击伤

主要有全身表现和局部表现

（1）全身表现：电休克导致呼吸麻痹和心跳停止。临床上分为轻型、重型和危重型三型。

1）轻型：触电后，因肌肉强烈收缩，有可能人体很快被弹离电流。患者表现惊慌、四肢软弱、面色苍白、头晕、心动过速、表情呆滞、呼吸急促。皮肤灼伤处疼痛，可发现期前收缩。

2）重型：患者神志不清，呼吸不规则、增快变浅，心率加快，心律不齐或伴有抽搐，休克。有些患者可转入“假死”状态：心跳呼吸极其微弱或暂停，心电图可呈心室颤动。经积极治疗，一般也可恢复或遗留有头晕、耳鸣、眼花、听觉或视力障碍等。

3）危重型：多见于高压电击伤或低压电通电时间较长。患者昏迷，呼吸心跳停止，瞳孔扩大。

（2）局部表现：低压电烧伤：创口小，有焦黄，灰白色创面。高压电烧伤：面积不大，但可深达肌肉、骨骼、血管、神经，一处进口，多处出口，肌肉呈夹心性坏死，组织继发性坏死、出血，截肢率高。电击时因肌肉剧烈收缩的机械暴力，可致关节脱位和骨折；枕叶、颞叶的永久性损害可致失明或耳聋，少数出现短期精神失常。脊髓损伤可致肢体瘫痪和侧索硬化症。

2. 处理措施

（1）保证急救现场的安全：当发现触电患者后，立即切断总电源或用绝缘物分离患者与电源，再实施救治。立即拨打急救电话或就诊。由于电击伤易导致伤员心跳、呼吸停止，所以电击伤院前急救能挽救更多人的生命，电击伤现场急救是院前急救的首要任务。

（2）现场心肺复苏：一旦发现伤者心跳、呼吸停止，马上现场进行心肺复苏。具体参见“心肺复苏”。

（3）严密观察病情变化，防治各种并发症及时纠正水、电解质和酸碱失衡。

3. 预防

电击伤首先应以预防为主，普及用电知识，用电工作中操作规范，大力宣传安全用电知识和触电现场抢救方法；定期对线路和电器设备进行检查和维修。避免带电操作，救火时先切断电源。雷雨时切忌在田野中行走或在大树下躲雨。医疗用电器仪表，应使用隔离变压器，使漏电电流控制在 10μA 以下。高压电周围应配置防护栏，并要有明显警示标示。

参考文献

[1] 生产安全事故应急预案管理办法（国家安全生产监督管理总局令第 88 号）.

[2] 国家安全生产监督管理总局 . 生产经营单位安全生产事故应急预案编制导则：GB/T 29639—2013[S]. 北京：中国标准出版社，2013。

[3] 广东省安全生产监督管理局主编 . 安全生产应急管理实务 [M]. 北京：中国人民大学出版社，2009.

[4] 危险源识别与分类 [EB/OL]. 2012-11-21.http：//www.safehoo.com/Manage/hazard/201211/ 294436.shtml.

[5] 危险源识别和风险评价 [EB/OL].2017-08-11.https：//wenku.baidu.com/view/276c1d4fc4da50e2524de518964bcf84b9d52dda.html.

[6] 危险源辨识与评估 [EB/OL].2017-05-23.http：//www.doc88.com/p-0876358891641.html。

[7] 危险性较大的分部分项工程安全管理规定（住建部令第 37 号），2018.

[8] 住房城乡建设部办公厅关于实施《危险性较大的分部分项工程安全管理规定》有关问题的通知（建办质〔2018〕31 号）.

[9] 中华人民共和国住房和城乡建设部 . 市政工程施工组织设计规范：GB/T 50903—2013[S]. 北京：中国建筑工业出版社，2014.

[10] 中华人民共和国住房和城乡建设部 . 建设工程监理规范：GB/T 50319—2013[S]. 北京：中国建筑工业出版社，2014.

[11] 广东省有限空间危险作业安全管理规程（粤安监 [2004]79 号）.

[12] 中华人民共和国住房和城乡建设部 . 市政工程施工安全检查标准：CJJ/T 275—2018[S]. 北京：中国建筑工业出版社，2018.

[13] 市政基础设施工程施工安全统一标准：DBJ/T-140-2018[S].

[14] 绿色施工导则（建质 [2007]223 号）. 2007 年 9 月 10 日。

[15] 广州市住房合城乡建设委员会 . 广州市建筑工程绿色施工管理与评价标准：DBJ 440100/T 277—2016[S].

[16] 中华人民共和国住房和城乡建设部 . 绿色建筑评价标准：GB/T 50378—2014[S]. 北京：中国建筑工业出版社，2015.

[17] 中华人民共和国住房和城乡建设部 . 建筑工程绿色施工规范：GB/T 50905—2014[S]. 北京：中国建筑工业出版社，2014.